セラミックス基礎講座 11

標準教科 セラミックス

加藤　誠軌　著

内田老鶴圃

本書の全部あるいは一部を断わりなく転載または
複写(コピー)することは，著作権および出版権の
侵害となる場合がありますのでご注意下さい．

はしがき

　この本は、伝統セラミックス、天然セラミックス、先進セラミックスのすべてを総合的に取り扱った成書です。第1章、第3章、第4章、第5章は伝統セラミックス、第2章は天然セラミックス、第6章、第7章、第8章は先進セラミックスを扱っています。

　現在の日本人は世界一の「やきもの」好きですが、現在では「やきもの」は芸大の担当分野で、工学の対象ではありません。「やきもの」の本は無数に出版されていますが、それらは美術・工芸の本ばかりです。

　日本の窯業すなわち伝統セラミックス産業の技術水準は世界一ですが、これは明治開国以来の諸先輩が百数十年の歳月をかけて達成した成果です。伝統セラミックスの工学について系統的に解説した本はここ数十年間刊行されていません。天然セラミックスという概念は著者が前著で提案したばかりです。大学の工学部や国立研究機関の研究者は全員が先進セラミックスに転進しました。先進セラミックスの科学・技術の水準は世界の超一流で、これに関係する単行本はたくさん出版されています。

　先進セラミックスはハイテクで、伝統セラミックスはローテクだという人がいます。中には先進セラミックスは伝統セラミックスと全く関係がないという人までいますが、彼らの主張は間違っています。先進セラミックスもやきものの一族であることに変わりがありません。伝統セラミックスでいえば、ポルトランドセメントやアルカリ石灰ガラスよりも高性能で安価なガラス製品の開発は、先進科学技術をどれほど注ぎ込んでも全く見込みがありません。現在の我々は10cm角の御影石や大理石をつくる技術ももっていません。先進セラミックスが発達して小さい製品を数多くつくる技術は進歩しましたが、大きなセラミックスをつくるのは苦手です。

　世の中にあるすべての材料は、金属材料、有機高分子材料、無機材料に大別できます。無機材料すなわちセラミック材料の専門教育を受けている学生は金

属や有機に比べてごく少数です。

　セラミックスが関係している分野は熱帯のジャングルのように広汎で雑然としています。本書はセラミックジャングルのガイドブックとして書いたもので、高卒程度の方なら専門に関係なく理解できるように記述したつもりです。大学、高専、企業内教育の教科書を意識してのことです。

　著者は本書と平行して「セラミックス汎論」という厚手の本を執筆中で半年後に上梓します。本書とこの本との関係は教科書と学習参考書というところです。本書は紙面が限られているので雑談は控えていますが、「セラミックス汎論」ではセラミックスに関係する雑談や古い話を積極的に取り上げて、脱線を繰り返しています。私はそれらの情報がいつの日か読者の役に立つと考えています。

　個人的にはこの本は定年になってから一人で執筆した7冊目の単行本です。

　この本には特定の種本はありません。本書の内容は何分にも広い範囲におよぶので、間違いがないと広言することはとてもできません。お気付きの点はぜひお知らせください。調べて改版の際に訂正致します。

　本書も湘南工科大学マテリアル工学科の木枝暢夫教授に校正をお願いしました。

　内田老鶴圃の内田悟社長と笠井千代樹氏には編集・出版について毎回のことですが格別のお世話になりました。

　これらの方々と、引用した書籍の著者、資料を提供していただいた内外の企業に心から感謝します。

2003年10月22日

加藤　誠軌

目　　次

はしがき ……………………………………………………………………………… i

1　伝統陶磁器 ……………………………………………………………………… 1

1.1　陶磁器概説 …………………………………………………………………… 3
　　セラミックスの概念　　制限漢字　　窯業
　　セラミックスの定義(狭義)　　「やきもの」の分類　　「やきもの」の種類
　　「やきもの」の製造　　「やきもの」の微細組織　　「やきもの」の特性
　　洋式技術の導入　　窯業における先覚企業家　　セラミックスの定義(広義)
　　窯業の生産統計　　セラミック教育　　伝統セラミックスの参考書

1.2　焼結材料 …………………………………………………………………… 14
1.2.1　セラミック建材 ………………………………………………………… 14
　　瓦　　煉瓦　　タイル　　外壁材
　　石膏ボード　　土管　　衛生陶器　　人工石材
1.2.2　電気材料 ………………………………………………………………… 21
　　電気伝導度　　絶縁物質　　碍子　　点火栓

1.3　「やきもの」の美と用 ……………………………………………………… 25
　　美術と工芸　　中国瓷器　　朝鮮磁器　　西欧磁器
　　日本の「やきもの」　　日本人だけが珍重する「やきもの」
　　日本美の特徴　　喫茶のはじめ　　茶の湯　　和陶の進歩　　家元制度
　　伝統工芸　　和食器　　民芸運動　　贋作　　陶芸のすすめ

2 天然材料 …… 41

2.1 天然資源 …… 43
「やきもの」と岩石の類似　岩石は天然セラミックス　地殻
地球の核　マントルとマグマ　プレートテクトニクス
岩石・鉱物　鉱物　結晶　多形と多型　岩石
火成岩　堆積岩　変成岩　含水鉱物　粘土と粘土鉱物

2.2 石材産業 …… 53
石材の利用　花崗岩　御影石　大理石
石像　玄武岩　安山岩　凝灰岩　粘板岩　蛇紋岩
砂岩　庭石　砂利と砂　破砕　粘土の利用

2.3 宝飾品 …… 67
宝石と宝飾品

3 セメントとコンクリート …… 69

3.1 造形・接合材料 …… 71
接合　粘土　土壁　たたき
炭酸カルシウム　生石灰と消石灰　石灰質セメント　漆喰
壁画　漆喰造形　石膏　その他の無機質接合材料

3.2 ポルトランドセメント …… 78
セメントの歴史　ポルトランドセメントの現状
ポルトランドセメントの製造　セメント化合物の略号
ポルトランドセメントを構成する化合物
ポルトランドセメントの水和と硬化
ポルトランドセメント系特殊セメント

目　次　　　　　　　　　　　　　v

　　　混合セメント　　アルミナセメント

　3.3　コンクリート ……………………………………………………88
　　　セメントペースト　　モルタル　　コンクリート
　　　コンクリートの強度　　混和剤　　鉄筋コンクリート(RC)
　　　ダム建設　　プレストレスト・コンクリート(PC)　　遠心工法
　　　プレキャスト(PCa)工法　　繊維強化コンクリート(FRC)
　　　軽量コンクリート(ALC)　　スラブ軌道
　　　コンクリート建材　　フェロセメント　　鉄筋コンクリートの寿命
　　　アルカリ骨材反応　　欠陥コンクリート工事　　欠陥コンクリート対策

4　ガ ラ ス ……………………………………………………99
　4.1　概説・ガラス材料 ……………………………………………101
　　4.1.1　ガラス状態 ………………………………………………101
　　　ガラスの用語　　ガラスの特性と利用　　ガラスの構造
　　　結晶とガラス　　ガラスの熔融　　ガラスの特性温度と作業温度
　　　核成長と結晶成長
　　4.1.2　各種ガラス ………………………………………………106
　　　シリカの多形　　シリカガラス　　珪酸塩ガラス
　　　黒曜石　　硼珪酸ガラス　　鉛ガラス
　　　珪酸塩でないガラス

　4.2　普通ガラス ……………………………………………………111
　　4.2.1　板 ガ ラ ス ………………………………………………111
　　　昔の板ガラス　　ロール圧延法板ガラス　　フロート法板ガラス
　　　強化ガラス　　安全ガラス　　断熱ガラス
　　4.2.2　容器用ガラス ……………………………………………115
　　　コアー・グラス器　　手吹きガラス器　　型吹きガラス器
　　　量産ガラス瓶　　ビール瓶　　プレス成形ガラス器

切子ガラス器　　焼結ガラス器　　ガラス粒子
　　　ガラス彫像　　七宝　　実用琺瑯
　　4.2.3　結晶化ガラス ……………………………………………… 121
　　　ガラスの結晶化　　マシナブルセラミックス　　人工大理石
　　　分相ガラス
　　4.2.4　非熔融法ガラス …………………………………………… 125
　　　ゾル・ゲル法

 4.3　光学用ガラス …………………………………………………… 126
　　4.3.1　光の性質 …………………………………………………… 126
　　　光の屈折と反射　　光の分散　　エネルギー準位と遷移
　　　連続スペクトル　　輝線スペクトル
　　4.3.2　照明機器 …………………………………………………… 129
　　　昔の照明　　放電照明　　閃光照明　　白熱電灯
　　　灯体用ガラス　　透光性多結晶材料　　ルミネッセンス
　　　蛍光灯　　ブラウン管　　封止用ガラス
　　4.3.3　光学機器 …………………………………………………… 138
　　　光学ガラス　　望遠鏡と顕微鏡の発明　　プリズムと鏡
　　　レンズ　　カメラと撮影機

5　耐火・断熱材料 …………………………………………………… 145
 5.1　耐火物 …………………………………………………………… 147
　　5.1.1　金属精錬と耐火物 …………………………………………… 147
　　　概説・耐火物　　青銅器の歴史　　鉄-炭素系平衡状態図
　　　炭素鋼の歴史　　鋳鉄の歴史
　　5.1.2　製鉄・製鋼技術 ……………………………………………… 152
　　　近世製鉄の歴史　　高炉の進歩　　製鋼法の進歩
　　　特殊製鋼法

5.1.3 耐火物の種類 ……………………………………………………157
耐火物の分類　　定形耐火物　　不定形耐火物
軽量耐火物　　窯道具

5.1.4 低熱膨張材料 ……………………………………………………161
コーディエライト系(MAS系)材料　　リシア系(LAS系)材料
キータイト系(AS系)材料　　チタン酸アルミニウム系(AT系)材料
シリカ系(SiO_2系)材料　　土鍋

5.2 断熱材料 ……………………………………………………………164

5.2.1 繊維材料 ………………………………………………………164
石綿　　ガラス長繊維　　ガラス短繊維
岩綿　　セラミックファイバ　　アルミナファイバ
チタン酸カリウムファイバ　　シリカガラスファイバ

5.2.2 多孔質材料 ……………………………………………………168
多孔体　　多孔質セラミックス　　宇宙往還機用断熱材
珪酸カルシウム系保温材　　珪藻土

5.2.3 粉　　体 ………………………………………………………171
粉体の概念と用語　　超微粒子

5.3 炭素材料 ……………………………………………………………173

5.3.1 多様な炭素材料 …………………………………………………173
炭素の同素体　　ダイヤモンド　　黒鉛
無定形炭素　　フラーレン　　カーボンナノチューブ

5.3.2 固形炭素材料 ……………………………………………………176
木材と木炭　　木炭の製造工程　　石炭とコークス
活性炭　　懐炉　　焼結黒鉛材料
等方性高純度黒鉛材料　　鉛筆

5.3.3 粉末炭素材料 ……………………………………………………182
カーボンブラック　　墨　　黒色火薬

6 先進構造材料 …… 187

6.1 先進材料概説 …… 189

先進セラミックスの歴史　新しいセラミックスの名称
ファインセラミックス　先進セラミックスの特徴
先進セラミックスの定義　先進セラミックスの参考書

6.2 高強度材料 …… 196

6.2.1 材料の強度 …… 196

強度と弾性率　破壊靱性

6.2.2 高温・高強度・軽量材料 …… 198

高強度セラミックスへの挑戦　高強度セラミックスの製造技術
アルミナ　アルミナセラミックス　ムライトセラミックス
炭化珪素　炭化珪素セラミックス　窒化珪素
窒化珪素セラミックス　サイアロン

6.2.3 高靱性材料 …… 205

ジルコニア　ジルコニアセラミックス　炭素繊維
炭化珪素ファイバ　ウィスカー　C/C コンポジット
複合強化材料　生体親和性材料

6.3 高硬度材料 …… 213

硬度　ダイヤモンド　工具用高硬度材料　超硬合金
サーメット　コーティング工具　切削加工　研削・研磨加工
回転砥石　遊離砥粒加工　変形加工　耐摩耗材料
摺動と潤滑　トライボロジー　摩擦材料　集電材料

目　次

7　先進光学材料 ……………………………………………………223

7.1　受光機器 …………………………………………………225
コピー機　　スキャナー　　レーザプリンタ　　ステッパー
CCD撮像素子　　シンチレーション計数管　　超高感度管撮像管
すばる望遠鏡　　ニュートリノ観測施設　　太陽電池

7.2　発光・映像表示機器 ……………………………………235
発光ダイオード　　レーザの原理　　固体レーザ
レーザ用ガラス　　赤外線透過ガラス　　透過率可変ガラス
感光性ガラス　　半導体レーザ　　ホログラム　　平面表示装置
液晶ディスプレー　　プラズマディスプレー　　ELディスプレー

7.3　光通信 …………………………………………………244
光ファイバ　　光ファイバの伝送モード　　光ファイバの固有損失
光ファイバの製造法　　光通信関連技術

7.4　単結晶 …………………………………………………248
単結晶育成　　火炎熔融法　　引上げ法　　その他の熔融法
溶液法　　フラックス法　　化学輸送法　　水熱法　　超高圧法

7.5　薄膜 ……………………………………………………254
7.5.1　表面処理 ……………………………………………254
表面保護膜　　光触媒
7.5.2　薄膜技術 ……………………………………………256
物理蒸着法　　化学蒸着法　　薄膜ダイヤモンド　　光反射膜
光透過性導電膜　　半導体製造工程　　熱酸化法と不純物拡散法
半導体製造の後工程

目　次

8　先進電子材料 …………………………………263

8.1　電子材料の特徴 …………………………………265
チップ・パーツ・デバイス・モジュール　　ユビキタス社会の到来
デジタル家電の進歩　　電子部品の特色　　電子部品の小型化
電子部品の量産

8.2　絶縁〜導電性セラミックス …………………………………270
8.2.1　絶縁材料 …………………………………270
セラミックパッケージ　　回路基板
8.2.2　半導性材料 …………………………………272
エネルギー準位とバンド理論　　絶縁体と半導体
不純物半導体　　サーミスタ　　バリスタ
pn接合　　ダイオード　　トランジスタ　　集積回路
8.2.3　導電性材料 …………………………………280
導体　　熱電効果　　導線と貫通材料
抵抗材料　　電子部品の放熱　　超伝導体　　電解質

8.3　誘電性セラミックス …………………………………285
8.3.1　誘電材料 …………………………………285
コンデンサ　　常誘電体　　分極　　強誘電体
ペロブスカイト構造　　セラミックコンデンサ
マイクロ波用誘電材料
8.3.2　圧電材料 …………………………………290
圧電体　　圧電デバイス　　水晶デバイス　　焦電体
8.3.3　厚膜技術 …………………………………294
ドクターブレード法

8.4 磁性セラミックス …………………………………………297
磁化率と透磁率　常磁性体と反強磁性体　強磁性体
フェロ磁性体とフェリ磁性体　硬磁性材料と軟磁性材料
永久磁石の種類　永久磁石の進歩　コイル　電磁誘導
磁芯材料　軟磁性金属材料　軟磁性フェライト材料
磁気記録材料　電磁波遮蔽材料　磁性流体

8.5 センサ …………………………………………………307
8.5.1 千差万別なセンサ ………………………………307
自然界のセンサ　センサの用途
8.5.2 物理量センサ …………………………………309
力学量センサ　温度センサ　光関連センサ
8.5.3 化学量センサ …………………………………311
ガスセンサ　液体センサ　バイオセンサ

索　引 ……………………………………………………………313

伝統陶磁器　1

1.1　陶磁器概説
1.2　焼結材料
1.3　「やきもの」の美と用

1.1 陶磁器概説

セラミックスの概念

　セラミックスは1万年以上の歴史をもつだけに、伝統セラミックスに関する用語とそれらの概念そして定義は、国によって、民族によって、時代によって、人によってもかなりの差があることを認識してほしい。これは通俗書でも専門書の記述でも同じである。

　「やきもの」を意味する欧州各国語は古代ギリシア語に由来している。英語ではセラミック (ceramic)、ドイツ語では Keramik、フランス語では céramique、イタリア語とスペイン語では ceramica である。古代ギリシアでは、陶工をケラメウス（$\chi\varepsilon\rho\alpha\mu\varepsilon\upsilon\varsigma$）、陶工がつくる製品とその原料をケラモス（$\chi\varepsilon\rho\alpha\mu o\varsigma$）、陶工の居住区をケラメイコス（$\chi\varepsilon\rho\alpha\mu\varepsilon\tau\kappa o\varsigma$）と呼んだ。

　「狭義のセラミックス」は「やきもの」のことである。「陶器」と「陶磁器」と「陶磁」が「やきもの」の総称として混用されている。

　「広義のセラミックス」は、狭義のセラミックスに加えて、ガラス、琺瑯、セメント、コンクリート、炭素製品、砥石、触媒担体、宝石、人工歯骨など広範囲の品物を含んでいる（11頁参照）。

　中国で「陶」は土を捏ねて焼いた「やきもの」全般のことである。「瓷」や「磁」は堅く緻密に焼結した「やきもの」を意味している。窯は「やきもの」を焼く炉のことで、「穴の中で生贄の羊を炙る」意味の象形文字で、窯は神聖な場所であった。現在の中国では窖という文字のほうがよく使われる。

制限漢字

　セラミックス関係の用語には難しいものが多い。日本語でも横文字でも、学名もあるし慣用名もある。明治以来の結晶学者や鉱物学者が横文字を和訳した術語には難しい漢字が使われている。なにしろ1万年以上の歴史が存在するから止むをえないことである。

　当節の学生さんは難しい漢字が苦手で、碍子、煉瓦、琺瑯、硫黄などほとん

ど読めない。ガイシ、れんが、ほうろう、イオウと書いてもそれらの意味をまるで理解できない。本書は国語教育の一助にと、常用漢字や当用漢字にこだわらないで旧漢字をルビ付きで採用した。たとえばイオウは硫黄、ガイシは碍子、かんらん岩は橄欖岩、セッコウは石膏、水ひは水簸、ほう砂は硼砂、ほうろうは琺瑯、れんがは煉瓦、ろ過は濾過と記載する。ケイ素（Si, Silicon）は珪素、ケイ酸塩（silicate）は珪酸塩と記述する。なお、現代中国語では「珪素」は「硅」、「珪酸塩」は「硅酸塩」である。

室温で水で「とかす」場合には、溶解、溶液、溶媒などと記載するが、高温に加熱して「とかす」場合には、熔融、熔化、熔岩、熔鉱炉など、火偏を採用する。

窯　業

天然原料からつくるセラミックスを総称して、珪酸塩セラミックス（silicate ceramics）、伝統セラミックス（traditional ceramics）、古典セラミックス（classic ceramics）などと呼ぶ。そしてそれらをつくる産業を珪酸塩工業（silicate industry）とか窯業と称する。東工大の小坂丈予は「窯業は地球を削って加工する産業である」と表現した。窯業と聞くと若い人達は古いと感じるであろうが、実際には東京職工学校の植田豊橘教授が ceramic industry の訳語として明治20年に提案した用語である。窯と業は中国古来の文字であるが、窯業は和製術語で現在の中国や韓国でも通用する。

窯業各分野における現在の日本企業の技術力は世界の超一流であるが、これは一朝一夕に達成できたものではない。明治開国以来多くの失敗を重ねて、多数の科学・技術者が百年もの年月を費やした努力の成果である。

この章では伝統陶磁器全般について概説する。

セラミックスの定義（狭義）

セラミックスには狭い意味と広い意味とがある。狭い意味でのセラミックスは「やきもの」のことで、これに異議を唱える人はいない。正確にいえば「非金属無機物質の粉体を成形し、乾燥し、焼成して得られる固体」がセラミックスである。縄文土器、弥生土器、埴輪、陶器、磁器、瓦、煉瓦、タイル、土

管、植木鉢、甕(かめ)、衛生陶器、耐火物、碍子(がいし)、化学磁器、陶歯、博多人形、鉛筆の芯などがこれに該当する。

「やきもの」の分類

　窯業は原始的な「やきもの」である土器から出発した。現在の世界でつくられている「やきもの」は千差万別で多種多様である。それらを論理的に分類・整理することは大事な作業である。そしてさまざまな分類方式が提案されてはいるが、誰もが納得する分類は現実には存在しない。

　近代的な科学・技術を導入する以前のわが国では「やきもの」は漢字では「陶器」と書いた。そして伊万里・鍋島のように硬い「やきもの」を「石焼(いしやき)」、それ以外の軟らかい「やきもの」を「土焼(つちやき)」と区別したり、陶石を粉にしてつくる「やきもの」を「石もの」、粘土でつくる「やきもの」を「土もの」と区別する程度の分類しかなかった。

　「やきもの」を磁器とその他の「やきもの」に分類することは、現在でも世界中でよく行われている。英国では、磁器をポースレン（porcelain）、陶器をポッタリー（pottary）と呼んで、両者は別の品物と考えている。陶工はpotter、轆轤(ろくろ)はpotter's wheelである。ポッタリーはラテン語のpotērium すなわち「飲酒用の器」に由来する。アメリカでは、陶磁器をホワイトウエア（whiteware）という。工業用の磁器はポースレン、日常的な磁器はチャイナ、陶器はアーズンウエアと呼んでいる。

　「やきもの」は、釉をかけて焼く施釉陶(せゆう)と、備前焼のように釉をかけないで硬く焼結させる焼き絞(し)め陶に分類することもできる。

　「磁器」という言葉が使われるようになったのは明治初期からのことである。やがて「陶磁器」という合成語がつくられて明治の中期に普及した。明治29年には京都市立陶磁器試験所が設置された。明治末期になると「陶磁器」という言葉を「陶器」に代わって「やきもの」の総称として使う傾向が強くなった。それに加えて、「やきもの」の総称として「陶器」という言葉を使うのは間違いであるという説も主張されたらしい。

　西欧で「やきもの」を分類するようになったのは19世紀後半からである。明治40年（1907年）頃のことであるが、フランスでの分類などを参考にし

て、「陶磁器」を、土器、陶器、炻器、磁器の四つに分類するという提案があった。この分類は現在でもよく使われているが、これによって「やきもの」の総称であった「陶器」という言葉を狭い意味にも使うことになった。

表1.1.1 「やきもの」の分類

種類	素地	釉	焼成温度
土器	多孔質・吸水性大	不問	600-900°C
陶器	吸水性有	施釉	900-1300°C
炻器	緻密・不透明	不問	1000-1350°C
磁器	緻密・透光性	施釉	1200-1500°C

　この表以外にもいろいろな分類方式が提案された。しかし世界中の「やきもの」は千差万別・多種多様で、それらを例外なしに合理的に分類することは現実には非常に難しくて、どこに分類したらよいものかと頭を捻る場合が多い。これは分類が難しい生物について、イソギンチャクは動物か植物かとか、蝙蝠は鳥か獣かと詮索するのに似ている。というわけで「陶器」という言葉や「やきもの」の分類方式については昔から物議が絶えない。

　現在では「やきもの」の総称として、「陶器」と「陶磁器」と「陶磁」が無秩序に混用されている。「やきもの」全般を表すのに「瀬戸物」とか「唐津物」という言葉も昔から使われている。

「やきもの」の種類

　表1.1.1の分類に従って「やきもの」の性質を説明する。

　土器（earthenware）は、粘土で成形した器を乾燥して600-900°Cに焼いてつくる。いわゆる野焼で得られる最高温度は800°C程度であるから、窯がなくても製造できる。不純物が多い粘土を使うので焼成後の素地は着色している。焼成温度が低いから、素地は多孔質で、吸水性が大きく、強度が弱く、叩くと鈍い音がする。縄文土器、弥生土器、埴輪、伏見人形、博多人形、京焼人形、今戸焼、かわらけ、土鈴、植木鉢などがこれに含まれる。多くは施釉しない。

　狭い意味での陶器（pottary）は900-1300°Cで焼成するので、かなり緻密に

焼結しているが若干の吸水性がある。陶器は施釉するものが多い。萩焼、粟田焼、薩摩焼、織部焼、美濃焼、笠間焼、益子焼、室内用タイル、衛生陶器、テラコッタなどがこれに含まれる。

炻器（stoneware）はドイツのSteinzeugやイギリスのstonewareに相当する「やきもの」である。不純物が多い素地で成形して、石のように硬く焼き締めてつくる。素地は濃く着色していて、吸水性がなく、叩くと金属音を発する。素地は不純物が多いほど焼結しやすいから、磁器に比べて少し低い温度で焼成できる。備前焼、伊賀焼、信楽焼、丹波焼、常滑焼、萬古（万古）焼、赤膚焼、イギリスのジャスパーウエア、屋外用タイルなどがこれに属する。炻という字は国字（和製漢字）で、明治40年に考案された。

磁器（porcelain）は技術的には頂点に位置する「やきもの」で、高温で焼成するため、素地が緻密で吸水性がなく、叩くと金属音を発する。磁器は白磁と青磁に大別される。白磁は素地が白くて透光性がよいほど高級品で、鉄やチタンなど不純物が極力少ない原料を用いてつくる。青磁は若干の鉄を含む不透明な素地に、少量の酸化鉄を含む透明釉を厚くかけて還元炎で高温焼成してつくる。有田焼、瀬戸焼、清水焼、九谷焼、砥部焼、出石焼、會津本郷焼、ボーンチャイナ、碍子、陶歯などは磁器製品である。登窯で松の薪を焚いて得られる最高平均温度は1300°C（局所的には1400°C以上になる）で、それ以上の温度で焼成するにはガス窯や石炭窯などを用いる。

「やきもの」の製造

「やきもの」は粘土だけでつくることもできる。しかし伝統的な「やきもの」の製造では、複数の原料を混合して用いる。これは、原料に成形しやすいことと焼成温度域の広いことが要求されるので、一種類の原料ではこの条件を満足できない場合が多いからである。普通陶磁器の原料配合例を図1.1.1に示す。○○質物は○○質の物質という意味である。

一般的な「やきもの」の素地は粘土質物に長石質と珪石質の岩石の粉砕物を加えてつくる。粘土質物は素地を成形するのに必要な可塑性（plasticity）を備えている。長石質物は素地の融点を下げるフラックス（融剤、flux）である。珪石は可塑性を調整して素地の乾燥による亀裂を防止する役割をもっている。

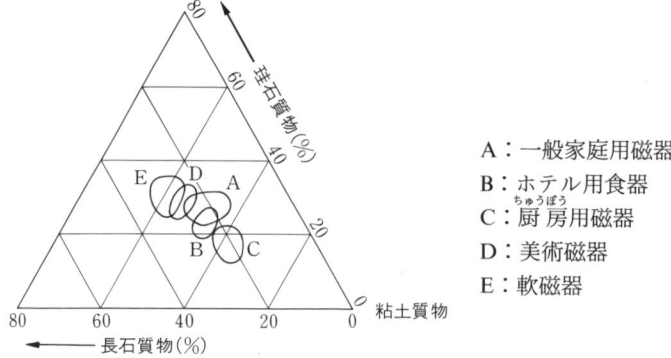

図 1.1.1　普通陶磁器の原料配合例

　マイセン、セーブル、ウエッジウッド、ミントン、リチャードジノリ、ロイヤルコペンハーゲンなどのヨーロッパの磁器や、景徳鎮の磁器は、原料の種類とそれらの配合比などが日本の磁器と全く違っている。有田、三川内、波佐見など、九州の磁器は陶石を原料にしているが、瀬戸などの磁器は粘土と長石を原料としている。

　原料が異なれば焼成温度も違う。日本磁器や中国磁器の焼成温度は1300°C位が多いが、マイセン磁器は1450°C位で焼成する。加熱炉内の温度は場所によってかなり差がある。セラミックスの反応速度は非常に遅くて、大きな品物ほど長時間の加熱・冷却を必要とする。

　フェライトや青磁のように酸化・還元が関係する固相反応では、雰囲気の酸素分圧を制御することも重要である。温度測定は熱電対や放射温度計を用いるが、ゼーゲル錐も合理的な測定法である。プログラム装置で温度上昇速度、最高温度、温度下降速度などを設定・管理する必要がある。

　伝統セラミックスの製造に天然原料が使われる理由は「安い」からである。たとえば、粘土は 1000～10000 円/t 程度であるが、最も安い合成原料であるアルミナは汎用品でも 50000 円/t 程度はする。

「やきもの」の微細組織

　焼成した「やきもの」は焼成前の生素地とは全く違う複雑な組織（texture）

をもっている。原料中に含まれている珪酸塩鉱物や粘土鉱物が高温に加熱されると、熱分解、焼結、熔化(ガラス化)、固相反応など、いろいろな現象が起こって、全然別の複雑な複合材料に変化しているのである。

磁器の組織を詳しく調べると、微細な結晶の集合体(これを多結晶という)であることが分かる。すなわち、クリストバライト(シリカの高温多形)の微小結晶とムライト($3Al_2O_3 \cdot 2SiO_2$)の針状結晶が絡み合っていて、その隙間をガラス相が埋めている構造である。磁器が透光性を示すのは、素地が熔化していて、表面にガラス質の透明釉を施してあるからである。複合多結晶体であることが「やきもの」の特徴の一つである。

表 1.1.2 「やきもの」の特性

長所：耐久性、耐熱性、耐食性、耐磨耗性、高硬度、絶縁性、芸術性など
欠点：脆性、機械的・熱的衝撃に弱い。後加工が難しい
原料：地殻を削って精製した複雑な珪酸塩鉱物の混合物である
鉱物：長石、珪石、陶石、粘土、石灰石など
成分：SiO_2, Al_2O_3, K_2O, Na_2O, CaO, MgO, Fe_2O_3 など
組成：原料の産地や採掘個所で組成が変化する
結晶：多結晶体である
純度：不純物が多い
種類：多種多様である
組織：いくつもの化合物が絡み合った多相系の複雑な組織をもつ
製造技術：経験とノウハウの塊である

「やきもの」の特性

「やきもの」に共通する特徴は第一に化学的に丈夫で長持ちすることである。何しろ材質的に最も弱い土器でさえ1万年の風雪に耐えるのである。熱に強い、燃えない、腐らない、錆びない、薬品に強い、傷がつかない、減らない、硬いなど、過酷な条件に耐えるという性質は有機物や金属の追従を許さない。

「やきもの」の欠点は何といっても脆くて壊れやすいことである。機械的衝撃や、急熱・急冷に弱いという性質はなかなか克服できない。「やきもの」は焼成後の機械加工が難しいから、乾燥や焼成による収縮を見込んで成形し、乾

燥し、焼成してつくる。

　ファインセラミックスが発達して、小さくて精密な「やきもの」を製造する技術は非常に進歩した。しかし人類は現在でも大きなセラミックスをつくるのが苦手である。組織が均一な磁器の皿は直径 2–2.5 m 程度、磁器の壺は高さ 2–2.5 m 程度が、世界中のどこの窯場でも製造できる限界である。

洋式技術の導入

　明治維新によって西欧の科学・技術が怒濤のように押し寄せた。蒸気力や電力を用いる原動機が導入されて、粉砕・成形・加熱など各種作業工程の機械化が開始された。洋式技術の導入と完全消化には、担当技術者の血のにじむような苦心と長い年月が必要であった。

　ワグネル（G. Wagener, 1830–1892 年）は文明開化期のわが国で窯業の近代化にもっとも貢献した人物である。彼は数学の問題で学位を得たにもかかわらず、理工学の広い分野で西欧の最新技術を日本に紹介して指導的役割を果たした。洋式の実業教育はワグネルの建議によって実現した東京職工学校の開校にはじまる（明治 14 年）。同 19 年、同校に陶器玻璃工科が新設されてワグネルが主任官に就任した。同 23 年には東京職工学校が東京工業学校と改称され、同 27 年には陶器玻璃工科が窯業科と改められた。

　洋食器の製造は明治 30 年頃からはじまったが、日本陶器株式会社がディナーセットの製造を開始したのは 20 年後の大正 3 年のことである。世界に通用する洋食器を製造できるようになったのは大正後期からである。

　タイルは明治 40 年代から生産がはじまり、伊那製陶株式会社が大正 13 年に設立されて量産を開始した。

　衛生陶器は明治 24 年頃から瀬戸焼の便器が普及しはじめた。東洋陶器株式会社は大正 9 年にトンネル窯を導入して衛生陶器の量産が可能となった。同社の衛生陶器事業が軌道に乗ったのは関東大震災後のことである。

　電信用の低圧碍子は明治初年から各地で製作されていたが、高圧送電用の懸垂碍子(すいがいし)は大正 8 年に日本碍子株式会社が設立されて生産を開始した。

　点火栓は昭和 10 年に日本特殊陶業株式会社が設立されて生産を開始した。

　化学磁器はドイツから輸入していたが、大正年代に国産化された。

板ガラス産業の導入は明治 10 年頃から企画されたが、ロール圧延式板ガラス製造設備が稼働したのは大正 10 年のことである。

窯業における先覚企業家

窯業における先覚企業家としては、大倉孫兵衛（1843-1921 年）・大倉和親（かずちか）（1875-1955 年）父子と森村市左衛門（1839-1917 年）の功績は特に大きい。彼らは窯業の分野で現在の日本を代表する企業群を創設して採算ベースに乗せたのである。

すなわち、日本陶器株式会社（ノリタケカンパニーリミテッド）、東洋陶器株式会社（東陶機器株式会社、TOTO）、伊奈製陶株式会社（INAX）、日本碍子株式会社（日本ガイシ株式会社）、日本特殊陶業株式会社（NGK プラグ）、大倉陶園株式会社、各務（かがみ）クリスタル株式会社などである。なお、輸出を担当した森村組（森村商事株式会社）は、福沢諭吉の勧めで明治 9 年に設立された日本最初の輸出商社である。

セラミックスの定義（広義）

20 世紀に入って伝統的な「やきもの」の枠に入れるのが難しいセラミック製品がつぎつぎに現れた。アメリカセラミック学会は 1920 年にこの問題を討議して表 1.1.3 の定義を採用した。日本セラミックス協会はこれを参考にして同じ表の定義を決めた（1948 年）。

表 1.1.3　日米両国のセラミックスの定義（広義）

日　　本：主構成物質が無機・非金属である材料あるいは製品の製造および利用に関する技術と科学および芸術
アメリカ：無機、非金属物質を原料とした製造に関する技術および芸術で、製造あるいは製造中に高温度（540℃ 以上）を受ける製品と材料

日米両国の定義ではセラミックスを非常に広く解釈する。わが国の定義では、狭義のセラミックスに加えて、ガラス、ガラス繊維、無機繊維、琺瑯（ほうろう）、セメント、コンクリート、炭素製品、砥石（といし）、触媒担体（しょくばいたんたい）、宝石、単結晶、人工歯、人工骨など非常に広範囲の品物を包括している。

これに対して欧州諸国ではセラミックスの範囲が狭い。日本やアメリカではガラスやセメントはセラミックスの一員であるとするが、欧州諸国では現在でもガラスやセメントはセラミックスとは別の品物である。

日米の定義に「芸術」という単語が含まれていることも注意してほしい。日本セラミックス協会の機関誌「セラミックス」には毎号「工芸」の記事が掲載されている。金属やプラスチックの定義に「芸術」という文字はない。

窯業の生産統計

近年における伝統セラミックス産業の生産統計を図1.1.2に示した。これによると、1988年の生産額はおよそ8.6兆円、1998年のそれはおよそ8.4兆円で、ほとんど変化がない成熟産業である。その中で、セメントとコンクリートがおよそ1/2、ガラスが1/4を占めている。

食卓用陶磁器などいわゆる「やきもの産業」は多くの人手を必要とすることから、発展途上国の追い上げに苦しんでいる斜陽産業の一つである。「やきも

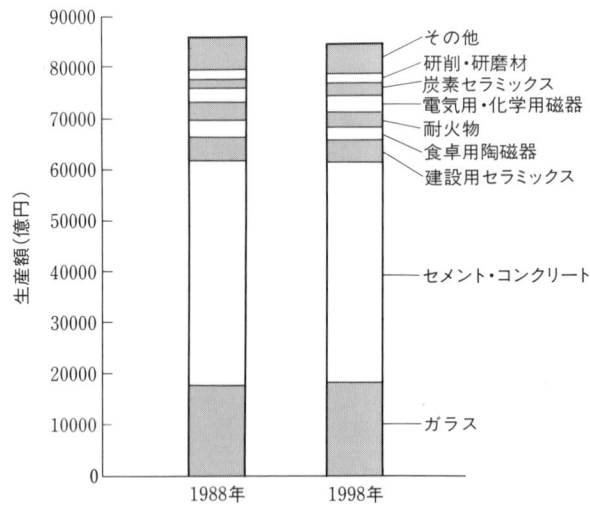

図1.1.2 窯業の生産統計[*1]

[*1] 以下の統計から作成した。
「工業統計表 品目編」通商産業大臣官房調査統計部編（1990, 2000）

の産業」が現在の窯業の中で占めている割合はごく僅かである。

　中国陶磁器協会の公開資料によれば、中国における2001年の日用陶磁器の生産数量は120億点で世界の70％を占めた。2002年上半期の日用陶磁器の輸出量は35.4億点、7.12億ドルであるから、単価はわずかに0.2ドルに過ぎない。これでは価格的には日本製品はとても対抗ができない。

セラミック教育[*2]

　日本人は世界で一番の「やきもの」好きであるが、現在の日本では「やきもの」は芸大の守備範囲で工学の対象ではない。大学の工学部には伝統セラミックスの研究者はいなくなったし、大学や国立研究機関の伝統セラミックス研究室はすべて先進セラミックスに転進した。先進セラミックスの研究者の中でセラミックス専門家が占めている割合も僅かである。セラミックスの専門家は非常に少なく、伝統セラミックスと先進セラミックスの両方に詳しい学者は日本中探してももういない。

伝統セラミックスの参考書

　窯業全般に関して詳しく記述した便覧としては「窯業工学ハンドブック[*3]」、「セラミックス辞典[*4]」、「セラミック工学ハンドブック[*5]」などがある。

　基礎科学、ガラス、セメント、コンクリート、陶磁器、耐火物、炭素材料など、個別分野の解説書は何冊も出版されているが、窯業全般について解説した単行本は第二次大戦前の永井氏の著書[*6]以来刊行されていない。

　酸、アルカリ、肥料、電気化学、金属化学、窯業など、無機工業化学全般についての解説書はかなり刊行されている。

[*2] 「やきものから先進セラミックスへ」加藤誠軌、277頁、内田老鶴圃（2000）
[*3] 「窯業工学ハンドブック　新版」窯業協会編、技報堂（1966）
[*4] 「セラミックス辞典」日本セラミックス協会編、丸善（1997）
[*5] 「セラミック工学ハンドブック　第2版」日本セラミックス協会編、技報堂出版（2002）
[*6] 「珪酸塩工業」永井彰一郎、共立社（1931）

1.2 焼結材料

1.2.1 セラミック建材

　日本は地震が多いので、瓦製造以外は明治以後に発達した産業である。
　瓦、煉瓦、土管など、セラミック建材の多くは 10-100 円/kg 程度の極めて安い製品である。これらは安価な雑粘土を配合してつくる。1 枚が 50-100 円と安い粘土瓦でいえば、年間を通じて ±1 mm 以内の精度を維持しているし、100 回を越える凍結・融解試験でも亀裂を生じない製品がつくられている。セラミック建材の製造技術は先人が長い年月をかけて習得した経験と技術の塊である。

瓦

　屋根を葺く材料には、藁、茅、桧皮、木板、銅板などがある。屋根を葺くセラミック材料を瓦（roofing tile）という。わが国で瓦が使われたのは、百済から招いた瓦博士につくらせた瓦で蘇我馬子の飛鳥寺の屋根を葺いたのが最初とされる（588 年）。現存する奈良・元興寺極楽坊の屋根の一部には、当時の飛鳥寺の瓦が移設されて遺っている。
　寺院や宮殿の屋根を葺く本格建築では、曲面の瓦を凹凸交互に重ねる本瓦葺が基本的な構成である。本瓦葺の軒には軒平瓦と軒丸瓦が使われるが、それらの瓦には建物を代表する紋様がついている。法隆寺伽藍の本瓦葺屋根の復元構造を図 1.2.1 に示す。

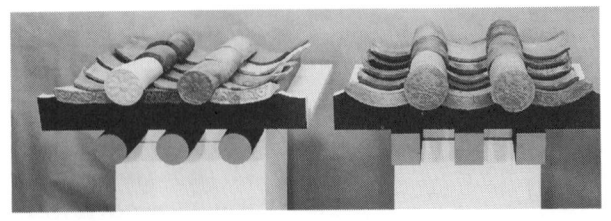

左）法隆寺若草伽藍　　右）法隆寺西院伽藍
図 1.2.1　復元・展示した法隆寺伽藍の本瓦葺屋根（飛鳥時代）

1.2 焼結材料

奈良時代になると寺院や宮殿の屋根を葺く瓦が量産されるようになった。平城京では500万枚を超える瓦が使われたという。瓦の焼成には朝鮮式の登窯や窖窯が使われた。

屋根の棟瓦を甍と呼ぶが、瓦葺きの屋根全体をいうこともある。鬼瓦、鴟尾、鯱瓦など多様な飾り瓦も重要である。

現在の日本建築で使われている波形断面の和瓦（桟瓦という）は江戸時代（延宝2年、1674年）に考案された。江戸では大火が続いたので、表通りの商店には瓦葺きが奨励されたが、民家は板葺きが普通であった。

現在では和瓦の製造工程は完全に自動化されていて、平均2.8 kgの和瓦をトンネル窯で連続焼成している。

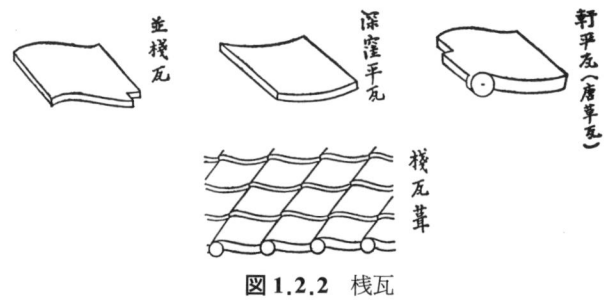

図1.2.2 桟瓦

和瓦の生産量は愛知県の三州（三河国）瓦が全体の1/3と圧倒的である。それに続いて島根県の石州（石見国）瓦と兵庫県の淡路瓦が1/6ずつを占めている。

焼成してつくる瓦は数百年以上の寿命があるが、寒冷地では凍害で、海岸地域では塩の結晶が析出する塩害で破損することがある。石州瓦は寒冷地の得意先が多いからよく焼締めた釉薬瓦が主流であるが、三州や淡路では燻瓦（carbonized roofing tile）もつくられている。燻銀のような色艶をもつ燻瓦は、焼成工程の末期に松葉などを燻して表面に黒鉛層を形成させた瓦で、釉薬瓦よりも高値で売買されている。現在のトンネル窯では、最終段階でプロパンなど炭化水素を不完全燃焼させて黒鉛被膜をつけている。琉球の伝統的な建物は酸化炎で焼成した赤瓦を漆喰で固めてつくった。再現された首里城の屋根には無釉薬焼成した赤煉瓦色の瓦が60000枚も使われている。

「やきもの」の瓦以外の屋根材としては金属屋根材と新生瓦がある。新生瓦は無機充塡材と無機繊維にセメントモルタルやアスファルトなどの結合材料を加えて、プレス成形してつくる焼成しない瓦である。新生瓦は焼成瓦に比べて寿命は短いが、自由な形状とデザインに加工でき、軽量で耐震性に寄与するという利点があるので需要が伸びている。変わり種としては、光を取り入れることができる採光用のガラス瓦もつくられている。

愛知県・高浜市には「かわら美術館」が、滋賀県・近江八幡市には「かわらミュージアム」が、愛媛県・菊間町には「菊間町かわら館」が、京都府・大江町には大江山鬼瓦公園がある。

煉　　瓦

メソポタミアなどの乾燥地域では大昔から日干し煉瓦で住居が造られてきた。

焼成してつくる煉瓦（brick）も人類の歴史と共に発達した。アッシリア後期には施釉煉瓦がつくられていた。

欧州各国の住居には昔から大量の煉瓦や敷煉瓦が使われてきた。中国も同様で煉瓦でつくった建造物がたくさん残っている。焼成した煉瓦を積んで万里長城がつくられたのは明代のことである。中国では敷煉瓦のことを磚と呼ぶ。

煉瓦や瓦の色には好みがある。欧州では酸化炎焼成した赤煉瓦や赤い瓦が多い。しかし中国では黒灰色の煉瓦や瓦の方が高級とされているので、焼成の末期に窯に水を注いで蓋をして還元雰囲気にして黒い製品をつくっている。この操作を轉錆と呼んでいる。

地震が多い日本では江戸末期まで煉瓦建築は存在しなかった。わが国で最初の煉瓦建築は徳川幕府がオランダ政府の協力で飽ノ浦に建設した長崎鎔鉄所の建物である（文久元年、1861年）。建設主任技師の海軍機関将校ハルデスは、工場建築に必要な煉瓦の製造方法まで指導したという。三菱重工業株式会社長崎造船所の史料館には当時製造した赤煉瓦が展示されている。

明治初期には小さな煉瓦工場が乱立して品質の悪い煉瓦が生産されて、鹿鳴館時代の銀座通りには赤煉瓦建築が林立した。しかし大正12年の関東大震災で、浅草の凌雲閣（通称・十二階）をはじめとする煉瓦建築が軒並みに倒壊

して煉瓦の需用が激減した。

　しかし現在では煉瓦の品質が向上して耐震設計技術も進んだので赤煉瓦建築の人気が復活している。煉瓦製造の近代技術はドイツから導入した。明治23年、栃木県野木町の下野煉瓦製造会社がホフマン式煉瓦焼成窯を導入して量産を開始した。

　煉瓦のJIS規格寸法は、210 ± 6 mm$\times100\pm3$ mm$\times60\pm2.5$ mmである。

　なお、都市の歩道には透水性がある敷煉瓦が適している。光を取り入れたい箇所に使う採光用のガラス煉瓦もつくられている。

図1.2.3　建設工事中の長崎鎔鉄所（万延元年、1860年）

タ イ ル

　建造物の表面に貼り付ける「やきもの」がタイル（tile）である。

　古代ローマ時代にはモザイクタイル画が壁や歩道に溢れていた。イスラム建築では抽象的紋様のモザイクタイルがモスクや宮殿を飾っていた。中国では紀元初期から内装にも外装にもタイルが使われていた。

　オランダ東インド会社は17世紀の東洋貿易を独占して莫大な数量の中国磁器と伊万里磁器を輸入した。それらは欧州の王侯貴族に歓迎されて金よりも高い価格で取引された。オランダでは磁器を模倣して製造できなかったが、外観

が青花磁器そっくりの錫釉陶器を発明した。デルフト陶器は、焼成した陶器の素地に錫釉をかけて酸化コバルトで彩画し、その上に透明な鉛釉をかけて焼成する。17世紀の中後期にはじまったデルフト焼の装飾タイルも有名である。デルフトタイルの傑作の一つを図1.2.4に紹介する。

図 1.2.4 藍色帆船図タイル、各 12.5 cm×12.5 cm、オランダデルフト窯 (1700年頃)

　外装タイルはビルの外壁や床など耐久性が要求される用途に使われる。外装タイルや床タイルは強固で水を透さない炻器質の素地が適している。コンクリート構造物の表面をタイルで覆うと、コンクリートの中性化速度を1/4-1/5にすることができる。

　厨房や浴室の内壁などに使われる内装タイルはデザインが重視される。デザインタイルはイタリアが本場で日本は大量の製品を輸入している。

　わが国では小規模なタイル生産は明治初期からはじまった。乾式成形の硬質陶器タイルは明治40年代から生産を開始し、大正13年に伊那製陶株式会社が設立されて量産がはじまった。同社のタイル事業が軌道に乗ったのは昭和4年のことである。初期のタイルは練土で成形していたが、現在はすべて乾式成形で、調合した原料粉体をプレス成形して、印刷・施釉している。タイルは素地

が薄いから、回転ロールを並べて品物を搬送しながら加熱するローラーハースキルン（roller hearth kiln）で焼成することが多い。

陶壁もタイルの一種といえる。岡本太郎や著名な陶芸家の手になる陶壁がいろいろな建造物の壁を演出している。

愛知県の常滑に「世界タイル博物館」がある。

外壁材

タイルの施工には左官の技術を必要とする。木造住宅で採用されているモルタル外壁は、防水シートとラス（lath）と呼ばれる金網の下地を張ってその上にモルタルを吹き付けてつくるが、これも職人の腕が関係する。

サイディング（siding）と呼ばれる不燃性で現場で切断加工でき、取付けに専門技術を必要としない外壁材の需要が伸びている。焼成していない外壁材にはセラミックス系と金属系とがあって、さまざまなデザイン・形状・表面状態・色彩の製品が市販されている。無機系外壁材は珪酸カルシウム（170頁参照）や無機繊維にセメントや有機系接着剤を加えてローラー成形や押出し成形でつくるものが多い。石膏ボードなどを組み合わせた複層パネルも市販されている。金属系外壁材はアルミ製品が主流である。

石膏ボード

石膏（76頁参照）の最大の用途は石膏ボード（plasterboard）である。石膏ボードはカッターナイフや鋸で容易に加工できる不燃性内装材で、建物の壁や天井に広く使われている。表面の体裁が優れている化粧石膏ボード、ガラス繊維を混合した強化石膏ボードなど、各種製品が市販されている。石膏ボードは自動生産設備を使って、石膏の泥漿から板状に連続成形して、表面に紙を貼ってつくる。

土管

上下水道には昔から石材や木材の配管そして土管が使われてきた。古代ローマの水道では鉛管も使われた。

愛知県常滑の近代窯業は洋式技術による土管製造ではじまった。上下水道管

図 1.2.5 常滑の土管工場（昭和 50 年頃）

としての土管は近年まで実用されていたが、現在では、下水道管はコンクリート製品や塩化ビニル管に、上水道管には遠心鋳造鉄管や塩化ビニル管そして硬質ポリエチレン管にその役割を奪われてしまった。

衛生陶器

衛生陶器（sanitary ware）の歴史は、瀬戸焼の便器が普及しはじめた明治 24 年頃にはじまる。大正 6 年には東洋陶器株式会社が設立されて、大正 9 年にトンネル窯を導入して衛生陶器の量産が可能となった。同社の衛生陶器事業が軌道にのったのは、大正 12 年の関東大震災の後である。第二次大戦後は下水道の整備が進んで、現在では水洗便器が各家庭にくまなく普及している。温水洗浄便器・ウォシュレット® は第二次大戦後の庶民的大発明の一つである。

衛生陶器は泥漿鋳込み成形でつくられる。鋳込み成形用の石膏型は 100 回程度の使用に耐えるが生産性がよくない。現在では量産品には生産性と耐久性が優れた高圧鋳込み成形用の多孔性合成樹脂型が使われている。

大便器の断面形状は複雑で一体成形は無理であるから、上下に分けて成形した部材を泥漿で接合してつくる。成形品はスプレー施釉したのち十分に乾燥す

る。新鋭工場ではこれらの作業を全自動で処理している。

製品は台車に載せてトンネル窯で1300℃位の温度で焼成する（素焼きはしない）。乾燥・焼成工程で10-13％の収縮があって、大きい製品では変形や亀裂（れつ）が生じやすいから十分の注意が必要である。衛生陶器では素地が熔化して釉に亀裂がないことが必要である。貫入があると汚物がたまってバクテリアが繁殖するからである。

人工石材

道路の敷石や建築物の床材などに使われている人工石材の種類は多い。

天然石材の粒や塊（かたまり）に、無機質の結合剤を混合して各種の形状に成形し、焼成してつくる人工石材はその一つである。

天然石材の粒や塊にポルトランドセメントや有機質接着剤を加えて成形する無焼成の人工石材にも同様の用途があるが、寿命は前者に劣る。

建物の床材として使われているテラゾー（terrazzo）は、大理石の砕石をポルトランドセメントで固めて表面を研磨してつくる。

外観を重視する人工大理石も種類が多い。大理石模様の印刷物を合板の表面に貼っただけの安物もある。

無機質の充塡剤を、合成樹脂と混練して成形し硬化させてつくる人工大理石が、風呂桶、洗面台、調理台などに採用されている。充塡剤としては、天然大理石や美麗な岩石の粒子や粉末、鱗片（りんぺん）状ガラス粉末、水酸化アルミニウム・$Al(OH)_3$などが使われている。結合剤としては、ポリエステル樹脂、アクリル樹脂、エポキシ樹脂などが用いられる。

結晶化ガラス製の人工大理石については123頁で説明する。

1.2.2 電気材料

電気伝導度

電気抵抗の逆数を電気伝導度（electric conductivity）という。単位はモー（mho, ℧）である。単位体積について測定した抵抗値を抵抗率（比抵抗）ρ、電気伝導度を導電率（比伝導率）σと呼ぶ。

固体物質を導電率で分類すると、絶縁体、半導体、導体（良導体）、そして超伝導体に大別される。金属の多くは導体で、セラミックスやプラスチックの多くは絶縁体である。導体は温度が高くなると導電率が減少するが、半導体や絶縁体では逆に導電率が増加する。

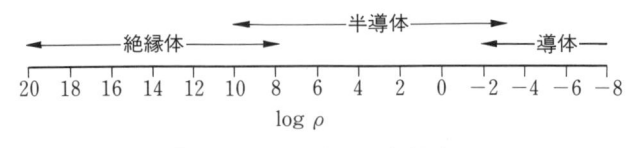

```
        ←――絶縁体――→ ←―――半導体―――→ ←―導体―→
    20 18 16 14 12 10  8  6  4  2  0 -2 -4 -6 -8
                            log ρ
```

図1.2.6 固体物質の抵抗率

絶 縁 物 質

気体絶縁物の代表は六弗化硫黄（SF_6）で、大電力遮断器や超高圧電子顕微鏡の電源トランスの絶縁などに使われている。

液体絶縁物には石油系やシリコーンオイル系の絶縁油があって、変圧器の絶縁に広く使われている。

固体の高分子絶縁材料としては、紙、フェノール樹脂、エポキシ樹脂、ポリエチレン、ポリプロピレン、弗素樹脂、シリコーン樹脂などがある。

固体の無機絶縁材料としては、粘土質磁器、アルミナ磁器、ムライト磁器、窒化アルミニウム（AlN）磁器、シリカガラス、硼珪酸ガラス、結晶化ガラス、サファイア単結晶、雲母など種類が多い。

量的にもっとも多く使われているのは粘土質磁器で、ついで多いのがアルミナ磁器である。ステアタイト系磁器はステアタイト（steatite, $MgSiO_3$）やフォルステライト（forsterite, Mg_2SiO_4）を主成分とする珪酸マグネシウム系磁器で、滑石（タルク、talc）など含水マグネシウム珪酸塩鉱物を主原料とするので滑石磁器とも呼ばれる。可塑剤の粘土や融剤の長石を加えた素地を1350-1400℃に焼成してつくる。ステアタイト系磁器は広い周波数域での絶縁物として古くから使われてきたが、現在でもかなりの用途がある。

碍　　子

碍子や点火栓は第二次大戦前の先進セラミックスで、戦後の電子セラミック

スの基礎となった技術であるといえる。

碍子(がいし)(electric insulator)は電気絶縁を目的とする磁器質の「やきもの」である。碍子は、懸垂(けんすい)碍子、碍管(がいかん)、長幹(ちょうかん)碍子に大別される。日本ガイシ株式会社は世界最大の碍子メーカーである。

全国に張り巡らされた幹線送電網には無数の懸垂碍子や碍管が使われている。電圧50万ボルトの高圧送電線の鉄塔では、絶縁電圧と引張り強度(kN)を保証した懸垂碍子を数十段も重ねて使用する。連結金具と碍子とはセメントモルタルを使って接合する。

新幹線の架線(かせん)電圧は、交流60 Hz, 25000 Vで、長幹碍子で絶縁している。

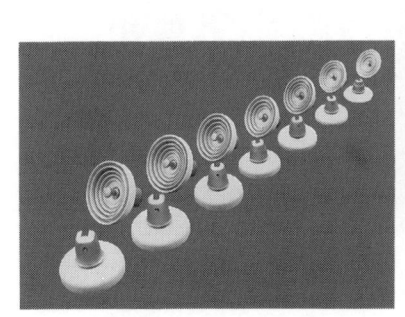

図1.2.7 左）懸垂碍子のシリーズ、保証引張り強度：120-840 kN
右）100万ボルト送電鉄塔

碍子の素地には電気絶縁性のほかに、機械的強度、耐久性、低価格が要求されるので、価格的に安い粘土質磁器を採用している。碍子用の石英-ムライト-クリストバライト系磁器は、石英-長石-粘土系の素地を押出し成形し生素地を切削加工して、施釉したものを乾燥し1300°C位に焼成してつくる。強度を改善した碍子用の石英-ムライト-アルミナ系磁器は原料にアルミナを加えてつくる。

点火栓

自動車や航空機用の内燃機関に必須な点火栓(spark plag)は、毎分数千回

も繰り返し印加される 10000 V 以上の高電圧と、2000°C を越える高温そして、5 MPa 以上の高圧に耐えなければならない。そのためセラミックスには熱伝導度が大きいことと耐蝕性が優れていることが要求される。アルカリ分が少ないローソーダアルミナ磁器はこの苛酷な条件に耐えることができる（201 頁参照）。

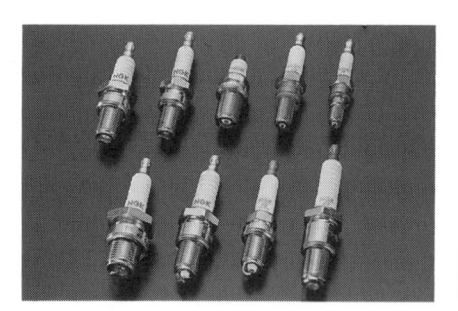

図 1.2.8 左）自動車レース用点火栓　右）H II ロケット用点火栓
　　　　　　　　　　　　　　　　　　　窒化珪素絶縁体使用

スパークプラグの製造は、主原料のアルミナ（Na_2O: 0.1 % 以下）を 92-95 % と残りの副原料（焼結助剤：SiO_2, CaO, MgO など）を混合した素地を、全自動装置で静水圧プレスし、大気中で 1600°C に加熱して焼結させる。焼結体にマークや品番を印刷し、部分的に施釉して 1000°C で焼き付けする。それにニッケル合金の中心電極を封止用ガラスでシールして（137 頁参照）、主体金具を組み付けて製品とする。点火時に発生するノイズを吸収するため、5 kΩ の抵抗を内蔵しているプラグもつくられている。

1998 年度の統計では、世界全体の生産数量は約 20 億個で、日本特殊陶業株式会社はその中の 1/4、約 5 億個を製造した。

1.3 「やきもの」の美と用

美術と工芸

　セラミックスの定義に芸術（藝術、art）という言葉がある（表1.1.3）以上、芸術論に触れないわけにはいかない。
　「やきもの」は、土器、土偶、煉瓦、楔形文字記録板など、さまざまな道具として一万年以上の歴史をもっている。道具は役に立つことが肝心で、何の役にも立たない道具は無用の長物に過ぎない。しかし美しい道具は人の心を和ませることも確かで、それ故に役に立ってしかも美しい工芸品の存在価値がある。この国の人は昔から「やきもの」の美と用を愛し続けてきた。しかし日本人の美の基準が外国の人達と違うのは何故であろうか？
　美術と工芸（arts and crafts）は芸術の一部である。美術という言葉はartの訳語で明治4年に初めて登場した。工芸という言葉は9世紀から知られていたが現在よりかなり広い意味で使われていた。明治5年に東京開成学校に工芸学科が、明治14年には東京職工学校に化学工芸科と機械工芸科が置かれたが、工芸は現在の工学を意味していた。明治13年には京都に美術工芸学校ができ、明治22年には東京美術学校が設立されてその中に工芸科が置かれた。
　芸術は、時間の芸術（文学、音楽）、時空間の芸術（舞踊、演劇）、そして空間の芸術（絵画、彫刻、建築、工芸）に分類される。空間の芸術は造形芸術ともいう。絵画は二次元空間の芸術で、彫刻と工芸は三次元空間の芸術である。建築は空間の総合芸術である。現在では、絵画と彫刻と建築をまとめて美術と呼んで工芸と区別することが多いが、これは昔からのことではない。
　英語のartはarmと同じ語源で「腕」とか「腕前」のことで、skillすなわち「技」とか「巧」を意味している。昔は信仰の対象となる芸術作品をつくる工人をすべてcraftsmanと呼んだ。彼らの作品には個人のサインはない。それが近世になると自我が芽生えて個人を主張することによって美術が生まれた。在銘の作品は近代美術の特色である。ということで美術は工芸から分化したのである。

現在の美術（fine arts, pure arts）はわれわれの美的感性に訴えるだけで、特別の目的をもっているわけではない。これに対して工芸（industrial arts, useful crafts）は実際の生活に用いる役に立つ道具で、芸術的要素を含むものを指している。したがって、工芸品は表現や用途に制限があって、経済的にも使用上も制約を受ける。

前著「やきものの美と用」の中で、日本人の美意識は外国の人のそれと著しく違うことを指摘した。これについて少し考察してみよう。

中国瓷器

中国では歴代の皇帝が美麗で高い対称性をもつ精巧な瓷器だけを評価して収集した。傷物は一顧もされない。磁器以外の「やきもの」は雑器扱いである。

台北の国立故宮博物院には歴代の皇帝が収集した技巧の限りを尽くした美術工芸品が並んでいる。これには、二万三千八百七十余点の瓷器、四千六百三十余点の玉器、千八百七十余点の琺瑯器が含まれている。瓷器の内訳は、古代陶磁が数千点、宋・元の瓷器が約一万点、明代の瓷器が数千点、清代の瓷器が約八千点の一大コレクションである。瓷器の大多数は入念に製作された官窯の製品である。陶器は歴代の王朝が粗俗なものとして遠ざけたため、ほとんど含

図 1.3.1　左）青花唐草文双耳壺、中国・清時代、静嘉堂文庫美術館
　　　　　右）五彩透彫水差、中国・明時代、重要文化財、五島美術館

まれていない。瓷器の傷物や瓷器以外の「やきもの」は、天目茶碗も含めて全くの雑器扱いであった。

朝鮮磁器

朝鮮半島には良質の陶土が産出し、中国と地続きであることから「やきもの」の技術も早くから進んでいた。この国が誇る磁器に高麗青磁と李朝白磁があって、中国磁器とは一味違う磁器がつくられていた（図1.3.2）。王宮では官窯でつくられた品質の高い磁器が使われていた。日本で評価が高い井戸茶碗や三島茶碗は、現地では民窯の雑器に過ぎない。

図 1.3.2 左）青磁透彫七宝文香炉、高麗時代、韓国国宝、国立中央美術館
右）白磁堆線文壺、李朝時代、出光美術館

西欧磁器

西欧磁器の保護者であった欧州の王侯貴族も同じような感性の持ち主であった。西欧の食器や工芸品は、精細で美麗、対称性が高くて、傷や歪みがない、完璧なクローン製品だけが評価される（図1.3.3）。マジョリカなどは土産物の民芸品に過ぎない。

磁器の洋食器は工芸品である前に工業製品（industrial products）であって、規格通りの器がセットで揃っている必要がある。洋皿は数十枚も重ねて横から見て寸部の違いがあっても、白い素地や絵柄に僅かな傷があっても一流品とは

いえない。それに加えて、目の青い人は白色に敏感で微妙に識別できるので注文がうるさい。そして器が破損した場合には何十年後であっても全く同じ品物が補給できなければいけない。

一流ホテルの洋食器やコーヒーセットは精巧な磁器製品で非常に高価である。西欧諸国で首脳の公式接待で使われる洋食器は素晴らしい。欧米に輸出された日本製洋食器の評判は準一流というところであるが、迎賓館の晩餐会で使われる大倉陶園製のディナーセットの評判は高い。

図 1.3.3　左）朝食用食器セット、1890 年頃、マイセン陶磁美術館
　　　　　右）ジャスパー・ウエア壺、1785-90 年、英国・ノッティンガム美術館

日本の「やきもの」

日本の「やきもの」にも最高の技能を傾けた誰が見ても美しい作品がたくさんある。それらは磁器と陶器に分類される。磁器の代表が伊万里と鍋島である。「伊万里」という名前は有田の窯場でつくった磁器を伊万里港から出荷したことに由来している。江戸後期、陶器では京焼が指導的役割を果たした。彼らの代表は野々村仁清と尾形乾山である。

地方窯も活発になって全国的に作陶活動が展開されて独特の作風を競い合った。加藤民吉が瀬戸ではじめての磁器をつくったのが 1807 年のことである。瀬戸の磁器の原料は粘土（蛙目粘土や木節粘土）と長石と珪石の混合物で、陶

石だけを原料とする有田の磁器とは違って轆轤の成形速度が速い。これによって瀬戸を中心とする中京地区で「やきもの」の産業基盤が確立して、瀬戸物が市場を席巻した。幕末になると日本各地で磁器が製造できるようになった。

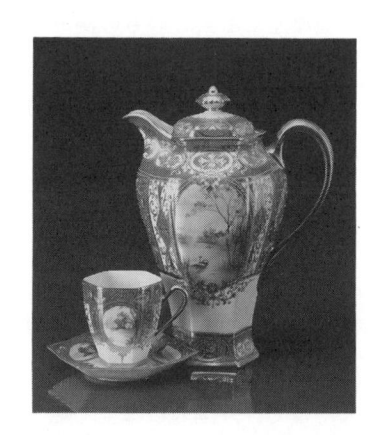

図1.3.4 左）伊万里色絵桐鳳凰図徳利、江戸時代、重要文化財、静嘉堂文庫美術館
　　　　　右）オールドノリタケ・チョコレートセット、明治24-44年、ノリタケミュージアム

図1.3.5 左）色絵月梅図茶壺、野々村仁清作、江戸時代、重要文化財、東京国立博物館
　　　　　右）京焼、観瀑図角皿、尾形乾山・光琳作、江戸時代、モースコレクション

日本人だけが珍重する「やきもの」

誰でも綺麗と評価する「やきもの」の陰で、日本人は和食器や花器は歪んでいても欠けていても非対称であっても「風情や景色」があればそれでよいとする。綺麗でなくても美しいものがあるという独特の思考である。懐石料理を盛る器には西洋磁器の整然とした対称性はそぐわない。和食器は工業製品である必要はない。和陶は多種多様で、磁器にはない「温もり」がある。

窯変は「やきもの」が窯の中で炎の当たり具合によって生ずる変化をいう。茶道具の名品には歪んでいたり大きな傷のある品物が多数含まれている。全国の美術館には窯変などで偶然生まれたこの手の「やきもの」が溢れている（図1.3.5）。科学的な解明が難しくて、全く同じ品物を再現できない窯変現象は日本の芸術家には強力な味方である。明治維新や第二次大戦後の混乱期にも茶道具の名品だけは全く海外流出しなかった。偶然に生まれた美を高く評価したのは日本人だけで、外国人には全く魅力がなかったからである。

図1.3.6　左）古伊賀、水指、銘破袋、桃山時代、重要文化財、五島美術館
　　　　　右）備前、矢筈口水指、銘破れ家、桃山時代、重要文化財、石川県松雲学園

日本美の特徴

　この国では、昔から人達はひたすらに美を追及して、それぞれの時代ごとに異なる様式の美を確立した。これらの日本の美は最も大きな影響を受けた中国や朝鮮の美とも明確に違っている。

　日本には日常的な美の基準があるという。地味、渋い、粋(いき)、派手(はで)、がそれである。日本の美の特徴を一言で表現することは難しいが、非対称と不均衡という不斉の美の要素はかなり共通している。17世紀の欧州で絶賛を博した柿右衛門様式の美の特徴は、①構成と対比の統一美、②空間を巧みに生かした美、③不均衡と非対称の美、の三つに要約されるという。

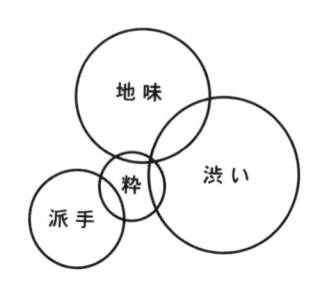

図 1.3.7　日常的な美の基準

　中世の日本人の考え方を代表する平家物語は「祇園精舎(ぎおんしょうじゃ)の鐘の声、諸行無情(しょぎょう)の響きあり。沙羅双樹(さらそうじゅ)の花の色、盛者必衰(しょうじゃひっすい)の理(ことわり)をあらわす」にはじまる。「色は匂(にほ)へと散りぬるを」ではじまる「いろは歌」は、中世に生きた人達の無常感についての優れた表現である。

　吉田兼好は徒然草(つれづれぐさ)の中で「世のはかなさと物の哀(あわ)れ」が人間の宿命であると説いた。彼は無常観を背景としながら、無常だからこそ人生はすばらしい。完璧なものは面白くない、出来損ないや不揃いなものにも「不足の美」があると説いた。雲間の月や欠けた月が美しいと感じる意識や、満月よりも十三夜の月が最も美しいとする感性も生まれた。これらの考え方からやがて「能」が生まれて「侘(わび)と寂(さび)」という美意識に発展した。

室町幕府八代将軍・足利義政は政治的には全くの無能で応仁の乱などどこ吹く風という態度であった。しかし文化人としては超一流で、情熱のすべてを投入して東山文化を築いた。彼は、建築、築庭、茶の湯、生け花などに優れた才能を発揮して、渋くて暗示に富む日本人の美意識の基礎を確立した。茶の湯によって「やきもの」の評価基準は大きく変化した。「不斉の美」はこの国独特の美意識である。

喫茶のはじめ

日本に喫茶が伝わったのは遣唐使の時代であるが、それほど普及しなかた。日本の茶祖とされている栄西(ようさい(えいさい))は比叡山で修業した後、二度入宋して臨済禅を学び、後鳥羽天皇の建久2年（1191年）に帰国した。その時に茶の実を持ち帰って茶樹を栽培し、抹茶を用いる喫茶の習慣を伝えた。

鎌倉時代の留学僧は南宋の浙江省・天目山で修業した。天目山の各寺院では福建省の「建窯」で焼かれた建盞(けんさん)を使っていた。留学僧は喫茶の作法とともに天目茶碗を土産に帰山した。

喫茶の風習が普及すると、中国製の茶道具が高級品としてもてはやされた。中国から舶来された道具を「唐物(からもの)」と総称する。「やきもの」産業が未発達であった鎌倉時代は唐物は宝物であった。

図1.3.8　左）青磁浮牡丹文太鼓胴水指、中国・南宋時代、重要文化財、静嘉堂文庫美術館
　　　　　右）曜変天目茶碗、中国・南宋時代、国宝、静嘉堂文庫美術館

茶 の 湯

　禅宗寺院を経て導入された中国茶の作法は、足利義政の時代に日本式に変革されて「茶の湯」が確立した。彼は佗茶の祖とされる村田珠光を召し抱えて「茶の湯」の様式を整えさせた。彼らが工夫した茶会が新興商人が活躍した堺で開花した。堺の茶匠・武野 紹鷗の「茶の湯」は織田信長と結ばれて発展した。

　珠光や紹鷗は中国の茶道具に代わって「高麗」茶碗を評価した。高麗茶碗は朝鮮半島でつくられた茶碗の総称であるが、高麗時代の品物は僅かで李朝時代の民窯の作品がほとんどである。

　「井戸茶碗」は、15世紀の一時期に朝鮮半島のどこかでつくられた無名陶工の作品である。しかも飯茶碗であったか湯飲み茶碗としてつくられたものかも定かではない。

図1.3.9　左）井戸茶碗、銘奈良、李朝時代、重要美術品、出光美術館
　　　　　右）粉青沙器壺、李朝時代、重要文化財、静嘉堂文庫美術館

　「三島手」は李朝前期に朝鮮半島の南部でつくられた「やきもの」で、韓国では粉青沙器と呼んでいる。象嵌の紋様が伊豆の三嶋大社が発行した三嶋暦の小さい文字に似ていたことからこの名前がついた。「粉引」は化粧掛けした白泥釉が粉を引いたように見えるので、粉吹ともいう。三島と同系統の「やきもの」で慶州南道でつくられた。

　呂宋壺など東南アジアの雑器も輸入されて大変な高値で取引された。呂宋壺は葉茶壺として珍重され、茶席の床飾りとしても重要な小道具であった。呂宋

はフィリピン・ルソン島のことであるが、実際には中国広東省佛山市石湾窯でつくられた壺で、薬や香料そして酒などを入れて輸入されたらしい。

　豪華絢爛たる桃山文化が花開いた戦国時代は、一方では「茶の湯」が流行して日本独自の美意識が芽生えた時代でもある。忙中の閑に風流を心掛けて催された茶の湯は、戦闘に明け暮れた武将にも利に聡い豪商たちにも共感できる時間と空間を与えた。茶席では身分に囚われることなく、さまざまな情報が交換がされた。それに加えて、方丈の茶室で日常の雑事を離れて遁世の時間と精神開放の空間をもつという「市中の山居」や「市中隠」が、本当の隠遁生活に勝るとする考え方も生まれた。

図 1.3.10　左）粉青沙器、粉引瓶、李朝時代、大阪市立東洋陶磁美術館
　　　　　　右）呂宋壺、銘村雨の壺、通称五万石の茶壺、金沢・藩老本多蔵品館

　織田信長（1534-82 年）は凡人が考えつかない新しい概念を次々に創作して人々を中世の呪縛から解放した。彼は権力と金力を使って「茶器」の名品を集めて、しばしば茶の湯を催した。そして功績を挙げた重臣には茶器の名品を授けて茶の湯の主催を許した。「茶会」を主催できることは彼らにとって大きな名誉であった。茶会をもり立てる小道具が「茶道具」である。世界にただ一つという品物は誰にとっても何物にも代え難い魅力があった。

　茶の湯は日本陶磁の発達に深く関係している。茶道具という世界に例を見ない「珍妙・奇天烈」な価値観と美意識の共有が和風陶器の発展に寄与した。茶道具の名品は千金の価値を創出した。限りある狭い国土の為政者にとって論功行賞は頭の痛い問題であったが、信長は「何の変哲もない雑器が一国一城に匹

敵する」という新しい概念を創造したのである。しかし信長が集めた茶道具の名品は本能寺で焼失した。

信長の発想は秀吉（1536-98年）に引き継がれて発展した。太閤は金色に輝く「茶室」をつくらせる一方で、「和敬静寂」の千利休を重用した。利休は彼の美意識を色濃く表現する「やきもの」を瓦師の長次郎につくらせた。

図 1.3.11 左）黒楽茶碗、銘俊寛、長次郎作、桃山時代、三井文庫
右）黒楽茶碗、銘雨雲、本阿弥光悦作、江戸時代、三井文庫

和陶の進歩

茶陶の登場によって日本の「やきもの」は一変して、輸入陶磁が最高であるとする意識が変革された。

利休のあとを継いだ大名茶人は、細川三斎忠興、蒲生氏郷（がもううじさと）、高山右近、古田織部正重然（おりべのしょうしげなり）、小堀遠州らであった。

図 1.3.12 左）織部、舟形手鉢、美濃窯、桃山時代、五島美術館
右）志野茶碗、銘卯花墻、美濃窯、桃山時代、国宝、三井文庫

本阿弥光悦は刀剣の研磨・鑑定を業とする家に生まれたが、書画、漆芸、陶芸に優れ、江戸初期の美術・工芸の広い分野で指導的役割を果たした。
　茶人で武将の古田織部は美濃窯を指導して、緑釉や鉄釉を基調とする「織部焼」をつくらせた。織部焼はデフォルメされた奇抜な造形デザインと、斬新で近代的感覚の絵柄が特徴である。
　茶碗では、肌触りすなわち「触致の美」が大事である。和風陶器の魅力は、非対称や傷と歪みを気にしない独特の造形に加えて、新しい釉を開発したことにある。たとえば、厚くぽってりと掛けた白釉と大胆な貫入を組み合わせた「志野」など、独特のさまざまな工夫が試みられて和陶が発達した。
　鉄釉は宋時代の中国南部で発明されたが、現地では青磁や青白磁が尊ばれて鉄釉は脇役でしかなかった。ところが日本人は鉄釉にも夢中になった。なにしろ中国製の天目茶碗が5件も国宝として残っているこの国である。天目釉に独自の工夫が加えられて地味で渋い鉄釉陶器が発達した。鉄釉は日本の民芸窯でもっとも多く使用されている釉である。
　御室焼の仁清は赤を基調とした華麗な王朝趣味の上絵技法を開発した。彼の作品21件が重要文化財に、内2件が国宝に指定されている。これは個人の作品数として最高である。
　尾形乾山は二世・仁清の後を継いで、絵と書に独自の工夫をこらして「やきもの」の新領域を開拓した。

家元制度

　江戸時代が経過すると天下は泰平となって、武士階級は隔日出勤の事務官に変化した。人々はあり余る時間をいかに過ごすかで苦心した。学問、武芸、趣味、芸事等々、あらゆる分野で好きな者同士が集まって同好会をつくった。その過程でこの国独特の家元制度が生まれた。古典技芸にはいくつもの流派があるが、それぞれの流派の正統を継承しているのが家元である。家元という呼び名は江戸中期からであるが、家元の実体は平安時代には成立していた。
　「茶道」では利休の子孫が表千家、裏千家、武者小路千家に分かれて伝統を継承している。抹茶を用いる茶道にはその他にも、遠州流、藪内流、有楽流等々40もの門流がある。これだけの家元が存在するのであるから茶道人口は

巨大で、茶道具の需要も莫大である。家元は免許制度を通して、多数の門人や千家十職（陶工、釜師、塗師、指物師、金物師、袋物師、表具師、細工師、柄杓師、陶器師）の職人と経済的に結びついて共存共栄している。

中国・明の「煎茶」を伝えたのは江戸初期の隠元（1592-1673年）である。彼は福建省の人で黄檗山・万福寺の住持であったが、日本に招かれて幕府から提供された宇治の地に同じ名前の寺院を建てた。江戸後期になると葉茶を用いる煎茶が普及して「煎茶道」が生まれた。

「茶道」は「茶の湯」に比べて、作法と形式に傾斜している。中国にも茶道に相当する茶藝（茶芸）があるが、作法にはあまりこだわらない。抹茶を用いる「お点前・作法」は現在の中国には残っていない。

伝統工芸

日本の伝統工芸で陶芸が占めている地位は不動である。

第37回日本伝統工芸展（平成2年）の一般入選作品は678点あるが、内訳を見ると、陶芸（第一部会）が37.8％、染織（第二部会）が13.1％、漆芸（第三部会）が12.7％、金工（第四部会）が10.2％、木竹工（第五部会）が11.9％、人形（第六部会）が5.2％、その他（第七部会）が7.8％であった。そして第七部会の大部分が七宝とガラス工芸である。つまりセラミック芸術が伝統工芸の約45％を占めている。

表1.3.1 第46回日本伝統工芸展の統計（平成11年）

部会	区分	出品数	応募比率％	入選数
第一部会	陶芸	1332	55.6	250
第二部会	染織	297	12.4	97
第三部会	漆工	177	7.4	99
第四部会	金工	117	4.9	67
第五部会	木竹工	220	9.2	108
第六部会	人形	115	4.8	49
第七部会	その他	137	5.7	51
全部会	全体	2395	100	721

第46回日本伝統工芸展（平成11年）の統計でもこの傾向は全く変わっていない。たとえば、陶芸部門（第一部会）の出品数1332点は全出品数2395点の55.6％を占めている。入選数250点は全入選数721点の34.6％である。それに加えて、第七部会の入選数の80.0％は七宝とガラス工芸である（表1.3.1）。

和食器

懐石など日本料理は旬の料理によく合う食器を選んで美しく盛りつけて味覚と視覚の両方で賞味する。和食器はセットであっても形や絵柄が少しずつ違っていても一向に構わないし、その方がむしろ風情（ふぜい）がある場合もある。

星岡茶寮で究極の味を提供した北大路魯山人（ろさんじん）（1883-1959年）は食についての総合演出家であった。彼は料理と食器が渾然（こんぜん）一体となった理想の食事を追及して、それを星岡茶寮で実現した。そのため専用の窯（魯山人窯芸研究所）を北鎌倉に築いて、工人達を指揮して「やきもの」の製作にも没頭した。

民芸運動

柳宗悦（やなぎむねよし）（1889-1961年）が提唱した民芸（民衆的工藝）運動は、無名の工人がつくった素朴な生活雑器である「下手（げて）もの」を美の祭壇に据えた。「用即美」すなわち「役に立つもの」の中にこそ「美しさ」が宿るというのである。彼は朝鮮の民窯作品を最高に評価した。

しかし柳は個人作家を否定して、無名の工人が神の手に導かれて秀作が生まれると主張した。彼は、仁清は二流三流の陶工に過ぎぬとか、乾山の陶技は素人に近く、井戸の前では彼の茶碗は児戯（じぎ）に等しいなどと酷評した。

これでは陶芸作家は創作意欲が湧くはずがないから、柳について行けなかった。河井寛次郎や濱田庄司など民芸調陶芸作家の活躍は茶道具とは別のジャンルを開拓して裾野の広い愛好者達を生んだ。

毒舌家の魯山人は柳を「下手（げて）ものしか分からぬ輩（やから）」と罵倒（ばとう）した。

贋作

　彷製品が利益を目的として市場に流通すると贋作ということになる。製作した本人に偽造したという意識がなくても市場に流通すれば贋作である。美術工芸品の贋作は古今東西の人間社会に広く分布している。

　商品価値がない旧石器の偽物までつくられるこの世の中で、高価な美術品に偽物が多いのは当然である。偽物が本物の十倍もないようでは一流の芸術ではないともいわれる。たとえば、富岡鉄斎（1663-1743年）や北大路魯山人の贋作は市場に10000点以上も流通しているそうである。偽物大国・中国では古美術品の偽物も大々的に量産されて密輸出されている。

　著作権の意識がなかった昔は「やきもの」の「写し」が堂々と製造・販売されていた。大森貝塚ではじめて縄文土器を発見したモースは日本の「やきもの」にも詳しくて、京都清水の陶工・藏六父子を訪ねて仁清などの写しがつくられているのを発見した。モースは贋作者が全く恥ずかしがらないのが不思議だと述べている。

　「鍋島」や板谷波山、清の官窯、そしてマイセンやセーブルとなると、道具屋の目を誤魔化せるほどの偽物をつくるのは絶対に無理である。

　しかし軟質の「やきもの」は「写し」をつくるのが難しくないから偽物が多い。贋作には絵と書の素養が必要であることはもちろんである。乾山や仁清には特に偽物が多くて鑑定が難しい。乾山や仁清には二世も三世もいるし、工房の弟子達の作品も多い。魯山人ともなれば工房の陶工達の作品がほとんどであるから、どれが本人の作品か分かったものではない。戦後の贋物事件としては「永仁の壺」と「佐野乾山」がある。

　彷製品に古色をつけるには、土の中に埋めたり、薬品で表面処理するなどさまざまな工夫が使われる。修復した「やきもの」は、紫外線ランプで観察するとすぐ分かるものが多い。素人の目を欺く贋作の手法にはいろいろある。たとえば「後絵」の伊万里は鑑定が難しい。これは江戸時代につくられた磁器で、小さな傷があるなどの理由で放置されていたものに、明治以降に上絵付けした品物をいう。

陶芸のすすめ

　大航海時代に渡来した南蛮宣教師達にとって日本人の美意識は理解に苦しむ価値観であった。中南米のアステカ帝国やインカ帝国を征服したスペインやポルトガルの将軍は収奪した貴金属をすべて鋳潰（いつぶ）して本国に送った。

　信長の寵（ちょう）を得たイエズス会司祭のフロイス（1563年来日）は、報告書の中で「我らは、宝石や、金片、銀片を宝とする。日本人は、古い釜や、ひびが入った古い陶器や土器などを宝物とする」と書いている。戦国大名に知己を得たイエズス会巡察師ヴァリニヤーノは、大友宗麟が銀9000両で手に入れた陶土の茶入れ「似たり茄子（なす）」を「我らから見れば鳥篭（かご）に入れて小鳥に水を与える以外に何の役にも立たぬ」と酷評した。

　それから四百数十年が経過した。しかし日本人の美意識は大して変わっていない。日本人はなぜ、出来損ないの「やきもの」や再現できない「やきもの」を高く評価するのであろうか。茶道具の逸品は明治維新後も太平洋戦争敗戦後もほとんど海外に流出しなかった。日本国内での茶道具の値段は海外ではまるで通用しない。日本人の美的価値観は世界の価値観からするとかなり異質であるが、美術評論家はこれについて何も説明しない。初心者が鍋島や板谷波山（いたやはざん）、景徳鎮官窯やマイセン窯と同等の品質の作品をつくることは不可能である。しかし織部（おりべ）様式や魯山人（ろさんじん）風の作品であれば誰でも制作可能である。習字と俳画の素養があれば尾形乾山（けんざん）を超える作品をつくることも夢ではない。

　人は誰でも「生き甲斐（がい）」が必要である。現代日本の陶芸天国は「二度と再現できない、私が好きなやきもの」という凡人の智慧と価値観が支えているといえよう。

天然材料　2

2.1　天然資源
2.2　石材産業
2.3　宝飾品

2.1 天然資源

「やきもの」と岩石の類似

人間がつくる「やきもの」の成分や組織は天然の岩石のそれとよく似ている。表2.1.1を見てほしい。「やきもの」や岩石の組成は試料ごとにかなり変動するものではあるが、磁器と火成岩の間に相関性があることは確かである。この表から「地殻を削ってつくるやきもの」という意味を実感されるであろう。ほとんどの岩石は多結晶体である。この点でも岩石は「やきもの」の特徴と類似している。

表2.1.1 磁器と火成岩の化学分析値の例 (wt%)

	種類	SiO_2	Al_2O_3	Fe_2O_3	CaO	MgO	K_2O	Na_2O
磁器	有田磁器	76.95	18.30	0.78	0.49	0.32	0.78	2.54
	清水焼	73.66	20.01	0.68	0.63	0.13	1.83	2.98
	中国磁器	72.87	19.02	0.60	0.74	0.30	3.54	3.21
火成岩	花崗岩	73.37	15.24	0.28	1.81	0.28	3.54	3.15
	石英粗面岩	67.95	14.94	0.40	1.97	—	4.98	2.79
	石英斑岩	75.17	11.21	0.88	0.72	0.42	4.2	3.09

岩石は天然セラミックス

岩石は古代から現在に至るまで、石器、土木・建築、記念碑、墓石、彫像、宝飾品などの素材として広く使われてきた。石材産業については2.2で説明する。

人間がつくる「やきもの」の成分や組織は天然の岩石のそれと非常によく似ている。ほとんどの岩石は多結晶体で「やきもの」と近似している。

表1.1.3の定義では岩石がセラミックスかどうか判然としないし、それを強く主張する人もいない。しかし前著で述べたように、岩石は地殻の中で高温と高圧そして約40億年という永遠の時間をかけて自然がつくりだした立派な天然セラミックスである。マグマは地殻の原料予備軍である。アポロ宇宙船が月

から持ち帰った岩石を分析した結果、月の石と地球の石とは本質的に同じであることが判明した。夜空に輝く月は核までセラミックスの巨大な塊である。人類の宇宙移住計画がはじまれば、月面基地に大規模なセメント工場が建設されるはずである。

地　殻

　地球断面の構造は卵の断面に似ていて、黄身と白身にあたる核とマントル、そして卵殻に相当する地殻（crust）からできている。地球全体に占めるそれぞれの割合は、体積比で、核が 16 %、マントルが 83 %、地殻は 1 % 以下である。質量比では、核が 30 %、マントルが 70 %、地殻が 1 % 以下である。地殻の厚さは大陸では平均 30 km、海洋では 5 km 程度に過ぎない。つまり地殻の厚さは地球の半径の 1/100 よりも薄く、地殻が占める割合は非常に小さい。このような地球断面の構造は地震波の伝わり方を解析して得られた結論である。

　大陸地殻は、下部は玄武岩（basalt）質の岩石からなり、上部は主に花崗岩（granite）質の岩石でできている。海洋地殻は玄武岩質で、花崗岩質の岩石は存在しない。

　地殻を構成している主な元素は、酸素、珪素、マグネシウム、鉄、アルミニウム、カルシウム、ナトリウム、カリウムの合計八元素で、これだけで地殻の重量の 98.5 % を占めている。

地球の核

　地球の核（nucleus）を構成している主要元素は鉄である。核は内核と外核の二重構造になっていて、地下 5000 km 付近に 200-300 km の広い境界層がある。内核は固体で、密度は 9-17 g/cm³、温度は 6000 ℃ 程度で、ニッケルと親鉄元素を少量固溶している金属鉄であると推定されている。外核は内核よりも密度がやや小さく、硫黄などを含む鉄の化合物で、粘性係数が小さい流体状態の物質であると考えられている。

マントルとマグマ

　地殻の下にはマントル（外套部、mantle）が存在する（図 2.1.1）。マント

ルの深さは約 2900 km で、密度は 3-6 g/cm³、温度は 400-1500°C である。マントルは 400-670 km の中部マントルを挟んで上部マントルと下部マントルに区分できる。地震波の解析から、地殻とマントルとは M 面で、マントルと核とは G 面ではっきり区別できる。

マントルを構成する主な元素は、酸素、珪素、マグネシウム、鉄の四つで、地殻に比べてマグネシウムが多い。上部マントルの主成分は橄欖岩（かんらん）（olivine）質で、主な構成鉱物はマグネシウム橄欖石（forsterite, Mg_2SiO_4）、マグネシウム輝石（enstatite, $MgSiO_3$）および柘榴石（ざくろ）（garnet, $Mg_3Al_2Si_3O_{12}$）である。下部マントルの主成分鉱物はより密度が大きい高圧相の結晶である。

マントルの粘性係数は温度によって大きく変化し、温度が下がると粘性が急激に増加する。上部マントルで、地殻変動などの原因で岩石が部分的に熔融すると玄武岩質のマグマ（岩漿（がんしょう）、magma）ができる。このマグマが上昇して地表近くにマグマ溜りをつくる。このマグマ溜りが冷えるときに、いろいろな鉱物をつぎつぎに析出してマグマの組成が変化する。これを結晶分化作用という。

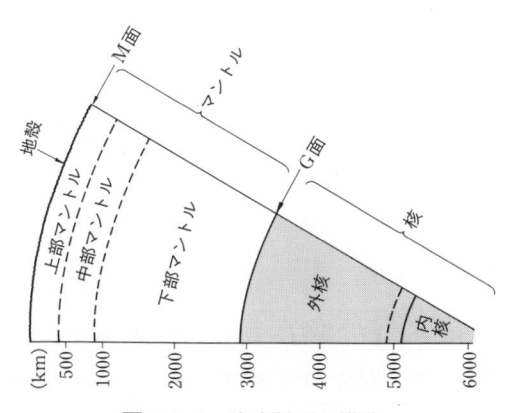

図 2.1.1 地球断面の構造

プレートテクトニクス

長い時間の尺度で考えると「大地はたえず動いている」というのは正しい。

プレートテクトニクス理論（platetectonics theory）を用いると、マグマの発生、火山現象、地震、造山運動、変成作用、地上の物質循環など、さまざまな地球的現象を統一的に説明することができる。この理論では地殻が十数枚の巨大なプレート（岩盤、plate）でできていると考える。地表から 100-150 km の上部マントルには、熔けかけで軟らかいリソスフェア（岩流圏、lisosfair）と呼ぶ層がある。岩流圏の上の固いマントル部分と地殻を合わせた、アセノスフェア（岩石圏、asenosfair）と呼ぶ硬いプレートが、リソスフェアという軟らかい層の上をゆっくりと移動すると考えるのである。

太平洋や大西洋などの海洋底には中央海嶺（かいれい）と呼ばれる大火山脈が延々と連なっている。中央海嶺の山頂からは玄武岩質の熔岩がたえず湧き出していて、海底は年間 3-10 cm という遅い速度で拡大して海洋プレートが形成される。海洋プレートは玄武岩質で大陸プレートに比べて密度が大きい。両者が衝突すると、海洋プレートが大陸プレートの下に斜めに沈み込む。たとえば、太平洋プレートやフィリピンプレートはユーラシア大陸プレートの下に斜めに沈み込んでいる。大地に歪みが貯まって耐えきれなくなると突然エネルギーが放出されて大地震が起きる。

堆積物や水分を含んだ海洋プレートが大陸プレートの下に沈み込んでさらに深く下降すると、温度が上がって岩石が熔けて水蒸気を含んだマグマを生じる。少量の水を含む橄欖岩は融点が 200℃ 位低下するので熔融しやすい。このマグマが大陸プレートの中を上昇してマグマ溜りをつくり、時々火山活動によって噴出する。

岩石・鉱物

岩石・鉱物と一口にいうが、岩石と鉱物では意味が全く違う。岩石は複数の鉱物から構成されている不均質な物質であるが、それらを形成している一つ一つの鉱物は均質な物質である。岩石と鉱物をまとめて、石（stone）と俗称する。岩石・鉱物の英語名には、カルサイト、グラナイト、カオリナイトなど、-ite がつくものが多い。

岩石や鉱物の名前は難しい。日本語でも横文字でも、学名もあるし慣用名もある。明治以来の鉱物学者や地質学者が横文字を和訳した名称には、橄欖岩（かんらん）や

2.1 天然資源

斑糲岩など難しい漢字が使われている。努力しなければ憶えられない名前が多いが、歴史の重みがあるので止むを得ない。

鉱　物

鉱物（mineral）は「物理的・化学的に均質で一定の化学式をもつ結晶質の固体で、生物が関係することなく自然界で生成した無機物質」と定義されている。しかしこれには例外があるので厳密に考える必要はない。

鉱物の多くは結晶であるが、非晶質や有機物の鉱物も存在する。

国際鉱物命名委員会は 2500 種類以上の鉱物を認定している。そして毎年数十種類の新鉱物が発見されている。

結　晶

結晶（crystal）の中では、原子、イオンあるいは分子が規則正しく三次元的に配列している。規則性は結晶の外形にも反映して、発達した結晶はいくつかの平面で囲まれている。このような結晶を槌で破砕して得られる破片はどれをとっても結晶の特性が失われていない。結晶の基本単位を単位格子という。結晶構造はすべて単位格子について検討すればよい。結晶構造の種類は非常に多いが、セラミック材料では十数種類の構造を理解すれば間に合う。これに対してガラスは非晶質で原子配列に規則性がない。

セラミック材料の多くが結晶質（crystalline）である。セラミックスを構成している結晶は、非常に細かいもの（サブミクロン）から大きく（数十 cm 程度まで）発達したものまでさまざまである。細かい結晶の集合体を多結晶（poly crystal）、大きく発達した結晶を単結晶（single crystal）という。

結晶を電子顕微鏡で数百万倍に拡大して見ると、原子やイオンが規則正しく並んでいることが分かる。物質の結晶構造は X 線回折法で強度測定してコンピュータを使って解析することができる。セラミック物質をよりよく理解するには材料の組織（texture）や微構造（microstructure）を調べる必要がある。それには電子顕微鏡や偏光顕微鏡そして X 線回折計が必要である。

多形と多型

　固体は同じ元素組成でありながら結晶構造が違う物質が存在する場合がある。これを多形（polymorphism）という。poly- はギリシア語で「多い」を意味し、morph は「形」の意味に由来している。

　たとえば炭素には代表的な多形としてダイヤモンド（diamond）と黒鉛（石墨、graphite）がある。無定型炭素もある。最近はフラーレン（fullerene）やカーボンナノチューブ（carbon nanotube）が話題になっている。

　炭酸カルシウム（$CaCO_3$）には、方解石（カルサイト、calcite）と霰石（アラゴナイト、aragonite）の多形がある。

　多形と紛らわしいものに多型（polytype）がある（202 頁参照）。

岩　　石

　岩石（rocks）は「一種類ないし数種類の鉱物からなる不均質な集合体」と定義されている。つまり鉱物は岩石の構成単位である。

　岩石を構成している主要な鉱物（造岩鉱物）は、石英、長石、斜長石、黒雲母、角閃石、輝石、橄欖石など十数種類の珪酸塩化合物である。

表 2.1.2　主な造岩鉱物（珪酸塩以外の鉱物を含む）

鉱物名	mineral name	化学組成
石英	quartz	SiO_2
斜長石	plagioclase	$(Na,Ca)(Si,Al)AlSi_2O_8$
カリウム長石	feldspar	$KAlSi_3O_8$
黒雲母	biotite	$K(Mg,Fe,Al)_2(Si,Al)_4O_8$
白雲母	muscovite	$KAl_2(AlSi_3O_{10})(OH)_2$
角閃石	amphibolite	Na, Ca, Mg, Fe, Al などの含水珪酸塩
輝石	pyroxene	$(Ca,Mg,Fe)_2Si_2O_6$
橄欖石	orivine	$(Mg,Fe)_2SiO_4$
方解石	calcite	$CaCO_3$

　岩石を構成している鉱物の大きさや形状は千差万別である。例を挙げると、石灰岩は炭酸カルシウムの鉱物であるカルサイトの微結晶の集合体である。大

理石は結晶がよく発達したカルサイトの集合体で、外観が優れた岩石をいう。水晶（rock crystal）は石英の単結晶である。珪石（silica stone）や珪砂（silica sand）は石英の多結晶で、不純物を含んでいるものが多い。もう一つ例を挙げると、花崗岩は白い粒子と灰色の粒子そして黒い粒子の集合体である。それぞれの粒子は、石英という鉱物の結晶、長石という鉱物の結晶、そして黒雲母という鉱物の結晶である。

表 2.1.3　成因による岩石の分類

種類	成因
火成岩	マグマが固化してできた岩石
堆積岩	地表の堆積物が地質学的な時間を経過して生じた岩石
変成岩	火成岩や堆積岩が別の環境に長期間置かれてできた岩石

　地上に存在する岩石は多種多様で、細かく分類すると無数といってもよいくらい種類が多い。全く同じ岩石はこの世の中に二つとは存在しない。それらの岩石は成因から、火成岩、堆積岩、そして変成岩に大別できる。地殻の 95 % 以上は火成岩と変成岩とで構成されている。しかし大陸地殻と海洋地殻の最上部には堆積物と堆積岩が多い。

火 成 岩

　マグマが固化してできた岩石を火成岩（igneous rocks）という。火成岩は、火山岩、深成岩、半深成岩（それらの中間の岩石）に分類できる。

　急激に固化した火山岩は結晶の粒度が細かく、ゆっくり固まった深成岩の粒度は粗である。マグマが急冷されるとガラス質の岩石ができる。

　シリカ分が少ない塩基性熔岩は粘度が小さくて流動しやすい。住民全員が島外に避難した 1986 年の伊豆大島・三原山の大噴火では、幾筋もの玄武岩質の熔岩流が海岸まで到達して壮観であった。

表2.1.4 火成岩の分類

分 類	塩基性岩	中性岩	酸性岩
火山岩	玄武岩	安山岩	流紋岩
半深成岩	輝緑岩	貧岩	石英斑岩
深成岩	斑糲岩	閃緑岩	花崗岩
SiO_2 含有量	≒50%	≒60%	≒70%
有色鉱物	≒50%	≒30%	≦10%

これに対してシリカ分が多い熔岩は粘度が大きくて流動し難い。そのためごく稀ではあるが噴火によって大爆発を起こすことがある。長野・群馬県境に位置する浅間山は複輝石安山岩からなり、たびたび噴火している。1783年の大爆発では山の半分が飛散して天明の大飢饉の原因となった。

堆 積 岩

堆積岩 (sedimentary rocks) は、火山噴出物、岩石の破片、土砂、生物の遺骸などの堆積物が、地質学的な時間を経過して生じた岩石である。

堆積層が厚くなると温度と圧力が増大する。地下深くでは、圧力は数千 atm、温度は数百 ℃ にもなる。これによる影響を続成作用と呼ぶ。粘土が続成作用を受けると、混合層鉱物という複雑な粘土鉱物に変化する。

堆積岩は、砕屑岩、火山砕屑岩、生物岩そして化学岩に大別される。

表2.1.5 堆積岩の種類

分 類	堆 積 岩 の 例
砕屑岩	礫岩、砂岩、泥岩、頁岩、粘板岩
火山砕屑岩	凝灰岩、凝灰角礫岩、緑色凝灰岩、集塊岩
生物岩	珊瑚石灰岩、紡錘虫石灰岩、放散虫チャート、珪藻土、化石
化学岩	石灰石、苦灰岩、チャート、岩塩、石膏

変成岩

　地殻にはさまざまな変動が起こる。変成作用は続成作用よりも激しい作用である。変成岩（metamorphic rocks）は、火成岩や堆積岩がそれらが生じた圧力・温度条件と違う環境に長期間置かれたときに生成する岩石である。変成岩の造岩鉱物は多種多様で、それらの多くは固溶体である。

　変成作用の条件は、圧力は100-15000 atm、温度は100-900℃とさまざまである。変成作用には広域変成作用と接触変成作用とがある。

　広域変成作用は、激しい褶曲（しゅうきょく）や大きな断層を伴う造山活動が活発になると、地殻に高圧・高温の場所ができてこの作用が起こる。その温度は100-800℃で、圧力は場所によってさまざまである。広域変成作用は温度と圧力の違いで、生成する鉱物の種類と組み合わせが変わる。広域変成作用はときには数百kmもの広範囲で起きる。

　結晶片岩（へんがん）（片岩、schist）は低温・高圧型の広域変成岩で、片理（へんり）（schistosity）がよく発達していて板状に剥（は）がれやすい。海洋プレートが大陸プレートに沈み込むところでは、海洋底の玄武岩や堆積岩が冷たいまま引き込まれて結晶片岩をつくる。

　接触変成作用は火山活動で上昇したマグマが岩石に貫入したときに起きる熱変成作用である。変成帯の幅はせいぜい1 km以下で、広域変成作用に比べて規模が小さい。石灰岩が接触変成作用を受けると、方解石の結晶が発達して大理石（結晶質石灰岩）を生じる。

表2.1.6　主要な堆積物とそれらから生じる堆積岩と広域変成岩

堆積物		堆積岩		広域変成岩
粘土、シルト	→	泥岩、頁岩、粘板岩	→	千枚岩、雲母片岩、片麻岩
砂	→	砂岩	→	石英片岩、片麻岩
礫	→	礫岩	→	含礫片岩
火山噴火物	→	凝灰岩	→	緑色片岩
珪石質生物遺体	→	チャート、フリント	→	石英片岩
石灰質生物遺体	→	石灰岩	→	大理石

含水鉱物

　堆積、続成、変成などの作用を受けた鉱物は水和物や含水鉱物として産出する場合が多い。これらは水の惑星である地球の特産物である。

　たとえばシリカ（106頁参照）では、玉髄（chalcedony）は微結晶質石英粒子の集合体からなる堆積岩であるが、必ず少量の水を含んでいる。玉髄は微量の不純物によって色や縞模様など外観が変化するので、いろいろな名前で呼ばれている。紅玉髄（carneol, sard）、ジャスパー（碧玉, jasper）、瑪瑙（agate）、オニックス（縞瑪瑙, onyx）、チャート（chert）、フリント（燧石, flint）などである。佐渡の赤玉石は酸化鉄を多量に含む瑪瑙質の鉄珪石である。

粘土と粘土鉱物

　粘土（clay）は長石などが風化・分解してできた粘り気がある土で、地球の特産物である。粘土に水を加えてつくる坏土（練土, body）には可塑性（plasticity）があって、粘土細工で自由に成形ができる。プラスチックの語源は粘土の性質に由来している。clayという言葉は古代ギリシア語の膠という単語に語源がある。

　埴という字は細かい粘土を意味している。「埴生の宿」の歌で有名な埴生は埴のある土地、埴輪は埴でつくった「やきもの」のことである。

　粘土は種類が多く、それぞれの粘土で性質が異なる。粘土は地上の至る所に存在するが、良質で大量に採掘できる粘土は限られている。著名な粘土には産地や性質に関連した名前がついている。代表的な粘土としては、国内では、蛙目粘土、木節粘土、村上粘土などがある。国外では、中国広西省のカオリン（高嶺土、高陵土, kaolin）、韓国の河東カオリン、米国のジョージアカオリンなどが有名である。

　いずれの粘土も、層状化合物である粘土鉱物の微細なコロイド粒子の集合体である。粘土鉱物には、カオリナイト、モンモリロナイト、セリサイト、ハロイサイト、パイロフィライトなど多くの種類がある。天然産の粘土には必ず、未分解の長石、シリカ、雲母などの粒子、その他の不純物が混入している。

2.2 石材産業

石材の利用

　天然の構造材料である岩石は古代から現在に至るまで、土木、建築、記念碑、墓石、灯籠、彫像、宝飾品などの素材として広く使われてきた。古代ローマ人は優れた技術力を駆使して無数の石造構造物を建設した。彼らが「ローマの道は世界に通じる」と豪語した石の舗装道路もその一つである。それらの多くが2000年の風雪に耐えて現在でも使われている。

　花崗岩は記念碑や建物の外装材として、大理石は内装材や外装材そして彫像の素材として最高である。残念ながら現在のわれわれの技術では、10 cm角の花崗岩も大理石も製造することができないのである。それに加えて岩石は値段が安いことも大きな魅力である。

　建築用石材に求められる性質は、外観の美しさ、強度、耐候性、耐熱性、加工性、価格などである。磨いた石材の表面は年月とともに劣化する。石材の耐久性は材質によって差があるが、数百年の使用に耐える。

　国産の高級石材のリストを表2.2.1に示す。本御影や庵治石などは現在ではほとんど採掘できないから非常に高価である。

　現今のわが国は石材を大量に輸入している。外国の石材は何といっても安い価格が魅力である。高級石材の年間需用は数千億円程度であるが、今ではそれらの大部分が輸入材で、墓石は戒名まで彫刻して輸入している。彫刻はサンドブラスト法で行う（219頁参照）。

花崗岩

　花崗岩（granite）はシリカ分が多い（≒70%）岩石で、水の惑星である地球の特産物である。花崗岩は大陸地殻の表面に広く分布していて、日本列島では地殻の12%を占めている。瀬戸内海沿岸には花崗岩質の岩石が多い。

　花崗岩は石質が緻密で硬くて、磨くと美しい光沢を示す耐久性に富む石材である。花崗岩の外観は、構成鉱物の粒径、量比、色調などの違いによって決ま

る。花崗岩は火災に弱いのが一番の欠点で、600℃に加熱すると崩壊する。これは石英が573℃で急膨張するためである。

狭義の花崗岩は、石英（quartz）と長石（feldspar）を主成分として、これに黒雲母（biotite）が加わった岩石をいう。白い部分は石英（SiO_2）、灰色の粒子がアルカリ長石、黒い粒子は黒雲母の結晶である。しかし、この種の岩石はわが国にはほとんどみられない。日本で普通に花崗岩といえば、花崗閃緑岩（石英、アルカリ長石、斜長石からなる）と、石英閃緑岩（石英と斜長石からなる）を含めた三種類の岩石の総称である。

表2.2.1 国産の主要石材と用途

石 材	岩石名	産 地	用 途
本御影（ほんみかげ）	花崗岩	神戸市御影	外壁装飾、灯籠、景石
稲田石（いなだいし）	花崗岩	茨城県稲田	外壁装飾、石碑、飛石
鞍馬石（くらまいし）	花崗岩	京都市鞍馬	景石、飛石、石垣
万成石（まんなりいし）	花崗岩	岡山市万成	外壁装飾、石碑
庵治石（あじいし）	花崗岩	香川県庵治	外壁装飾、灯籠、景石
寒水石（かんすいせき）	大理石	茨城県久慈・多賀	装飾、配電盤、工芸
赤坂石（あかさかいし）	大理石	岐阜県赤坂	装飾、配電盤、工芸
鉄平石（てっぺいせき）	安山岩	長野県諏訪市	板石、敷石
白丁場（しろちょうば）	安山岩	神奈川県湯河原	石碑、飛石、景石
根府川石（ねぶかわいし）	安山岩	神奈川県根府川	石碑、飛石、板石
抗火石（こうかせき）	流紋岩	伊豆新島	建築、景石、耐熱材
大谷石（おおやいし）	凝灰岩	宇都宮市大谷	建築、石塀、石垣
和泉石（いずみいし）	砂岩	大阪府和泉	石垣、敷石
雄勝石（おがついし）	粘板岩	宮城県雄勝	天然スレート、硯、工芸
那智黒（なちぐろ）	粘板岩	和歌山県那智	碁石、工芸、景砂利
伊予青石（いよあおいし）	緑泥片岩	愛媛県西部	景石、飛石
秩父青石（ちちぶあおいし）	緑泥片岩	埼玉県秩父	景石、石碑、飛石
鳩糞石（はとくそいし）	蛇灰岩	埼玉県秩父	装飾

長石にはアルカリ長石と斜長石の二つの系列がある。アルカリ長石は、カリウム長石（$KAlSi_3O_8$）とナトリウム長石（$NaAlSi_3O_8$）の固溶体である。斜長石（plagioclase）は、ナトリウム長石とカルシウム長石（$CaAl_2Si_2O_8$）の固溶体（$(Na,Ca)(Si,Al)AlSi_2O_8$）である。

2.2 石材産業

深成岩とされている花崗岩がなぜ地表に多いかなど、花崗岩の成因は 18 世紀末から地質学者を魅了してきた難問である。現在では花崗岩の成因は複数あるという考え方が有力である。

御 影 石

御影石は昔から建造物の外装や墓石などに広く使われてきた。その名称は元来は神戸・六甲山の麓の御影地方で産出する花崗岩の石材名である。

石材業界では外観が花崗岩に近い岩石をすべて御影石と呼んでいる。すなわち、花崗岩、閃緑岩、斑糲岩など、粗粒の結晶が集まってできた完晶質と呼ばれる深成岩はどれも御影石と呼んでいる。

御影石は外観から、白御影、桜御影、赤御影、黒御影などに分類される。白御影と桜御影は日本各地で産出する。稲田石や鞍馬石は白御影、本御影や萬成石（万成石）は桜御影である。桜御影は少量の酸化鉄を含んでいるので桃色に着色している。1939 年に建造した国会議事堂の外壁には茨城県稲田産の白御影や広島県倉橋島の御影石が使われた。

図 2.2.1 東京都庁舎と横浜本牧のランドマークタワー

赤御影と黒御影はすべて輸入材である。赤御影は多量の酸化鉄を含む赤色の花崗岩である。南北アメリカ大陸、北欧、インドなど大陸の盾状地と呼ばれる

古い地質時代（先カンブリア紀）の地域で産出する。黒御影は有色鉱物をたくさん含む閃緑岩や斑糲岩で、やはり古い大陸で産出する。

　1983年に落成した東京都庁舎の外壁には石張りのプレキャスト・コンクリートパネル（PCパネル）が使われた（92頁参照）。これに使われた石材は輸入花崗岩で、淡色のスウェーデン産ロイヤルマホガニーと、濃色のスペイン産ホワイトパールである。1993年に完成した横浜のランドマークタワーの外壁にはブラジル産花崗岩のPCパネルが使われた。

大 理 石

　炭酸カルシウムを主成分とする装飾用の石材を大理石（marble）と呼ぶ。石灰石が地下で変成作用を受けるとカルサイトの結晶が大きく成長して結晶質石灰岩すなわち大理石となる（51頁参照）。この名前は中国雲南省大理府からこの石材が産出したことに由来する。英語のmarbleは光の中で輝く石という意味の古代ギリシア語に起源がある。

　大理石は外装材としては、耐火性は花崗岩よりも優れているが、強度は花崗岩に劣る。そして酸性雨に弱いのも大きな欠点である。

　古代エジプトでは80基を超えるピラミッドが建設された。カイロ郊外のギゼーに聳えるクフ王の大ピラミッドは、高さが146 m、底辺の長さが230 mもある。このピラミッドは、重さが約2.5 tの石灰石を、230万個、210層に積み上げてつくった。ピラミッドの表面はナイル河の対岸トウラで切り出した良質の大理石で覆って美しく磨き上げた。しかし表面の大理石は後に盗まれて現在はない。鉄器がなかった古代エジプトでは、硬い花崗岩を加工した製品はファラオの石棺などに限られていた。

　西欧文明の基礎を築いた古代ギリシアの大地は大理石の岩盤の上にある。ギリシアではB. C. 600年頃から大理石で美しい神殿を築いて精巧な彫像を飾った。アテネのアクロポリス（岩の町の意味）には、2500年の風雪に耐えたパルテノン神殿が建っている。地震がほとんどない欧州では石の文明が発達した。大理石でつくられた荘厳な大教会や華麗な建造物が各都市のシンボルになっている。

2.2 石材産業

　タージ・マハルはインド中部のアグラに輝くムガール帝国の栄光の残像である。皇帝シャー・ジャハーンが王妃ムムターズ・マハルの死を悼んで22年の歳月をかけてつくったイスラム様式の建造物である（1632年）。北インド産の白大理石でつくられた、縦、横、高さ、各60 m の建造物には優美なアーチ構造が多用されている。建物の各部や柩(ひつぎ)には無数の透かし彫りが施され、貴石で草花や幾何学模様が象嵌(ぞうがん)されている。

図2.2.2　タージ・マハル

　わが国では外壁に大理石を使った建造物が少ない。これは地震が多いことと、湿度が高く苔(こけ)や黒黴(かび)が生えやすいことが主な理由であろう。国内で美しい大理石が産出しないことも一つの理由であろう。大理石は、イタリア、ギリシア、台湾、フィリピン、アメリカなどからの輸入材がほとんどを占めている。
　建物内装用の大理石としては厚さ 2 cm 程度の板材が使われる。模様が美しい大理石やアンモナイトなどの化石を含む大理石も需用が多い。更紗(さらさ)と呼ばれて評価される網目模様の礫岩(れきがん)状大理石は、淡褐色の石灰岩角礫が濃赤褐色の基質で取り巻かれている。これは変成作用の過程で酸化鉄が石灰質の礫岩に滲み込んで着色したと考えられる。温泉沈殿物であるクリーム色の細かい平行縞と細孔をもつトラバーチン（travertine）と呼ぶ大理石も評価が高い。

石　像

　人類は古来あらゆる石材を利用して彫像をつくってきた。中国・洛陽近郊・龍門の石像大仏、タリバンが爆破したアフガニスタン・バーミヤンの石仏、イースター島のモアイ像、臼杵の磨崖仏など枚挙にいとまがない。

　ミロのヴィーナスやミケランジェロのダビデ像に代表される美術彫刻の分野では大理石が理想的な素材である。美術彫刻の素材としては、石質が緻密で、硬さが適当（モース硬度 3）で、精密加工しやすく、研磨すると美しい光沢面を与えることが要求される。高級な大理石は直径 0.3-2 mm 程度の方解石の結晶が絡み合って、ある程度光を透過させて劈開面で反射を繰り返す。これによって彫像は人肌のような軟らかさと温かみを感じさせる。北イタリア・カラーラ産の白大理石は品位が最高と評価が高い。

　縞目の美しいオニックス・マーブル（onyx marble, 縞大理石）はテーブルや花瓶などの工芸品に使われている。

図 2.2.3　左）ミロのヴィーナス、大理石、フランス・パリ・ルーブル美術館
　　　　　　右）釈迦菩薩座像、片岩、2-3 世紀、パキスタン・ペシャワール博物館

　ガンダーラ地方は仏像発祥の地である。今から 1900 年前、現在のパキスタンのペシャワールを首都と定めたクシャン王国のカニシカ王は仏教に帰依した。そしてこの地で大乗仏教が生まれ、ギリシア様式の影響を受けたガンダーラ仏がつくられた。

外観が縞大理石に似て美麗なアラバスタ（雪花石膏、alabaster）は、天然に産出する二水石膏（gipsum, $CaSO_4 \cdot H_2O$）の多結晶質石材である（76頁参照）。古代エジプト時代から工芸品や香水容器などの素材として利用されたが、産出量が少ないので遺物は多くない。二水石膏の透明な単結晶である透石膏（selenite）も同様な用途に使われた。

玄武岩

上部マグマは橄欖岩（olivine, $(Mg,Fe)_2SiO_4$）で構成されている。玄武岩は橄欖岩に近い組成の塩基性火山岩で、シリカ分が≒50％と少なく、その分カルシウム、マグネシウム、鉄が多いので黒色である。玄武岩の組成は一定ではないが、斜長石（plagioclase, $(Na,Ca)(Si,Al)AlSi_2O_8$）と輝石（pyroxene, $(Ca,Mg,Fe)_2Si_2O_6$）などの鉱物で構成されている。

地殻の海洋底は玄武岩質の岩石でできているが、大陸地殻の表面には玄武岩が少ない。大陸地殻の下部は玄武岩でできているが、地上の諸所（インドのデカン高原など）に非常に大きな玄武岩の岩体を形成している。また時折地上に噴出する火山岩の90％は玄武岩質である。

青龍・白虎・朱雀・玄武は古代中国人が信奉した天上の四神である。四神はそれぞれ、東方・西方・南方・北方を司るとされ、青色・白色・赤色・黒色で表す。玄武は亀または亀と蛇を組み合わせて表現される。

兵庫県豊岡市には天然記念物に指定されている洞窟がある。そこでは真っ黒で六角柱状の節理が発達した見事な玄武岩（basalt）を観察できる。江戸時代の儒学者・柴野栗山はこれを玄武洞と命名した。東京大学の地質学者・小藤文次郎はそれにちなんでバサルト（バソールト）を玄武岩と訳した（1884年）。

古代エジプト人はヒエログリフ（エジプト神聖絵文字）でファラオ（王）の業績を石に記録した。エジプトでは前3000年頃から絵文字が発達して、神殿などの遺跡にヒエログリフで書いた碑文が残されている。

ロゼッタ石（Rosetta stone）はナポレオンのエジプト遠征（1799年）の際に発見された玄武岩でつくられた黒い石碑である。ロゼッタ石の碑文はプトレマイオス朝のファラオ・エピファネス5世（前205-180年）の即位を記念する内容で、3種類の言語（ヒエログリフとそれから派生した文字そしてギリシア

文字)で書かれている。フランスのエジプト学者シャンポリオンはこの碑文を頼りにヒエログリフの解読に成功した (1882年)。

安山岩

　安山岩 (andesite) は日本の火山岩では量的に多い岩石である。安山岩は石質が硬くて耐久性と耐熱性に富む石材であるが、磨いても美しくないので高級な石材ではない。しかし豊富に入手できるので、石垣、墓石、敷石などとして昔から広く使われてきた。

　安山岩の多くは、石基(せっき)と呼ばれる微細結晶の集合あるいはガラスの中に、斑晶(はんしょう)と呼ばれる粗粒の結晶が点々と散らばった組織をもっている。安山岩は、灰色の石基、白い斑晶鉱物、黒い斑晶鉱物からできているのが普通である。含まれる斑晶鉱物の種類で、輝石安山岩、角閃石安山岩などと区別される。

図 2.2.4　旧古河庭園の洋館、東京都北区西ヶ原

　神奈川県の根府川石(ねぶかわ)や白丁場(しろちょうば)は輝石安山岩である。長野県霧ヶ峰の南西山腹に産出する輝石安山岩は板状節理(せつり)が発達しているので板状で採掘できる。鉄のように堅固で平らな石ということで鉄平石(てっぺいせき)と呼ばれる。鉄平石はコンクリートの張付け石、門塀の積み石、敷石、庭園の飛石などに広く使われている。

　東京都北区にある旧古河庭園の英国式洋館は明治の元勲(げんくん)・陸奥宗光(むつむねみつ)の邸宅と

してつくられた。建物の外壁は真鶴産の安山岩（小松石）で覆われ、屋根は天然スレートで葺いてある。設計者は明治政府の招きで来日した著名な建築家コンドル（J. Conder, 1852-1920 年）である。彼が設計した建物に鹿鳴館などがある。

凝灰岩

　火山から流れ出た熔岩（lava）や火山から噴出した軽石（pumice）には、マグマが含有していた水分が放出されて生じた多くの気泡が含まれている。
　凝灰岩（tuff）は火山灰や火山礫などの火山砕屑物の堆積岩で、多孔質で見かけの比重が小さい。凝灰岩は軟らかくて強度は小さいが、採掘や加工が容易で、断熱性があるので、外壁材などに用いられる。
　奈良県二上山で産出する凝灰岩は、高松塚や藤の木古墳をはじめとする大和地方の古墳の石室や石棺に広く使われた。
　第三紀中新世はアジア大陸周辺の浅い海底で火山活動が盛んで、海底に厚い火山堆積物ができた。それらは変質して緑色を帯びたグリーンタフ（緑色凝灰岩、green tuff）として日本の各地に分布している。栃木県宇都宮市郊外で産出する大谷石はもっとも有名なグリーンタフで建築材料として広い用途がある。

図 2.2.5　明治村に移設された旧帝国ホテルの中央玄関
　　　　　大谷石と黄色煉瓦で仕上げた鉄筋コンクリート構造

著名な建築家・ライト（F. L. Wright, 1867-1959 年）が関東大震災（大正 12 年）の直前に設計・建造した旧帝国ホテルにも大谷石が使われたが、震災で全く被害を受けなかった。この建物の遺構は現在は明治村に移築されている。

伊豆新島産の抗火石は流紋岩質の多孔質火山岩で、耐熱性が優れているのでこの名前がある。加工が容易であるから土木建築や保温材として用いられる。また、苔がつきやすいので景石としても使われている。

パーライト（pearlite）は、真珠石や黒曜石などのガラス質火山岩を適当な大きさに破砕したものを 1000°C 以上に加熱してつくる灰白色のガラス質多孔性材料である。

粘 板 岩

非常に細かい粒子が堆積してできたスレート（粘板岩、slate）は、板状節理がよく発達していて板状に剥がすことができる。宮城県・雄勝の露天鉱床で採掘している黒色硬質粘板岩は二畳紀に沈殿・堆積した岩石である。雄勝石は屋根、壁、床などを覆く天然スレートとして高級品で、現在は国内需要の 90 % をまかなっている。

碁の黒石は三重県熊野の那智黒石（珪質粘板岩）が最上質とされている。

蛇 紋 岩

蛇紋岩（serpentinite）の主成分は蛇紋石（serpentine）である。サーペンティンはラテン語の「蛇」という言葉に由来する。マグネシウムを主成分とする粘土鉱物の含水珪酸塩で、橄欖石などマグネシウムに富む火成岩が変成作用を受けて生成したと考えられている。蛇紋石は三種類の鉱物、葉片状のアンチゴライト（板温石、antigorite）、繊維状のクリソタイル（温石綿、chrysotile）、細かい板状構造のリザーダイト（lizardite）に分類される。

蛇紋岩は蛇肌模様が滑らかで脂ぎった外観の岩石で、Fe^{2+} イオンを含んでいるので緑色を呈する。日本の蛇紋岩は断層運動が激しい造山帯で破砕作用を受けているので大きな石材は稀で、砕石として土木工事に使われることが多い。装飾材には主に輸入材が使われている。

埼玉県秩父の蛇灰岩（鳩糞石）は蛇紋岩と石灰岩との中間的な岩石で、緑色

蛇紋岩の地に白い方解石の網目模様が浮んでいる美しい石材である。

砂　岩

　砂粒が堆積してできた砂岩（sandstone）は比較的均質で、岩石化が進んだ石は強度もある。砂岩は採掘や加工が容易であるから古くから建築用に利用されてきた。

　大陸地域では濃い色の砂岩が産出する。たとえばインドには赤い構造物が多いが、それらは鉄分を多量に含む砂岩でつくられている。インド中部のジャイプール市の中心には、マハラジャ（藩王）のジャイ・シンが建造した精巧な「風の宮殿」が聳えているが、これも赤い砂岩でつくられている。

図 2.2.6　インド中部、ジャイプールの「風の宮殿」

庭　石

　日本庭園に庭石（景石、組石、飛石、敷石、橋石など）は欠かせない。庭石で最高とされているのが青石である。青石は広域変成岩で、緑泥岩、緑簾岩、アクチノ閃石（角閃石の一種）などの緑色鉱物を主成分とする結晶片岩（緑泥片岩）の総称である。青石は、結晶が一定方向に配列した片状構造をもってい

て縞模様が美しく、少量の2価の鉄イオン（Fe^{2+}）を含むので緑色を呈する。結晶片岩は日本の各地で産出するが、徳島県吉野川の阿波青石、埼玉県秩父の秩父青石、群馬県の三波川青石、紀伊半島中央部の紀州青石などが有名で、愛媛県八幡浜海岸地帯の伊予青石が最高とされている。

東京都江東区の名勝・清澄（きよすみ）庭園は江戸時代の豪商・紀ノ国屋文左衛門の屋敷跡といわれ、明治の大財閥・岩崎弥太郎がつくった回遊式林泉庭園である。彼は自社の汽船を使って全国から名石を集めて造園した。

枯山水は室町時代の禅宗寺院で流行して、現在では日本を代表する庭園様式の一つである。たとえば、京都・龍安寺（りょうあん）の方丈（ほうじょう）南庭園は、油土塀で囲まれた白砂に15個の石を配しただけの庭で、背景の深い緑と油土塀が庭を引き締めている。この庭園は作者の名前も作庭の時期も作者の意図も不明である。1989年に来日したエリザベス二世は絶賛したが、枯山水の庭園が美しいかどうかの判断は見る人の心にまかされている。

図 2.2.7 龍安寺方丈南庭園

中国庭園の庭石には独特な複雑な形状の太湖石が使われている。これは北宋最後の皇帝・徽宗が蘇州の太湖から大量の奇石や怪石を都の開封に運んで大庭園を建造したことに由来している。太湖石は海岸に露出した石灰岩が波に洗われて不規則な形状に侵食されてできた岩石である。

砂利と砂

国際土壌学会は地表の堆積土砂を粒径で分類して、直径 2 mm 以上の粒子を礫(れき)、以下一桁小さくなるごとに、粗砂、細砂、微砂（シルト、silt）、そして 2 μm 以下の粒子を粘土と定義している。

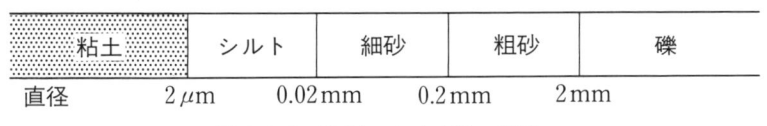

粘土	シルト	細砂	粗砂	礫
直径　　　　2μm	0.02mm	0.2mm	2mm	

図 2.2.8 粒径による土砂の区分

コンクリートの骨材としては川で採れる川砂利や川砂が適している。しかし現在では採取が難しいので、岩石を破砕した砕石や、砂岩を粒にした山砂、そして海砂が利用されている（96頁参照）。

神社の参道や枯山水の石庭には玉砂利が敷きつめられている。

在来線の鉄道路床は、通過する列車の振動を吸収するため厚さが 25 cm もある砕石（バラスト、ballast）層と枕木を使っている。そして時々振動ドリルで砕石の搗き固め作業をしてレールと枕木を安定させている。それでも 1 年もすると砕石の角が丸くなってクッションの役目を果たさなくなるので砕石を交換している（93頁参照）。

明治 7 年に開通した新橋－横浜間の鉄道敷設では、レールやセメントはもちろんバラストまで輸入したという記録が残っている。

砂利や砂は材質には特別の制限がないが、機械的強度が大きくて、価格が安い（1000-3000 円/t）ことが要求される。1998 年には、コンクリート、舗装道路、鉄道路床などに 3842 億円（重量にして 1-2 億トン）もの砕石が使われた。

破　　砕

岩石の破砕には非常に大きなエネルギーを必要とする。階段式露天掘りでは採掘面に削岩機で穴をあけて発破を仕掛ける。採掘した岩石はパワーショベルでかき集めてジョー・クラッシャー（強力顎(あご)型破砕機、Jaw crusher）などで一次破砕する。破砕した岩石を篩い分けして粗骨材を除く。残りの岩石をハン

マー・クラッシャー（hammer crusher）などで二次粉砕して篩分けし、大きさ別に出荷する。

粘土の利用

　粘土は陶磁器やセメントの原料として重要であるが、粘土それ自体の性質を利用する用途もたくさんある。それらのいくつかを以下で紹介する。

　たとえば、洋紙にはインクの滲みを防ぎ艶をよくするなどの目的で、カオリン、タルク、沈降性炭酸カルシウムなどを混入している。

　粉白粉などの化粧品やベビーパウダーには、カオリン、タルク、ベントナイト、雲母（セリサイト、マスコバイト）などが使われている。

　食用油は製造工程で活性白土を使って脱色している。活性白土はモンモリロナイト（montmorillonite）を主成分とする酸性白土を硫酸や塩酸と加熱処理してつくる。着色している原料油に1〜2％の活性白土を混合して110℃で20分加熱・撹拌したのち濾過すると透明な油が得られる。

　トンネルや油井の工事では、6％程度のベントナイト（bentonite）を混入した泥水を注入しながら掘削している。泥水掘削工法である。

　猫砂の消費量は年間15000トンにも達している。猫砂には、①臭わない、②手入れが簡単、③周囲が汚れない、④価格が安いという条件が課せられている。猫砂には、ベントナイト、ゼオライト、木粉、シリカゲル、コーヒーかすなどさまざまな素材が混用されているが主役はベントナイトで、尿で濡れると糊のように固まって臭いを閉じ込めて簡単に廃棄処分できる。

　ゼオライト（沸石、zeolite）は粘土鉱物の親戚で、40種類くらいの天然ゼオライトと150種類以上の合成ゼオライトが知られている。ゼオライトは層状構造の粘土鉱物とは違って三次元フレーム構造をもち、いろいろな形や大きさのチャンネル（細孔）をもっている。細孔径が均一なゼオライトは分子篩として有用である。ゼオライトの最大の用途は洗濯用ビルダー（効力増進剤、builder）である。水に溶解しているCa^{2+}イオンやMg^{2+}イオンが存在すると、洗剤中の界面活性剤がこれらと結合して洗浄力を低下させる。ビルダーはそれらのイオンと速やかに結合して洗剤の洗浄力を十分に発揮させる。

2.3 宝飾品

宝石と宝飾品

　貴石や貝殻そして貴金属を加工して身を飾る風習は古代から世界各地で行われていた。貴石は宝石と同義語で、英語では jewel, gem, gem stone, precious stone などと呼ばれている。宝石学は gemmology（英）、gemology（米）である。

　宝石の素材はさまざまであるが、多くは天然に産出する無機質の単結晶である。多結晶質の宝石や非晶質の宝石そして有機質の宝石も存在する。中には人工原料からつくる合成宝石や、宝石の屑からつくる再生宝石もある。

　宝石は磨くと美しい硬い材料で、光の屈折率（refractive index）、透明度（clarity）、色（colour）などが問題になる。

　天然に産出する原石はそのままで美しいものは少ない。瑪瑙や紅玉髄のように、熱処理や色付け処理などの改質処理を加えることで商品になるものも多い。

　原石は研磨と適切なカットを施すことによって宝石となる。ダイヤモンドも磨かなければただの石である。ダイヤモンドは屈折率が 2.42 で、他の物質（水晶は 1.55）に比べて格段に大きい。ブリリアント・カット（brilliant cut）を施したダイヤモンドでは入射光が 2 回全反射し 100 % もどってくるので最高の輝きを示す。

　宝石の価格は、品質と重量そして希少価値によって決まる。宝石の重量はカラット（carat, ct）で表す。1 ct は 0.2 g である。

　宝石と貴金属とを組み合わせてつくる装身具を総称して宝飾品（ジュエリー、jewellery 英、jewelry 米）と呼んでいる。指輪、ネックレス、ブローチ、イヤリングなどがそれで、現在国内で 2 兆円程度の市場がある。

　ダイヤモンド（diamond）は炭素の同素体で、宝石に用いる大きな単結晶ダイヤモンドはすべて天然産である。

　緑柱石（beryl, $Be_3Al_2Si_6O_{18}$）の単結晶で、少量のクロムを固溶する濃緑色の宝石をエメラルド（emerald）という。南米コロンビアが主な産地で、完全

な結晶はほとんど産出しないからダイヤモンド以上に高価である。同じ緑柱石で、淡青色の石はアクアマリーン、黄色の石はゴールデンベリル、ピンクの石はモルガナイトと呼ぶ。現在ではフラックス法で合成したエメラルドの再結晶宝石が市販されている。

アルミナ（Al_2O_3）単結晶はコランダム構造で無色透明である。赤いルビー（ruby）は数％の酸化クロム（Cr_2O_3）を固溶したアルミナ単結晶である。無色や赤以外に着色したコランダム単結晶をサファイア（saphire）と呼ぶ。合成アルミナ単結晶は宝石としての価値は低い。天然ルビーは不純物や欠陥を含むが、量産品にはない希少価値があるからである。

真珠、鮑、白蝶貝の殻などは表面層が妖しく輝いている。これらの真珠層は炭酸カルシウムの多形であるアラゴナイト結晶が、コンキオリンと呼ばれる硬質蛋白質を介して多層膜を形成していて、これによって光が回折して輝きを生じる。天然真珠は高貴な女性のあこがれの対象であった。御木本幸吉は努力を重ねて球状真珠を養殖することに成功した（明治38年）。

図2.3.1 左）天然真珠の豪華な首飾り、ムガールジュエリー、御木本真珠博物館
　　　　　右）宝飾品で身を飾った菩薩立像、石灰岩、彩色、金彩、東魏-北斉時代、中国・山東省・青州市博物館

セメントとコンクリート　3

3.1　造形・接合材料
3.2　ポルトランドセメント
3.3　コンクリート

3.1 造形・接合材料

接　　合

　道具、機械、建造物などの多くは、種類の異なる多数の部品（パーツ、parts）からできている。それらの部品は、ネジ、ボルト、ナット、鋲、釘、木ネジ、嵌め合わせ、貼り合わせ、鑞付け、熔接、接合などの方法で取り付けたり、縄や紐で縛ったりと、いろいろな手段で組み立てている。

　部品を組み立てる作業法の一つに接着・接合がある。接合（bonding, joining）する物質を接着剤とか糊と呼ぶ。英語では、接着は adhere, 粘着は tack, 膠は glue, 糊は paste や bond であるが、かなり混用されている。これらの英単語はシェクスピアの時代にも使われていたという。

　糊や粘着という言葉は中国から伝来したが、「接着」という術語は江戸時代の大学者・宇田川榕菴（1798-1846年）の造語であるという。榕菴は江戸詰めの津山藩医で、蘭学の第一人者で博物学者、わが国で最初の植物学書「植學啓原」全3巻や、最初の化学書「舎密開宗」全21巻の著者である。舎密はオランダ語の Chemie の音訳である。

　接着・接合の機構は複雑・多様であるから、個々の現象を統一的理論で説明することは現状では無理である。

粘　　土

　プラスチックの語源は粘土にある。粘土に水を加えた練土には可塑性（plasticity）があって任意の形状に成形できる。練土や粘土の泥漿には接合作用がある。粘土には耐水性はないが、乾燥地帯では長期の使用に耐えるので石材や煉瓦の接合に使われている。

　チグリス河とユーフラテス河に挟まれたメソポタミア地方は粘土文明発祥の地である。シュメール人は日干し煉瓦でアーチ式建造物をつくる方法を発明して世界最初の都市国家を築いた（前3500年頃）。

　中国の黄河文明が発生した地域は微細な粘土からなる「黄土」の大地であ

る。版築は、木材で枠をつくってその中に黄土を入れ、石槌で突き固める工法で、乾くと煉瓦のように硬くなる。前221年に中国を統一した秦の始皇帝は最初の万里の長城をこの工法で築いた。

土壁

日本建築伝統の土壁は、竹や木を細かく組んで藁縄で縛った木舞の上に、切藁を混ぜた粘土質の土を塗った荒壁を下地として、その上に砂混じりの粘土で中塗りをしてつくった。真壁は柱と柱の間を塗った土壁で、日本間に落ち着きを与える。大壁は柱を塗り込んだ土壁のことで、土蔵や城の外壁に用いられた。

土壁の化粧に使う白壁には、白土（カオリン質白色陶土）や漆喰（74頁参照）が用いられた。

たたき

「たたき」は日本建築伝統の土間の床材で、セメントが高価であった明治時代まで広く使われていた。種土に消石灰を混ぜた材料を叩き固めてつくるのでこの名前がついた。種土としては、愛知県と岐阜県にまたがる地域に産出する風化花崗岩（砂婆とか藻珪と呼ぶ）や土壌化した真土が最適とされた。

「たたき」は三和土とか二和土と書くが、真土に消石灰と砂を混ぜるのが三和土で、真土に消石灰を混ぜるのが二和土であるという説や、真土に消石灰と苦汁を混ぜるのが三和土で、真土に消石灰を混ぜるのが二和土であるという説などがあって判然としない。

炭酸カルシウム

貝殻、卵殻、珊瑚などの主成分は石灰（lime）すなわち炭酸カルシウム（$CaCO_3$）である。炭酸カルシウムには二つの多形、方解石（カルサイト、calcite）と霰石（アラゴナイト、aragonite）が存在するが、前者の方が安定である。

石灰石（石灰岩、lime stone）は炭酸カルシウムを主成分とする堆積岩である。太古の地球表面では二酸化炭素の濃度が非常に高くて化学的沈殿によって

石灰石が生成した。生物が発達すると珊瑚（coral）など石灰質の殻をもつ動物の遺体が海中に沈殿した。英国のドーバー海峡は白亜（チョーク、chalk）の海岸であるが、白亜は中生代・白亜紀の浅海に有孔虫などの遺骸が沈殿してできた泥質の軟らかい石灰岩である。石灰岩層が隆起して陸地となり、雨水が二酸化炭素（炭酸ガス、CO_2）を溶解して地下を流れると、溶解度が大きい炭酸水素カルシウム・$Ca(HCO_3)_2$となって溶出し、再沈殿・二次堆積して鍾乳洞が形成される。

石灰石は日本でも豊富に産出する。ポルトランドセメントの原料など年間19000万トンもある需要の全量を自給している。

生石灰と消石灰

石灰石を破砕して750℃以上の温度に加熱すると分解して生石灰（酸化カルシウム、CaO, calcium oxide）になる。生石灰に水をかけて粉砕すると消石灰（水酸化カルシウム、$Ca(OH)_2$, calcium hydroxide）ができる。

$$CaCO_3 \longrightarrow CaO + CO_2 \qquad (3.1.1)$$

$$CaO + H_2O \longrightarrow Ca(OH)_2 \qquad (3.1.2)$$

生石灰の水和熱はかなり大きい（65 kJ/mol）から、酒の燗、鰻弁当の加温、ゴキブリ薬の薫蒸などにも利用されている。

消石灰は100 gの水に0.126 gが溶解する。この石灰水は強アルカリ性で、フェノールフタレン試薬が赤に変色する。石灰水に二酸化炭素を通じると微細な沈降性炭酸カルシウム（$CaCO_3$）が沈殿する。教室で使うチョークはその粉末をプレスしてつくる。

$$Ca(OH)_2 + CO_2 \longrightarrow CaCO_3 + H_2O \qquad (3.1.3)$$

カルサイトとマグネサイト（菱苦土鉱、magnesite、$MgCO_3$）の複塩であるドロマイト（苦灰岩、dolomite、$CaMg(CO_3)_2$）にも石灰と似た用途がある。

石灰質セメント

消石灰が水に分散している泥漿を石灰スラリー（lime slurry）とか石灰乳（milk of lime）と呼ぶ。石灰スラリーを壁に塗ると徐々に乾燥してしばらくすると強く固まる。石灰質セメントの基本形である。

水に消石灰が分散しているだけの石灰スラリーは粘度が低くて消石灰と水が分離しやすく左官の作業が難しい。そこで石灰乳に糊を混ぜたりする工夫が生まれた。石灰質セメントは昔から世界各地で使われてきた。古代ローマ帝国では貝殻などを焼く石灰窯が稼働していた。イタリア・ポンペイの遺跡では火山灰に石灰を混ぜたセメントで石材を接合していた。古代中国の秦の始皇帝時代には石灰に炊いた米糊などを混ぜて石材や煉瓦を接合していた。中米・マヤ遺跡の階段状ピラミッドは石灰岩を石灰セメントで接合して建設された。

漆喰

洗練された石灰質セメントを漆喰（しっくい）と呼ぶ。その語源は中国広東語の石灰 (Suk-wui) で、漆喰は日本でつくられた宛字（あてじ）であるという。

城郭の天守や倉屋敷の白壁を塗った日本建築伝統の漆喰は、耐久性、耐熱性に優れ、黴（かび）も生じない。漆喰は石灰スラリーに布海苔（ふのり）などの海藻糊と麻の繊維を加えてよく練る。補強用に加える繊維物質を苆（すさ）という。

漆喰の配合や施工法はそれぞれの地方や業者によって細かい違いがある。たとえば、布海苔以外の海藻糊や澱粉糊、和紙や藁（わら）などの繊維、時には、苦汁（にがり）、亜麻仁油（あまに）、鯨油（げい）、日本酒、糖蜜などを加えたものも使われている。

国宝・姫路城の漆喰では石灰に牡蠣殻灰（かきがら）を加えて艶（つや）を出している。台風銀座の琉球や土佐では建物の瓦が吹き飛ばされないように漆喰で固定している。土佐漆喰は耐久性がよいので評判が高い。土佐漆喰の石灰は原石と石炭に少量の工業塩を混ぜて独特の徳利窯で 1000°C に焼いてつくる。苆は藁で、海藻糊の代わりに発酵させた稲藁を加えて粘りを出すのが特徴である。土佐漆喰は施工直後は黄色を帯びているが次第に退色する。

イタリア、スペインなど地中海沿岸は日差しが強いので白い建物が多い。それらの地方では糊や苆にそれぞれの伝統がある漆喰が使われてきた。西欧建築では糊として膠を使うことが多い。

漆喰を塗ると水酸化カルシウムが徐々に乾燥して数時間後にはかなり強固に固結する。乾燥した漆喰は空気中に含まれている微量の二酸化炭素 (0.03%) と反応して炭酸カルシウムになって完全に硬化する。しかしこの反応が壁の内部深くまで進行するには数十年もの長い年月を必要とする。

3.1 造形・接合材料

図 3.1.1 漆喰の白壁が映える国宝姫路城、屋根瓦は漆喰で固定している

壁　画

　壁に漆喰や白土を塗って乾かして、その上に顔料に膠などの糊料を加えた絵具で彩色することは世界各地で行われてきた。
　奈良県の高松塚古墳は凝灰岩の上に漆喰を塗ってその上に描画(びょうが)している。法隆寺金堂の壁画は土壁の上に白土を塗ってその上に描かれている。
　欧州の聖堂の壁を飾っているフレスコ画は湿っている漆喰の上に水だけで溶いた顔料で描く画法で接着剤は使わない。この画法は 13 世紀中頃のイタリア半島で発明された。フレスコ (fresco) は英語でいうフレッシュで、生乾きの新鮮な壁に描くことを意味している。顔料が漆喰層の中に滲み込んでいるフレスコ画の耐久性は、乾いた漆喰の上に彩色する古くからの壁画技法に比べて遙かに優れている。フレスコ画は漆喰が生乾きの 7-8 時間の間に作業を終える必要があるので、漆喰の下地は半日分しか塗ることができないし、後で修正・加筆することもできない。フレスコ画の顔料は耐アルカリ性でなければいけない。着色した漆喰層は徐々に炭酸化して強固な着色膜をつくる。

漆喰造形

　化粧(けしょう)漆喰（ストゥッコ、スタッコ、stucco）と呼ばれる技法が、古代ギリシア・ローマ時代から世界各地で使われてきた。石灰スラリーに、大理石の粒子

や粉末、砂や粘土などを混合してつくる練土(ねりつち)で成形する方法である。

パキスタンやアフガニスタンの遺跡には 3-5 世紀につくられたストゥッコの仏像がたくさん遺っている。破壊されたバーミヤンの石仏は、砂岩の粗雑な石彫にストゥッコを 10 cm もの厚さに塗ってその上に着色していた。

琉球の伝統的な建物の屋根は台風に備えて赤瓦を漆喰で固めている。琉球の職人達は残った漆喰でシーサー（魔除けの獅子像(まよけのししぞう)）をつくって屋根を飾った。現在では陶器や木彫りのシーサーもたくさんつくられている。

鏝絵(こてえ)は白壁の上に漆喰を盛り上げて浮き彫り（relief）の彫像をつくる技術である。鏝絵の創始者・伊豆の長八こと入江長八（1815-1889 年）は幕末の江戸中に鳴り響いた左官の名工で、狩野派の絵師でもあった。出身地の松崎町には、長八美術館、岩科学校、長八記念館などがあって多数の作品が遺っている。

石　膏

石膏(せっこう)（二水石膏、gypsum, $CaSO_4 \cdot 2H_2O$）を 500°C 以上の温度に加熱すると、元に戻りにくい無水石膏（死石膏、$CaSO_4$）になる。無水石膏にはⅠ型とⅡ型とⅢ型があり、Ⅲ型には α 型と β 型がある。二水石膏を 200°C 位に加熱してⅢ型無水石膏としたのち、大気中で熟成して水分を吸収させると半水石膏（焼石膏、$CaSO_4 \cdot 1/2 H_2O$）ができる。

半水石膏に水を加えた石膏モルタルをプラスタ（plaster）と呼ぶ。プラスタをしばらく放置すると水和して二水石膏になって固化するから、漆喰と同様の用途に使われている。石膏の耐久性は漆喰に劣るが、プラスタの作業性は漆喰よりも優れている。

古代エジプトでは半水石膏と砂の混合物に水を加えたモルタルでピラミッドの石材を接合していたという。わが国でプラスタが使われるようになったのは明治中期からである。現在では、家屋の壁塗り、骨折や歯の治療、デスマスクの型取り、模型制作、発掘土器の修復、指輪の鋳造成形型など広い用途がある。

固化した二水石膏には無数の細孔があって、水を吸い取るという特異な性質がある。石膏型を使う泥漿(いこ)鋳込み成形技術を習得したのは、ウィーン万国博

(明治5年)に派遣された技術伝習生である。

　1998年には、9000万トンの需要の60％が輸入天然石膏で、40％が原油や石炭から回収した硫黄からつくる化学石膏であった。石膏の用途は、石膏ボード用が60％で、セメント用が30％程度である。

その他の無機質接合材料

　珪酸ナトリウム（$NaSiO_3$）、俗称・水ガラス（water glass）は珪砂と炭酸ナトリウムの混合物を高温に加熱・熔融してつくる。珪酸ナトリウムはガラス状の固体であるが、水に任意の比率で溶解して強アルカリ性の粘い液体をつくる。ナトリウムの代わりにカリウムやリチウム系の水ガラスもある。水ガラスを無機質粉末と混練したペーストは各種材料に強く接着する。水ガラスに耐水性はないが、可塑性があるので段ボールの接着剤などに使われてきた。水ガラスの最大の用途はトンネル掘削の際に用いる土壌硬化剤としてである。

　塩化マグネシウム水溶液でマグネシア粉末を練ってつくるオキソ塩化物のペーストは木材などによく接着して硬化する。これにも耐水性はないが可塑性が大きいので耐火物や砥石の結合にも使われる。塩化亜鉛水溶液で酸化亜鉛粉末を練ってつくるペーストも同様である。

　燐酸・H_3PO_4には強い接着性がある。アルミナ、シリカ、マグネシア、酸化亜鉛などの粉末と燐酸を混練した燐酸セメントは高温まで接着力が維持される。少量の燐酸を加えたアルミナセメントモルタルは不定形耐火物として使われている。歯科医は昔から燐酸と酸化亜鉛粉末を混練する強力な燐酸セメントを使ってきた。

　コロイド状の無機物質、たとえばコロイダルシリカやアルミナゾルにも接着力がある。ハロゲンランプの組み立て工程では接着剤としてシリカゾルを使っている。エチルシリケート（珪酸エチル、ethylsilicate）を加水分解してできるシリカゾルは、アルミニウム合金やマグネシウム合金部品の精密鋳造に用いる鋳型砂の結合剤として使われている。

3.2 ポルトランドセメント

セメントの歴史

セメント（膠結物、cement）は、広義には接合に用いる物質の総称である。狭義には石材や煉瓦を接合する無機質の接着剤を意味している。セメントの語源はラテン語で切石を意味する caementum で、ローマ時代に生まれたという。現代中国語ではセメントを水泥と書く。

コンクリート（混擬土、concrete）はセメントと骨材と水を混練してつくる。コンクリートの語源はラテン語の concrētus で、凝結を意味している。

ポルトランドセメント（Portland cement）は 1824 年頃の英国で J. Aspdin が発明したとされている。この名前は、水和・凝固したコンクリートの外観がポルトランド島産の石材に似ていたことに由来している。

日本で最初のセメント工場は明治 5 年に東京深川清澄町に大蔵省土木寮摂綿篤製造所が建設されて、同 8 年に最初の製品が出荷された。この官営工場は明

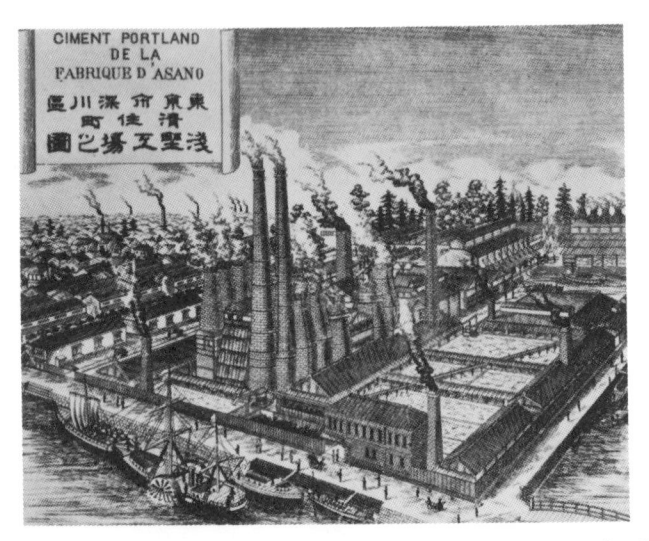

図 3.2.1 わが国最初のセメント製造所・浅野工場（明治 23 年頃）

治 16 年に浅野総一郎の経営に移って浅野工場と改称した。

当時の焼成窯は外形が徳利(とっくり)に似たボトルキルンであった。山口県小野田市には明治 16 年に建造された高さ 8.5 m のセメント徳利窯が一基保存されいる。その窯では秤量・配合した原料と石炭を、鋳鉄製の火床の上に交互に積み上げて火をつけ、7 昼夜焼成して約 10 t のクリンカー（焼塊、clinker）を製造していた。

明治 25 年に開通した琵琶湖疎水(そすい)の工事では、煉瓦は国産品を使用したが、セメントは英国から輸入して使った。明治時代にはセメントは高価な商品であった。

ポルトランドセメントの現状

ポルトランドセメントは現在量産されている建設用セメントで、微粉砕した原料混合物を高温に焼成してつくる。ポルトランドセメントは数種類の複雑な化合物の混合物である。ポルトランドセメントに水と砂利と砂を混練してつくるコンクリートは安価でしかも高性能で、大型構造物を構築できる唯一の無機材料である。ポルトランドセメントに代わる安くて高性能なセメントを開発することは将来も全く期待できない。

ポルトランドセメントを 1 t 製造するには、石灰石が 1.15 t、粘土その他の原料が 0.35 t、合計 1.5 t の原料と、大量の燃料が必要である。

ポルトランドセメントは世界中で年間約 15 億 t が消費されている。わが国は年間約 8000 万 t を生産していて、ほぼ全量が国内で消費されいる。ポルトランドセメントの年生産額は約 7000 億円、生コンが約 2 兆円、コンクリート製品が約 1 兆円程度の市場規模である。セメントの価格は驚くほど安く、市場価格は 1 万円/t 以下である。

ポルトランドセメントの製造

ポルトランドセメントの性質を決める重要な因子の一つが化学組成である。代表的なポルトランドセメントの化学組成を表 3.2.1 に示す。

ポルトランドセメントの原料は、石灰石、粘土、珪石、酸化鉄成分で、それらを製品の組成になるように秤量し配合したものを微粉砕して焼成する。

表 3.2.1　ポルトランドセメントの化学組成（wt %）

種類	CaO	SiO$_2$	Al$_2$O$_3$	Fe$_2$O$_3$	MgO	SO$_3$	その他	合計
普通セメント	65.0	21.9	5.3	3.2	1.2	1.9	1.5	100
早強セメント	65.6	21.0	4.9	2.9	1.2	2.7	1.7	100
耐硫酸塩セメント	65.2	23.6	3.4	4.0	0.9	1.7	1.2	100
低熱セメント	62.2	26.0	3.0	3.1	0.9	2.3	2.5	100
白色セメント	65.4	21.8	4.5	0.2	0.5	2.5	5.1	100

　原料の混合・粉砕の工程は一昔前までは湿式で行っていたが、熱効率が悪いので現在はすべて乾式である。

　焼成には熱効率の高い連続回転炉（rotary kiln）を用い、1450℃の高温で焼成する。ロータリーキルンは 1880-90 年代に発達した装置で、現在の炉は直径 4-6 m、長さ 60-100 m、傾斜が 3-4 % で、毎分 2-4 回転している。

　セメントの焼成反応は、750-900℃で起こる石灰石の CaO への熱分解反応（吸熱）と、1200-1450℃で起こるセメント鉱物の生成反応（発熱）とに分けられる。前段の吸熱量はセメントの理論焼成熱量を上回るから、この工程を効率よく処理することが重要である。

　SP（Suspension Pre-heater）付きロータリーキルンは空気懸濁式予熱装置を備えた回転炉で、1950 年代のドイツで開発された。この装置はサイクロン（旋回分級装置、cyclon）を数段階に配置した構造で、原料中の石灰石が炉の排ガスによって CaO に分解されて炉に供給される。

　SP 付きロータリーキルンを改良した NSP（New SP）付きロータリーキルンは 1970 年代のわが国で発達した。現在では 1 日に 5000 t 以上の焼成能力をもつ大型 NSP 付きロータリーキルンが普及している。この装置の採用は一昔前の湿式混合・ロータリーキルン焼成に比べて、セメント 1 t あたりの燃料消費量を C 重油換算で 180 l から 80 l に節約し、同じ大きさの設備で生産量を 3 倍に向上することができた。

　NSP 付きロータリーキルンの中で起きる現象について述べる。

　サスペンションプレヒータでは粘土が脱水・分解される。仮焼炉では石灰石が分解・脱炭酸される。

　ロータリーキルンの焼成帯では、原料が反応してセメント化合物のビーライ

3.2 ポルトランドセメント

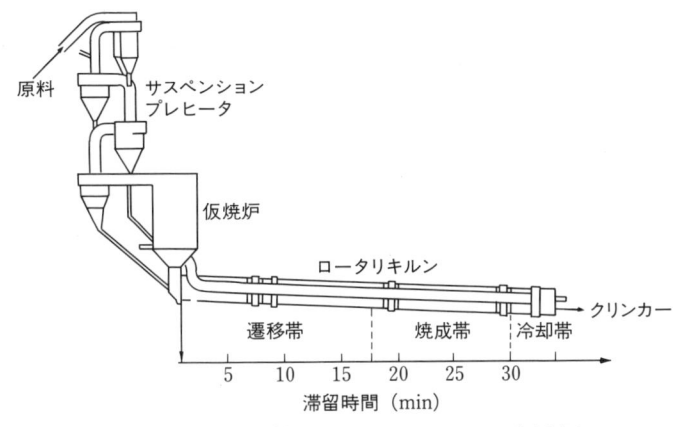

図 3.2.2 NSP 付きロータリーキルンの概念図

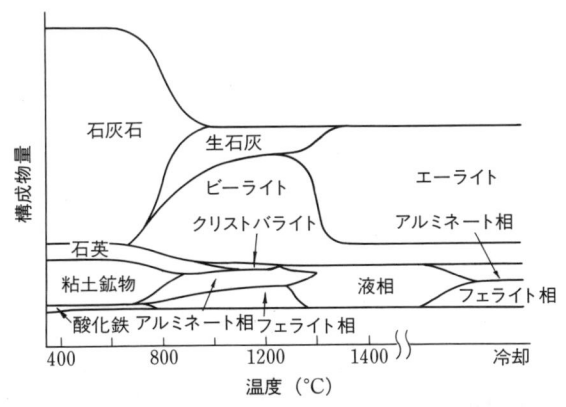

図 3.2.3 NSP 付きロータリーキルン内の構成化合物量

トが生成する。焼成帯後半の最高温度は 1450°C で、セメント化合物のエーライトが生成する。また原料の一部が融解して少量の液相が生成して、反応を促進して硬く焼結したクリンカー（clinker, 焼塊）ができる。冷却帯では融液が結晶化してアルミネート相やフェライト相ができて、直径 1 cm 程度のクリンカーとなって回転炉から排出される。

クリンカーは振動コンベアで急冷したのち、数%の石膏を加えて 3–30 μm の粒径に微粉砕して製品とする。

セメント化合物の略号

セメント化学では化合物を表すのに独特の略号を使う。各酸化物、CaO、Al_2O_3、Fe_2O_3、SiO_2、SO_3 はそれぞれ、C, A, F, S, $\bar{S}$ と略記する。

複酸化物、$3CaO \cdot SiO_2$、$2CaO \cdot SiO_2$、$3CaO \cdot Al_2O_3$ そして $4CaO \cdot Al_2O_3 \cdot Fe_2O_3$ はそれぞれ、C_3S, C_2S, C_3A, C_4AF と略記する。

H_2O は H と略記する。$Ca(OH)_2$ は $CaO \cdot H_2O$ であるから CH と略記する。石膏（$CaSO_4 \cdot 2H_2O$）は $C\bar{S}H_2$ と略記する。

ポルトランドセメントを構成する化合物

ポルトランドセメントは複雑な混合物で、水硬性が著しい主成分はエーライト（alite, C_3S）とビーライト（belite, C_2S）である（表3.2.2）。

表 3.2.2 ポルトランドセメントを構成している主な化合物

鉱物名 mineral name	組成式 略　号	特　性
エーライト alite	$3CaO \cdot SiO_2$ C_3S	強度発現は最大、反応は早い、水和熱は大
ビーライト belite	$2CaO \cdot SiO_2$ C_2S	強度発現は大、反応は遅い、水和熱は小
アルミネート相 aluminate	$3CaO \cdot Al_2O_3$ C_3A	強度発現は小、反応は瞬間的、水和熱は最大
フェライト相 ferrite	$4CaO \cdot Al_2O_3 \cdot Fe_2O_3$ C_4AF	強度発現は小、反応は遅い、水和熱は中
石膏 gipsum	$CaSO_4$ $C\bar{S}$	急結現象を抑制する

アルミネート（aluminate, C_3A）相は水を加えると瞬間的に凝結するやっかいな化合物である。石膏（$C\bar{S}$）はアルミネート相（aluminate, C_4AF）の急結現象を抑制するために添加する。

酸化鉄を含むフェライト（ferrite）相の水和は反応が遅くて発熱が少ない。フェライト相が増えるとコンクリートの耐硫酸塩性は向上する。

それら化合物の比率はセメントの用途によって異なる。つまり比率の違うセ

メントを用途に応じて製造するのである（表3.2.3）。

エーライトとビーライトだけでできているポルトランドセメントを量産することはできない。これは固相反応で別の化合物が副生するからである。

表3.2.3 ポルトランドセメントの化合物組成（wt%）

種類	C_3S	C_2S	C_3A	C_4AF	$C\bar{S}$
普通セメント	52	23	9	10	3
早強セメント	63	13	8	9	5
耐硫酸塩セメント	53	28	2	12	3
低熱セメント	24	56	3	9	4
白色セメント	63	15	12	1	4

ポルトランドセメントの水和と硬化

ポルトランドセメントの水和・凝固・硬化の過程は詳細に研究されている。セメントに水を加えると、水和反応が起こって数時間後に凝固し、28日後に標準強度に達し、1年後に反応がほぼ完結する。セメントの複雑な水和・凝固・硬化反応過程の模式図を図3.2.4に示す。

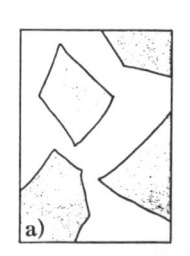

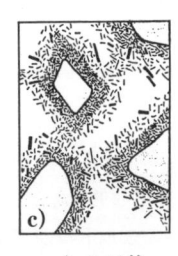

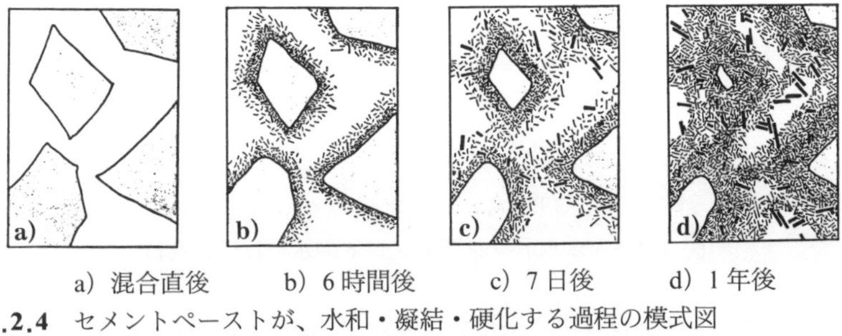

a) 混合直後　　b) 6時間後　　c) 7日後　　d) 1年後

図3.2.4 セメントペーストが、水和・凝結・硬化する過程の模式図
H. F. W. Taylor, "The CHEMISTRY of CEMENT", Academic Press, London (1964)

水和反応に関係する化合物と主な反応について説明する。

エーライトはセメントの主成分で、C_3S に少量の MgO, Al_2O_3, Fe_2O_3 などを固溶している。エーライトの水和生成物は珪酸カルシウム水和物の微細なゲル（C-S-Hゲル）と水酸化カルシウムの結晶である。このゲルの組成やゲル粒子

の形状はかなり広い範囲で変化する。C-S-H ゲルの代表的な組成が $C_3S_2H_3$ である。

$$2C_3S + 6H_2O \longrightarrow C_3S_2H_3 + 3Ca(OH)_2 \qquad (3.2.1)$$

ビーライトはエーライトに次いで多い成分で、C_2S に5%くらいの Na_2O、K_2O、MgO、Al_2O_3、Fe_2O_3 などを固溶している。ビーライトの水和反応はエーライトの反応によく似ているが、反応が遅くて $Ca(OH)_2$ の生成量が少ない。

$$2C_2S + 4H_2O \longrightarrow C_3S_2H_3 + Ca(OH)_2 \qquad (3.2.2)$$

アルミネート相の C_3A は水との反応性が高いので、凝結挙動に大きく影響する。石膏が存在しないと混練中にセメントが固まってしまう。十分な量の石膏が共存すると、まずエトリンガイト (ettringite、トリサルフェート水和物、$C_4A \cdot 3CaSO_4 \cdot 32H_2O$) が C_3A 粒子の周囲を覆って、水を加えた直後の硬化を抑える。さらに数時間後にはエトリンガイトが大きな針状結晶に成長して、それが絡み合うことによって流動性が著しく低下する。

$$C_3A + 3CaSO_4 + 32H_2O \longrightarrow C_3A \cdot 3C\bar{S} \cdot H_{32} \qquad (3.2.3)$$

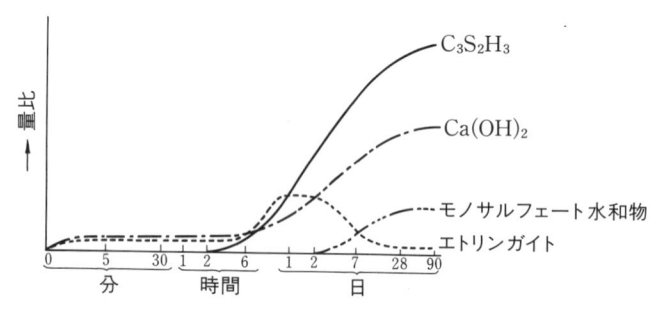

図 3.2.5 ポルトランドセメントの水和反応の進行

フェライト相の C_4AF は C_6A_2F から C_2F の範囲の固溶体である。フェライト相の水和反応生成物は石膏が存在するときは C_3A と同様であるが、珪酸イオンが存在すると反応が停止してしまう。フェライト相の水和反応は速度が遅くて発熱が少ない。

現実のセメントでは、これら4種類の水硬性化合物と石膏が共存していて、それぞれの反応が相互に複雑に影響を及ぼしながら水和・凝固・硬化が進行する。

石膏がなくなって水溶液中の硫酸イオンの濃度が低下すると、エトリンガイトが不安定になって、C_3A と反応してモノサルフェート水和物（$C_3A \cdot 3C\bar{S} \cdot H_{12}$）に変わる。

$$2C_3A + C_3A \cdot 3C\bar{S} \cdot H_{32} + 4H_2O \longrightarrow 3(C_3A \cdot 3C\bar{S}H_{12}) \qquad (3.2.4)$$

ポルトランドセメント系特殊セメント

膨張セメントは、硬化にともなって適度に膨張してひび割れを防ぎ、あるいは埋め込まれた鋼線に緊張力を与えるなどの目的で使われる。

油井セメントや地熱井セメントは、高温・高圧の過酷な水熱条件下で使用できるように、反応性を抑えてスラリーの粘性を低くしたセメントである。そのため強力な遅延剤や珪石粉末などを混合し粒子を粗くしてある。

超速硬セメントは緊急工事やトンネルなどの吹き付け工事に使われている。このセメントはポルトランドセメントと同じ装置で製造され、通常の原料のほかにボーキサイト（bauxite, $Al(OH)_3$）と蛍石（fluorite, CaF_2）が使われる。生成するクリンカーの組成例は C_3S 50 %、C_2S 2 %、$C_{11}A_7 \cdot CaF_2$ 20 %、CaF_2 5 % である。これに石膏を加えて粉砕して製品とする。$C_{11}A_7 \cdot CaF_2$ は水を加えると数分後には硬化がはじまる。超速硬セメントのモルタルは1日で普通ポルトランドセメントの7日後の強度を達成できる。

白色セメントは鉄分の少ない原料を使って製造する。着色セメントは白色セメントに各色の顔料を加えてつくる。この他にも重量セメントなどいろいろの特殊セメントがあるが省略する。

混合セメント

単独では固化しないが、ポルトランドセメントと混合すると強固な水和物をつくる物質がある。このような物質とポルトランドセメントとの混合物を混合セメント（blended cement）という。代表的な混合セメントに、高炉セメント、シリカセメント、フライアッシュセメントがある。混合セメントには経済面でも性能面でも単なる混合物以上の十分な存在価値がある。

高炉セメント（blast-furnace slag cement）は、粉砕したポルトランドセメントクリンカーに、粉砕した高炉水砕スラグを 5-70 % と数 % の石膏を混合した

セメントである。高炉セメントは水和による発熱が少なく硬化体の化学抵抗性が大きいので土木工事で広く使われている。

シリカセメント（pozzolan cement）は、ポルトランドセメントクリンカーに石膏と5-30％の珪酸質混和材を混合し粉砕したセメントである。混和材としては天然産の無定型シリカを主成分とするポゾラン（火山灰、pozzolan）や酸性白土（acid earth）などが使われる。シリカセメントに水を加えると、ポルトランドセメントが無定型シリカと反応（ポゾラン反応）して緻密な水和物をつくって硬化する。

フライアッシュセメント（fly-ash cement）はポゾランの代わりに微粉炭燃焼の火力発電所で発生する微細な灰を混合したセメントである。

アルミナセメント

アルミナセメントはアルミナ成分を50％以上含むセメントで、ポルトランドセメントとは組成域が全く異なる。このセメントは高価であるが、特殊な用途には不可欠な材料である。

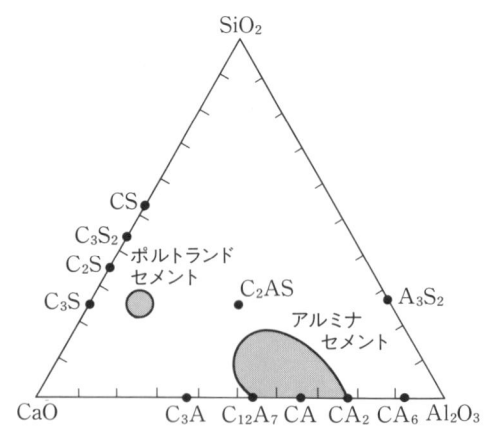

図3.2.6 ポルトランドセメントとアルミナセメントの組成範囲（モル比）

ポルトランドセメントは酸に弱いのが欠点であるが、アルミナセメントは化学的抵抗性が優れていてpH 4まで使用できる。そのため化学工場の床などに使用される。

アルミナセメントは水を混ぜたときの強度発現がポルトランドセメント系の超速硬セメントよりも速く、6時間で普通ポルトランドセメントの7日後の強度を達成できる。そのため迅速な工事を必要とする用途、たとえばトンネル掘削の吹き付け工事などに使われている。

70％以上のAl_2O_3を含むアルミナセメントは、耐火・耐熱性が特に優れている。そのため築炉工事用セメントやキャスタブル耐火物として重要である（161頁参照）。

アルミナセメントを構成している主成分は、$CA, CA_2, C_{12}A_7$であるが、CAの性質がもっとも優れている。そこで石灰石とボーキサイトからなる原料混合物を電気炉で1400℃以上に加熱して、CAが最大になる条件で製造する。石膏は加えない。

CAの水和反応は、準安定な中間化合物を経て、最終的には安定なC_3AH_6と$Al(OH)_3$になると考えられている。

$$3CA + 12H_2O \longrightarrow \begin{pmatrix} CAH_{10} \\ C_2AH_8 \\ C_4AH_{13-19} \end{pmatrix} \longrightarrow C_3AH_6 + 4Al(OH)_3 \qquad (3.2.5)$$

3.3 コンクリート

セメントペースト

ポルトランドセメントは水を加えると水和して固まる性質がある。これを水硬性という。セメントと水の混合物をセメントペースト（paste）という。セメントペーストは水中でも海水中でも固化する。セメントペーストが固まるのはセメントが水和するからで、乾燥するからではない。

モルタル

壁塗りや吹き付けに用いるモルタル（mortar）はポルトランドセメントと水と砂を混ぜてつくる。モルタルは本来は乳鉢のことであるが、原料を乳鉢で混ぜたのでこの名前がついたという。

モルタルの物性や作業性は有機高分子物質を混合して改善することが可能で、強度は繊維物質を混ぜることで強化できる。

住宅や中小のビルでは、外壁工事、床工事、内装工事でモルタルを使う作業がたくさんある。道路の切り通しやトンネル壁面の工事では、モルタル吹き付け作業が多い。各種の加熱炉で使われている不定形耐火物は耐熱モルタルである。それらは吹き付け作業で施工することが多い。

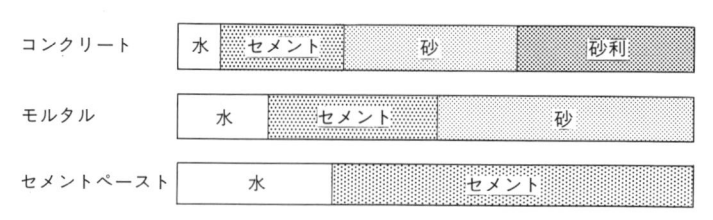

コンクリート	水	セメント	砂	砂利
モルタル	水	セメント	砂	
セメントペースト	水	セメント		

図 3.3.1　モルタルとコンクリートの組成（重量比）

コンクリート

コンクリート（concrete）はセメントと骨材（砕石と砂）と水を混練してつくる。コンクリートの中では、骨材が 65-75 % を占め、その隙間をセメントペ

ーストが埋めている。粗骨材と細骨材の配合比率も大事である。水で練ったばかりでまだ固まっていないコンクリートを生コンクリートという。生コンクリートの価格は 4000-8000 円/t である。

コンクリートの強度

　コンクリートは、セメント、水、骨材の比率が適当でなければいけない。セメントが少ないコンクリートが弱いのは理の当然である。1999 年 9 月のトルコ大地震で崩れたコンクリートビルで、手で触ると簡単に壊れるコンクリートが紹介されたが、その一例である。

　コンクリートの強度は圧縮強度で表示する。これは、コンクリートの引張り強度は圧縮強度の 1/10 程度、曲げ強度は圧縮強度の 1/6 - 1/5 程度に過ぎないからである。普通のコンクリートの圧縮強度 σ は 10-40N/mm² （100-400 kg/cm²）程度であるが、最新の超高層ビルディングなどでは、圧縮強度が 80-100N/mm² の高強度コンクリートが採用されるようになった。

　コンクリートの圧縮強度 σ はセメント/水比（C/W 比）に比例する。つまり水っぽいコンクリートは品質が悪くて、強度が半分以下に低下する。セメントペーストは硬化が進んでも骨材と比べると機械的・化学的性質が劣る。したがってセメントペーストは骨材の表面をよく潤す程度以上は加えない。骨材とセメントと水は十分に混合しなければいけない。

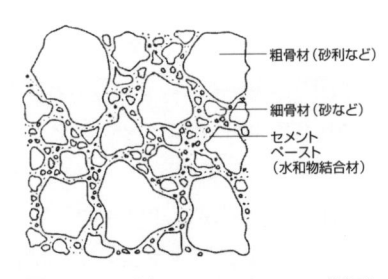

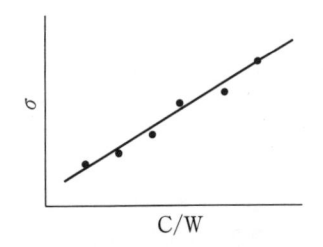

図 3.3.2 左）コンクリートの断面模式図　　右）コンクリートの圧縮強度とセメント/水比との関係

　コンクリートは原料を混練してから、日数（材齢、材令）を重ねるほど圧縮強度 σ が増加する。材齢 1 年の強度を 100 とすると、材齢 3 日の強度は 40、

材齢7日の強度は60、材齢28日の強度は80である。材齢28日の強度をコンクリートの標準強度とする。

現在では、生コンクリートプラントで原料を正確に秤量・調合してよく混練した生コンを、ミキサー車（正しくはアジテーター車）で現場に運んでいる。JISには「生コンクリートは製造開始後90分以内に納入しなければいけない」という規定がある。現場に到着した生コンはコンクリートポンプ車を使って型枠に流し込むという作業方式が一般的になっている。施工する際には、バイブレータで生コンに振動を与えて型枠の隅々まで注入できるように配慮する。コンクリートポンプの圧送能力は水平距離で600 m程度、垂直距離で100 m程度、圧送量は80 m³/時間程度が最高である。

混和剤

コンクリートの凝固速度は微量物質の添加によっても影響を受ける。たとえば生コンに少量の砂糖を加えると凝固が著しく阻害されることが分かっている。現在では界面活性作用によって、微量を添加してコンクリートの物理的化学的性質を大きく変化させる各種混和剤が市販されている。たとえば、防錆剤、急結剤、凝結遅延剤、硬化促進剤、起泡剤、発泡剤、弾性付与剤、膨張剤、流動化剤、防水剤、撥水剤などである。

水分が少ないコンクリートは流動性が悪い。粗骨材が多いコンクリートも流動性がよくない。コンクリートポンプ作業には生コンの流動性がよいことが望ましい。この矛盾する問題を解決するため、高性能の減水・流動化効果を発揮するAE剤（Air Entraining Agent, 空気連行剤）が開発されている。AE剤を少量加えると、独立した微小な空気の泡（φ0.025-0.25 mm）をコンクリート中に均一に分布させる。この気泡がコンクリートの作業性（ワーカビリティー）を向上させる。AE剤は陰イオン界面活性剤やバイオポリマーで、20％減水しても流動性が改善される。コンクリートの打設時にバイブレーターで震動を与えなくても流動性が格段によくなる流動化剤も市販されている。

鉄筋コンクリート（RC）

コンクリートは圧縮強度が大きいが、引張りに弱いという欠点をもってい

る。これを改善する代表的な技術が、引張りに強い鉄筋で補強する鉄筋コンクリート（RC, Reinforced Concrete）である。鉄筋の熱膨張はコンクリートと同程度であるから互いによく接合する。

黒四ダムや明石海峡大橋の橋脚などの大型構造物はすべて RC でつくられている。大型構造物には発熱が少ない低熱セメントを使用する。

ダム建設

宮ヶ瀬ダムは丹沢山塊の中津川上流に建設した重力式多目的ダムで、1997年に完成した。ダムの堤高は 155 m、堤頂部の長さは 400 m、堤体積は 200 万 m^3、総貯水量は箱根芦ノ湖と同程度である。

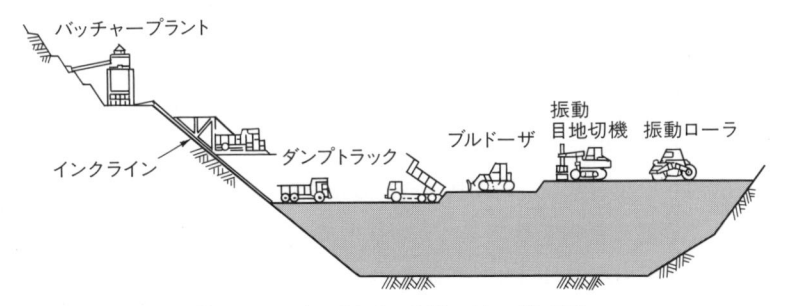

図 3.3.3 宮ヶ瀬ダム建設工法の模式図

この工事では大規模なインクライン（斜面搬送、incline）工法と RCD (Roller Compacted Dam) 工法が採用された。前者は 2 台の荷台をケーブルカーのようにつないだ構造で、20 トンダンプカーを載せた荷台がレールの上を交互に上昇・降下する。堤体上部のバッチャープラントで製造した生コンを積んだダンプカーは斜面を降下して打設箇所まで自走して生コンを降ろす。このコンクリートをブルドーザで 75 cm の厚さに敷き均して、目地板を挿入して10 t の振動ローラで転圧・締め固めを行った。

採用されたコンクリートは、発熱が少ない中庸熱ポルトランドセメントに30 % のフライアッシュを混ぜて、最少の水量でつくる超固練りコンクリートである。

これらの作業を繰り返して 1 日平均 4000 m^3 のコンクリートを打設した。霞

が関ビルの4倍に匹敵するダム堤体を建設するのに38ヵ月しか要しなかった。

プレストレスト・コンクリート（PC）

　プレストレスト・コンクリート（PC, Pre-stressed Concrete）は、コンクリート製品にあらかじめ圧縮応力を与える工法である。PC工法は鋼線を引張って緊張を与えたところに生コンを流し込む。その際にバイブレーターで振動を与えて密に成形する。凝固した後、鋼線の緊張を解くと製品に圧縮力が加わって製品の引張り強度が大きくなる。PC工法は鉄筋を節約できるので鉄道の枕木や橋桁(はしげた)など各種製品が工場生産されている。PC舗装は関西国際空港のエプロン舗装102万m³の内の42万m³にも採用された。

遠心工法

　遠心力を利用してコンクリートを鉄筋に密着させる技術は下水管など中空製品に広く使われている。コンクリートポールと呼ばれる電柱はPC工法と遠心工法を併用して製造する。円筒状に成形した鉄筋の篭(かご)を型枠にセットして油圧ジャッキで鉄筋に緊張を与える。その状態で型枠に生コンクリートを注入する。それを水平の車台に乗せて回転させると遠心力によって生コンクリートが型枠に圧着する。標準強度を早く達成するため、型枠ごと180℃の水蒸気で8時間養生する。型枠を外すと製品ができる。

プレキャスト（PCa）工法

　伝統的なコンクリート工法では、窓枠、ドア枠、タイル壁などは建物の本体ができた後で工事をするが、工場で鋳込み成形したコンクリート部材を現場に運んで組み立てるプレキャスト（PCa, Pre-Cast）工法がある。プレキャスト工法では、窓枠、ドア枠、タイル壁などを工場で先付けする。高層建築のカーテンウォールもこの工法でつくられている。

　PCa工法は省力化と工期短縮が達成できるから橋梁やトンネルの工事などにも広く採用されている。東京湾横断道路の海底トンネルでは、乾式ドックの中で長さ100mの構造物をPCa工法でつくった。それを海上曳航(えいこう)して所定の位置で沈埋(ちんまい)し、締結した。中の海水を排除してトンネルが完成した。

繊維強化コンクリート（FRC）

繊維で強化したコンクリート（FRC, Fiber Reinforced Concrete）が実用されている。繊維としては、ガラス繊維、炭素繊維、鋼繊維、有機高分子繊維などいろいろである。短繊維を混入して使うこともあるし、長繊維を編物や織物の形で使用する場合もある。

ガラス繊維強化コンクリート（GFRC, Glassfiber Reinforced Concrete）には ZrO_2 を含む耐アルカリガラス繊維が使われる。ガラスの組成は、SiO_2：61-62、ZrO_2：17、CaO：5、Na_2O+K_2O：14-15 wt％である。

炭素繊維強化コンクリート（CFRC, Carbonfiber Reinforced Concrete）も有望である。炭素繊維は高強度・高弾性・軽量で、耐食性・耐アルカリ性に優れていて、コンクリートと互いによく接合する。量産が進んで価格が低下したので、鉄筋に代わる強化材としての利用が本格化している（207頁参照）。

軽量コンクリート（ALC）

中低層建築物の外壁や高層建築物のカーテンウォールには、断熱性と防音性に優れた気泡の多い軽量コンクリートが適している。石灰や珪石の微粉末を加えたセメントスラリーに、0.05％程度のアルミニウム粉末を添加すると、水素ガスが発生して約2倍に膨れて凝固する。これを製品の寸法に切断して、圧力釜で170℃以上の飽和蒸気圧下で数時間加熱養生すると、オートクレーブ処理軽量コンクリート（ALC, Autoclaved Light weight Concrete）ができる。ALCには比重が1.0-1.8の軽量骨材が使われる。

ALCの主成分は、トバモライト（tobamorite, $5CaO・6SiO_2・5H_2O$）とゾノトライト（xonotorite, $6CaO・6SiO_2・H_2O$）など珪酸カルシウム系化合物である。これら化合物は保温材としても有用である（170頁参照）。

スラブ軌道

在来鉄道の路床は枕木と砕石を使用するバラスト軌道が主流であったが、保線に要する作業量が非常に大きかった。スラブ（厚板、平板、slab）軌道はこの問題を解決するために開発された。

東海道新幹線はバラスト軌道が主であったが、山陽新幹線からは本格的にスラブ軌道が採用された。PCコンクリートスラブ軌道にはクッションが必要で、ゴム板やセメント・アスファルトモルタル（CAモルタル）が緩衝材料として使われている。CAモルタルは、セメント、砂、アスファルト乳剤の混合物で、スラブと路床の間に注入すると振動と音を吸収する。界面活性剤を混入したアスファルト乳剤は長期間にわたって緩衝作用を失わない。

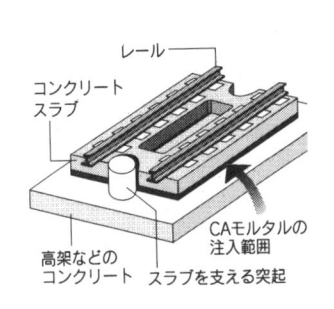

図3.3.4 左）新幹線のスラブ軌道　　右）スラブ軌道の緩衝材注入作業

コンクリート建材

工場生産されているコンクリート建材の種類は多い。プレハブ建物の多くは、窓枠、ドア枠、壁などを先付けするプレキャスト（PCa）工法で生産されている。住宅や中小ビルの外壁には軽量コンクリート（ALC）製品は採用されている。超高層ビルのカーテンウォール（吊下げ式壁材、curtain wall）には炭素繊維強化コンクリート（CFRC）が採用されている。鉄道枕木、橋桁などはプレストレス（PC）工法で製造されている。

コンクリートの下水管や電柱は遠心力工法とPC工法を併用して製造されている。海岸に並んでいる波消し用のテトラポッドもコンクリート製品である。住宅の塀にはコンクリートブロックが使われている。

フェロセメント

　フェロセメント（ferrocement）は、モルタルを金網と若干の鉄筋で補強した鉄筋コンクリートの一種で、セメントではない。フェロセメント製品は鉄筋で骨格を形成し、数層の金網（直径：0.5-1.5 mm、網目：9-25 mm）を鉄筋に縛り付けたものにモルタルを塗り込んでつくる。コンクリートの被り厚さは5 mm以下、鉄筋使用量は全重量の4-8％程度である。

　フェロセメントは量産には向いていないが、カナダ、アメリカ、中国、オーストラリアで中小船舶などをつくるのに利用されている。揚子江を航行する船舶の多くはフェロセメント船である。遠洋航海ができるヨットが建造されたことがある。

鉄筋コンクリートの寿命

　コンクリートはアルカリ性で、この雰囲気では鉄筋の表面に不働態皮膜が形成されて腐食が進行しない。コンクリートのアルカリ性はエーライトやビーライトが水和して多量の$Ca(OH)_2$ができているからである。正常なコンクリートはフェノールフタレン溶液を噴霧すると赤に変色する。

　空気中には微量（0.03％）のCO_2が含まれている。これが徐々にコンクリート中に侵入して$Ca(OH)_2$と反応して$CaCO_3$をつくって中性化する。中性化が鉄筋の近傍まで進むと鉄筋の不働態皮膜が破壊されて腐蝕がはじまる。鉄錆の体積は鉄筋の体積の2.5倍もあるから、周囲のコンクリートにひび割れが生じてコンクリートが剥落する。

　正しく設計・施工した鉄筋コンクリートは百年以上の寿命がある。明治26年に開通した琵琶湖疏水の弧状桁橋は現在も問題なく使われている。小樽港北防波堤の話もある。廣井勇は札幌農学校を内村鑑三と同年（明治14年）に卒業し、欧米に留学したのち北海道開拓使に出仕した。彼は冬の波浪が荒れる小樽港で防波堤の建設に着手し、十数年後の明治41年に長さ1300 mの北防波堤を完成させた。後継者によって南防波堤と赤煉瓦の倉庫群が大正12年に完成して、小樽は漁港から貿易港へと急速に発展した。廣井は慎重な技術者で、コンクリート破断試験片を60000個も準備して工事を進めた。現在でもこれら

の試験片について耐久試験が継続されている。

アルカリ骨材反応

　アルカリ骨材反応（alkali-aggregate reaction）はコンクリートの癌である。この反応が起きるとコンクリート打設から数年を経過した時点で異常なひび割れが生じ、ついには構造物が崩壊する。アルカリ骨材反応は1940年代に米国などで大問題になって研究が進んだ。

　アルカリ骨材反応はコンクリート中にナトリウム分が多いときに起きる。ポルトランドセメント中のアルカリ成分はNaOとして0.6％以下と決められている。コンクリート中に塩分（NaCl）が存在すると鉄筋の腐蝕を生じて、アルカリ骨材反応との複合劣化現象も起きる。原料に海砂を使うときは十分洗浄してNaClを除去する必要がある。海岸地域では塩害除去対策も必要である。

　骨材にする岩石も吟味しなければいけない。アルカリと反応しやすいシリカ分を含む岩石を骨材に使うと、シリカがアルカリと徐々に反応・膨張してコンクリートにひび割れを生じるからである。非晶質シリカを多く含む安山岩や流紋岩などの火山岩、チャートや頁岩などの堆積岩はアルカリ反応性が高い。微結晶シリカを含む砂岩や、変成作用によって結晶に歪を受けたシリカを含む粘板岩や片麻岩そして片岩などの変成岩もアルカリ反応性がある。これらの岩石はコンクリートの骨材として不適当である。

欠陥コンクリート工事

　コンクリートの安全神話は地に落ちた。阪神淡路大震災では多数のコンクリート構造物が崩壊して欠陥構造物や手抜き工事が見つかった。図3.3.5の事故は1968年に施工された欠陥工事が原因であった。平成11年6月には、山陽新幹線の福岡トンネルでコンクリート壁が崩落する事故が発生した。高度経済成長期につくられた構造物の中には寿命が20-40年しかない欠陥コンクリートが存在することが判明して大騒ぎになった。

　しかし阪神淡路大震災でも超高層ビルは全く被害を受けなかった。これらのビルではコンクリート工事が正しい工法で施工されていたのである。

　昔のわが国では公共構造物は発注者自身が工事を監督していた。それが高度

3.3 コンクリート

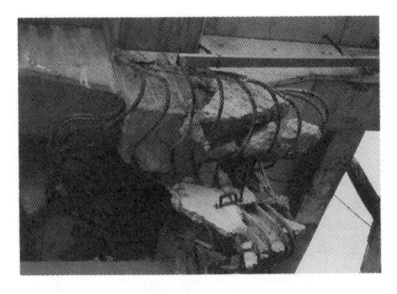

左) 崩壊した山陽新幹線高架橋柱の打継ぎ面　　右) 武庫川橋梁橋脚の破壊状況
図 3.3.5 阪神淡路大震災で崩壊したコンクリート橋梁
(「コンクリートが危ない」小林一輔、岩波新書 616、岩波書店 (1999))

　成長期の 1970 年頃からゼネコンが工事を仕切るようになった。彼らは仕事を合理化するため工事を分割して下請けに仕事を割り振った。その結果、現場で工事を監視する技術者がいなくなって作業員だけが残った。

　その頃から、生コンプラントで調合したコンクリートをミキサー車で現場に運んで、コンクリートポンプで型枠に流し込むという作業方式が一般化した。これによって生産性は大いに向上した。それらの作業では生コンの流動性がよい方が扱いやすい。そこで、生コン工場には粗骨材の少ない生コンが要求され、作業現場では生コンに不法に加水することが行われたらしい。品質が悪いコンクリートでも何とか固まるから始末が悪い。

　全国には生コン会社が 4500 社、生コン工場が 5000 もあって、零細業者が多いこの業界の実体はなかなか把握できないという。

　コンクリートをつくるにはセメント 1 t に約 7 t の骨材が必要である。1970年代には、建設ラッシュで骨材の供給が追いつかなくなって、アルカリ反応性が大きい砕石や洗浄しない海砂が大量に使用されたらしい。

　当時は NSP 付きロータリーキルンが開発されてセメント製造工場の燃費は格段に改善された。しかしこの装置では原料中のアルカリ成分が揮発し難い。そのため規格よりもアルカリが多いセメントが出荷されたこともあったという。

　コンクリートの流し込みは間欠的(かんけつてき)に行われるが、次のコンクリートを流し込

む前に打継ぎ箇所をよく清掃する必要がある。それが不適当な打継ぎ箇所をコールドジョイント（cold joint）と呼ぶ。

欠陥コンクリート対策

　バブルに浮かれた高度経済成長期には、鉄筋コンクリートの品質がブラックボックス化して、誰も責任をとらない手抜き工事が繰り返されたのである。山陽新幹線は東海道新幹線から20年も後に建設されたにもかかわらず老化が著しい。当時つくられた集合住宅には寿命が非常に短い（20-40年）建物がかなり含まれているという。近年、高速道路や新幹線の橋脚に使われている太い鉄筋が破断する事故が多数発見されて大問題になっている。これはアルカリ骨材反応によってコンクリートが膨張して、引張り応力が加わって鉄筋が破断したことが分かっている。

　高度成長期に生じた社会基盤に関する負の遺産を保守するには莫大な費用が必要である。太い鉄筋コンクリート橋脚の検査や補修は困難であるが、目視検査や打音検査に代わる自動検査機器を開発する必要がある。欠陥建造物の補強や建て替え工事については新しい材料や工法を研究しなければいけない。

　米国では、工事を請負った会社や労働者を十分監督・監視しないと手抜き工事されるという性悪説が広く信じられている。そのため、建設会社や施工主から独立した検査機関が多数存在していて、専門の資格をもつ特別検査員（special inspector）がコンクリートの品質と施工現場を監督している。それに要する費用は工事費の1-5％であるという。

　今後はわが国でも同じような監視・検査体制が必要となろう。

ガラス 4

4.1 概説・ガラス材料
4.2 普通ガラス
4.3 光学用ガラス

4.1 概説・ガラス材料

4.1.1 ガラス状態

ガラスの用語

　英語の glass やドイツ語の Glas は、古代ゲルマン語の glast「キラキラ光る」という意味の言葉がルーツであるという。

　ビトリアス（vitreous）という言葉は透明を意味するラテン語（vitreus）に由来する言葉で、熔化（vitrification）はガラス化することを意味している。

　アモルファス（amorphous）という言葉は無定形を意味している。morph はギリシア語が語源で「形」を意味している。非晶質固体とか非晶体（non-crystalline solid）という言葉も同じ意味で使われている。

　江戸時代にはガラスを、玻璃、ビードロ、「ぎやまん」などと呼んでいた。ビードロはポルトガル語でビトリアスに由来している。ぎやまんはオランダ語でダイヤモンド（diamant）のことで、ガラス細工でダイヤのガラス切りを使ったことに由来している。和漢三才図絵（1713 年）では硝子と書いて、はりとかビードロと読ませていた。硝子をガラスと読むようになったのは明治初期からである。

　現代中国語ではガラスは玻璃である。

ガラスの特性と利用

　塊状（バルク、bulk）の無機材料は結晶材料と非晶質材料に大別できる。結晶は単結晶と多結晶に分けられる。非晶質材料の代表がガラスである。

　実用ガラスのほとんどは珪酸塩ガラスである。ガラスは組成をかなり広く変えて非常に均一な組織をつくることができる。

　ガラス製品としては、窓ガラス、鏡、ガラス瓶、コップ、花瓶、電球、蛍光灯、ブラウン管、レンズ、ガラス繊維、光ケーブルなどがある。

　ガラスに共通する性質としては、①透明である、②等方性である、③表面に光沢がある、④着色できる、⑤界面で光が屈折する、⑥電気を通さない、⑦か

なり安定で薬品に耐える、⑧硬い、⑨割れやすい、⑩破面が不規則で鋭い、⑪加熱軟化状態で任意の形に成形できる、⑫非常に平滑な研磨面が得られるなどが挙げられる。

ガラスの構造

ガラスは物質の状態を表す言葉で、物質の名前ではない。ガラスは原料を完全に均一に熔融(ようゆう)したものを冷却してつくる。ガラスは「高温で熔融した状態をそのまま凍結した材料」で、「常温で粘性が非常に大きい液体」であると考えてよい。熔融しないでつくるゾル・ゲル法ガラスもある。

ガラスは非化学量論組成の物質で、元素の種類やそれらの比率をかなり自由に選んで均一なガラスをつくることができる。実用ガラスのほとんどはシリカを主成分とする珪酸塩ガラスで、SiO_4四面体が頂点の酸素原子を共有して無限に連なっている。ガラスは原子の近距離秩序は出鱈目(でたらめ)であるが、全体としては非常に均一な組成と構造をもっている。

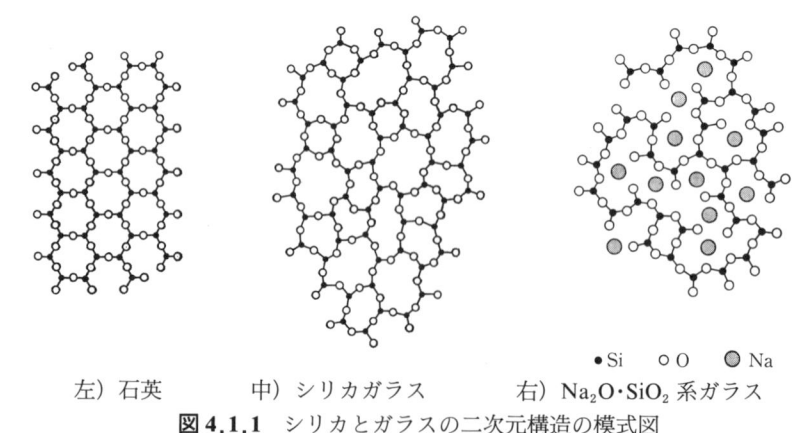

左)石英　　中)シリカガラス　　右)$Na_2O \cdot SiO_2$系ガラス

● Si　　○ O　　◉ Na

図 4.1.1 シリカとガラスの二次元構造の模式図

ガラスの原子配列に規則性がないことは、破壊したとき破面の形状が不定形で、亀裂(きれつ)が出鱈目に進展することから理解できる。これに対して、食塩や水晶などの単結晶を破砕すると破面の角度が常に一定している。

ガラスは等方的で透明性が高い。ガラスが透明である理由は光を乱反射する界面が単結晶と同程度に少ないからである。

結晶とガラス

　結晶には特定の融点と沸点があるが、ガラスにはそれらがない。ガラスを加熱すると徐々に軟化するから、軟らかい状態で種々の形状（板状、管状、棒状、繊維状など）に加工することができる。

　融体を冷却する際の結晶とガラス状態を図 4.1.2 について説明する。図の縦軸はモル容積で、横軸は温度である。同じ物質であっても、固体と液体では体積が違うし、温度が違えば体積は変化する。

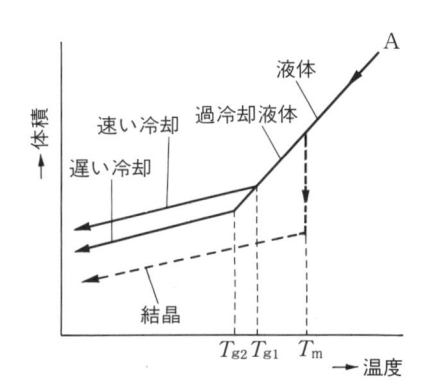

図 4.1.2 結晶とガラスの冷却曲線の概念図

　熔融している物質は熱力学的に平衡状態にあると考えてよい。

　融体から結晶が析出する例について説明する。高温で均一に熔融している液体 A は、温度が融点 T_m まで下がったところで凝固して固体になる。さらに温度が下がると結晶の熱膨張率に従って体積が減少する。

　融体からガラスが生成する場合について説明する。均一に溶解したガラス A をゆっくり冷却すると、T_m で結晶しないで過冷却液体となる。温度が低下すると液体の粘度が著しく増加し、原子配置の変化が温度変化に追従できなくなると固体のガラスになる。それ以下の温度ではガラスの収縮曲線が結晶のそれと平行になり屈曲点ができる。この屈曲点の温度をガラス転移点 T_g と呼ぶ。ガラス転移点をもつ非晶質固体がガラスである。冷却速度が遅いと屈曲点は低温側にずれる。したがってガラス転移点はガラス転移域という方が正し

い。

ガラスの熔融

　気泡が全くない高品質のソーダ石灰ガラスは、よく混合した調合原料（バッチ、batch）を 1600°C 以上に加熱して粘度を下げて、それを長時間保持して完全に脱泡する。ガラスの大量生産に貢献したのはジーメンス（Siemens）兄弟で、蓄熱装置を備えたタンク熔融窯を発明した（1867 年）。現在ではこの装置で大量（1000 t/日）の熔融ガラスを連続的に供給できる。

　近年は加熱したガラスに直接電気を流す抵抗加熱方式で熔融する電気熔融プラントが増えている。電気熔融炉の電極には、モリブデン、黒鉛、白金などが使われる。

　小規模の熔融では脱泡を促進するため清澄（消泡）剤を用いる。脱泡に最も有効な物質は亜砒酸（As_2O_3）であるが、毒性が強いので代替品が研究されている。材料の均一性が特に要求される光学ガラスや長繊維ガラスでは、材料を繰り返し熔融することも行われる。

　ガラスの破片をカレット（cullet）という。カレットを原料に加えると熔融が容易になるので、板ガラスの製造工程では発生するカレットを繰り返し利用している。ガラスはリサイクルが容易で繰り返し利用できる環境にやさしい材料である。

ガラスの特性温度と作業温度

　結晶は融点以上では液体で、融点以下では固体である。これに対して、ガラスの粘度は広い温度範囲で連続的に変化する。表 4.1.2–表 4.1.4 に示す実用ガラスの特性温度と、熔融(melting)・成形(forming)・徐冷(annealing) などの作業に適当な粘度域を表 4.1.1 に、粘度の温度依存性を図 4.1.3 に示す。

　粘度 η の単位（国際単位系）はパスカル・秒（Pa·s）である。従来の単位であるポアズ（poise）との間には、1 Pa·s＝10 poise の関係がある。

　ガラスは加工した後の「なまし」を行う徐冷工程が重要である。徐冷したガラスは室温から高温までかなり安定である。

表 4.1.1 ガラスの特性温度と作業域

	特性温度	粘度 η/Pa·s	特徴
高温度↑↓低	熔融作業域	10^1–10^2	ガラスの熔融作業に適する温度域
	成形作業域	10^3–10^4	ガラスの成形作業に適する温度域
	軟化点	$10^{7.5}$	$\phi 0.7\,\mathrm{mm} \times 23\,\mathrm{mm}$の繊維が自重で毎分1mm伸びる
	徐冷点	$10^{13.5}$	徐冷の上限温度。15分間の作業で歪が除かれる
	ガラス転移点	10^{14}	過冷却液体とガラス状態との接点
	徐冷作業域	$10^{13.5}$–$10^{14.5}$	ガラスの徐冷作業に適する温度域
	歪点	$10^{14.5}$	この温度以下では急冷しても歪が生じない

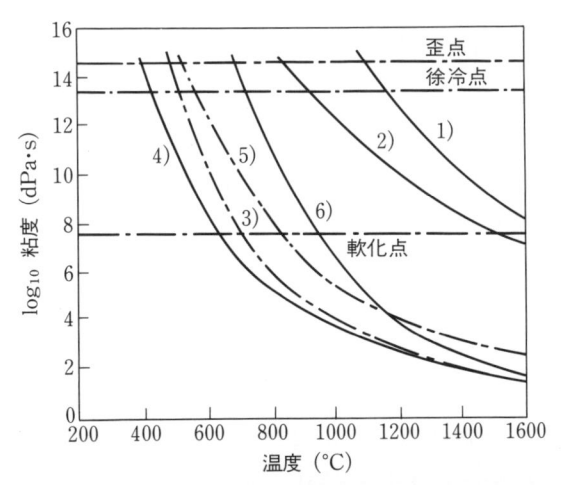

1) 石英ガラス 2) 96％シリカガラス 3) ソーダ石灰ガラス
4) 鉛アルカリ珪酸塩ガラス 5) 硼珪酸塩ガラス 6) アルミノ珪酸塩ガラス
図 4.1.3 実用ガラスの粘度の温度依存性

核成長と結晶成長

　ガラスは熱力学的に準安定な状態にあるから数百年という時間単位では影響が現れる。たとえば古墳などから出土したガラス器の多くは結晶が析出して不透明になっている。これを失透（devitrification, opacity）という。

実用ガラスは失透し難い組成を選んで製造しているが、製品が置かれた条件によっては結晶化がかなり速く進行して透明性が失われる。

ガラスから結晶が成長する状況は核の生成と結晶の成長に分けて考えるのがよい。結晶の成長速度を支配している因子と温度との関係を図4.1.4の模式図で説明する。

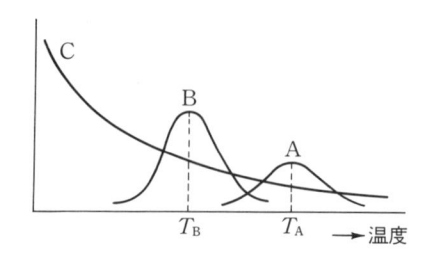

図4.1.4 結晶の成長速度を支配する因子

曲線Cは粘度の温度変化で、温度が下がると急激に粘度が増加する。

曲線Bは結晶核の生成数と温度との関係を示したもので、温度 T_B で極大になる。曲線Aは結晶の成長速度で、ある温度 T_A で極大ができる。これは、高温ではイオンの拡散が速くなって結晶化速度が増加するが、限度を越えると結晶自体が原子の熱振動に耐えられなくなるからである。

曲線Aと曲線Bが遠く離れている物質は、両者が重なり合う部分の温度でガラスの粘度が高くなって過冷却されやすい。

結晶化ガラスは、均一なガラスから核形成と結晶成長の2段階の熱処理によって製造することが多い（121頁参照）。

4.1.2　各種ガラス

シリカの多形

シリカは地殻の主成分を形成している元素で、珪酸塩鉱物はいずれも四面体配位の SiO_4 を基本構造としている。シリカ（二酸化珪素、silica, SiO_2）の名前はラテン語の燧石（silicis）に由来している。シリカにはいくつもの多形がある。室温で安定な多形は石英（quartz）であるが、準安定相としてクリスト

バライト（cristbalite）やトリディマイト（tridymite）が存在する。相転移が再配列型で非常に遅いからである。

　それぞれの多形には結晶構造がわずかに違う高温型と低温型があって、変位型転移をする。それらの転移はSiO_2四面体相互の角度が変化するだけで、相互に速やかに進行する。石英は573°Cで低温相から高温相へ変位型転移する。1100°C以上では石英はクリストバライトへ再配列型転移するが、その速度は非常に遅い。なお、超高温・超高圧下ではコーサイト（coesite）やスティショバイト（stishovite）が生成する。

シリカガラス

　シリカの粉末を酸水素炎で1900°Cくらいに加熱・熔融したものが冷えるとシリカガラスになる。シリカガラスの外観は水晶と同じであるが、水晶は結晶でシリカガラスは非晶体である。これはX線回折計で調べればすぐ分かる。

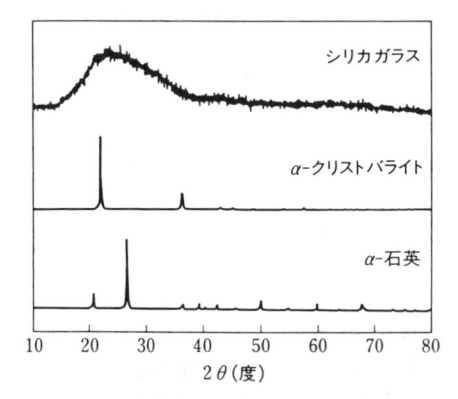

図4.1.5 シリカの多形とシリカガラスのX線回折図形
シリカガラスは感度をあげて測定した

　シリカガラス（石英ガラス、silica glass）はすべてのガラスの中で最高の性質（耐熱性・耐熱衝撃性・耐久性・耐蝕性・熱伝導率・紫外線透過性など）を備えている。シリカガラスは線膨張率が非常に小さくて（$α=0.55×10^{-6}$・$°C^{-1}$）、赤熱した製品を水中に投じても破損することがない。

　シリカガラスには透明ガラスと不透明ガラスとがある。透明シリカガラスの

原料は透明な天然水晶の粉末である。透明シリカガラスは高価であるが、透明性が重視される水銀ランプなどに使われる。半導体製造装置などに使われている不透明シリカガラスは、天然珪石（silica stone）の粉末からつくる。シリカは熔融状態でも粘性が非常に大きいから、原料に含まれている細かい気泡を完全に除くことができないので白濁する。

珪酸塩ガラス

シリカに種々の修飾酸化物を加えると、シリカガラスよりも低い温度でガラス化して、広い組成範囲でガラスが生成する。実用ガラスのほとんどはシリカを主成分とする多成分系珪酸塩ガラスである。修飾酸化物としては、Na_2O、K_2O、CaO、PbO、Al_2O_3、B_2O_3 などを用いる。代表的な実用ガラスの化学組成と諸性質を表4.1.2-表4.1.4に示す。これらの表の中にある番号は共通である。

表4.1.2　代表的な実用ガラスと用途

番号	種類	用途
1	シリカガラス	水銀灯、半導体製造装置
2	ソーダ石灰ガラス	窓ガラス
3	ソーダ石灰ガラス	瓶ガラス
4	ソーダ石灰ガラス	電球ガラス
5	硼珪酸ガラス	封着ガラス
6	硼珪酸ガラス	低膨張ガラス
7	硼珪酸ガラス	タングステン封着用
8	鉛ガラス	電気用ガラス
9	鉛ガラス	クリスタルガラス

ソーダ石灰ガラス（ソーダライムガラス、soda-lime glass）は並ガラスとも呼ばれて、窓ガラスや瓶ガラスとして大量生産されている。ソーダ石灰ガラスは珪石の粉末に炭酸ナトリウム（炭酸ソーダ、sodium carbonate, Na_2CO_3）と石灰石（$CaCO_3$）の粉末を所定の比率に配合した原料（バッチ、batch）を高温に加熱して均一に熔融し、徐冷してつくる。ソーダ石灰ガラスは、70-73 % の SiO_2 と、12-16 % の Na_2O と、8-12 % の CaO と、少量の Al_2O_3 が含まれて

いる。なお、間欠的に回分生産することをバッチ生産という。

Na_2O は架橋していない酸素をつくって融液の粘度を下げてガラスを熔けやすくする。CaO は Na_2O の導入で低下する化学的性質を改善する。

少量の Al_2O_3 を添加するとガラスの化学的性質が改善して液相線近くでの粘度が増加して結晶化を抑制する。

Na_2O の代わりに K_2O を用いたカリ石灰ガラスはソーダ石灰ガラスよりも上質で、硬質ガラスとかボヘミアンガラスと呼ばれている。

表 4.1.3 代表的な実用ガラスの組成 (wt %)

番号	SiO_2	Na_2O	K_2O	CaO	MgO	PbO	B_2O_3	Al_2O_3
1	>99.5	—	—	—	—	—	—	—
2	71-73	12-15	—	8-10	1.5-3.5	—	2.3	0.5-1.5
3	70-74	13-16	—	10-13	—	—	—	1.5-2.5
4	73.6	16	0.6	5.2	3.6	—	—	1
5	74.7	6.4	0.5	0.9	—	—	9.6	5.6
6	80.5	3.8	0.4	—	—	—	12.9	2.2
7	67.3	4.6	1.0	—	0.2	—	24.6	1.7
8	63	7.6	6	0.3	0.2	21	—	0.6
9	35	—	7.2	—	—	58	—	—

表 4.1.4 代表的な実用ガラスの物性値

番号	線膨張率 $\times 10^{-6}/°C$	比重	屈折率 n_D	比抵抗 $\log(\Omega \cdot cm)$	誘電率 $\times 10^6$ Hz, 20°C	ヤング率 $\times 10^4$ Pa
1	0.55	2.20	1.458	12.0	3.78	72
2	8.5	2.46	1.510	6.5	7.0	—
3	8.5	2.49	1.520	7.0	7.6	—
4	9.2	2.47	1.512	6.4	7.2	69
5	4.9	2.36	1.49	6.9	5.6	—
6	3.2	2.23	1.474	8.1	4.6	69
7	4.6	2.25	1.479	8.8	4.9	—
8	9.1	2.85	1.539	8.9	6.6	63
9	9.1	4.28	1.639	11.8	9.1	54

黒曜石

黒曜石(obsidian)は熔けた熔岩が急冷されてできた天然の珪酸塩ガラスである。黒曜石は打撃を加えると割れやすく、黒光りする貝殻状破面が鋭いので、新石器時代から石器の材料として盛んに利用された。日本各地で産出するが、長野県霧ヶ峰・和田峠や伊豆・神津島の黒曜石が有名である。

硼珪酸ガラス

硼珪酸ガラスはソーダ石灰ガラスの CaO を B_2O_3 で置換したガラスである。パイレックス(pyrex®)の商品名で最初にコーニンク社から市販されたこのガラスは、熱膨張率がソーダ石灰ガラスの半分程度で、耐熱性と耐薬品性に優れているので、ビーカー、フラスコ、化学実験装置などの理化学用器具や、耐熱食器として広く使われている。

鉛ガラス

鉛ガラスは、ソーダ石灰ガラスの Na_2O の一部ないし全部を K_2O で置換し、CaO の代わりに PbO を導入してつくる。

鉛成分が多く(>25 wt %)て屈折率が大きい鉛ガラスはクリスタルガラスと呼ばれて工芸用や光学用ガラスとして重要である。鉛成分がやや少ないガラスはセミクリスタルガラスと呼ばれる。

鉛ガラスは融点が低くて電気絶縁性と耐久性が優れているので、電子機器などの封止用ガラスとしても重要である(138頁参照)。

珪酸塩でないガラス

燐酸塩、硼酸塩、カルコゲン化合物、ハロゲン化物などもしばしばガラスをつくる。金属や合金の融体を超急冷するとガラス化する場合がある。高校の化学実験で経験する熔球反応では、白金線の先を丸めて硼砂や燐酸ナトリウムを付けてバーナで加熱すると透明なガラスになる。これに重金属化合物の少量を付けて再加熱すると、熔球は各金属イオンに特有な色になる。

4.2 普通ガラス

4.2.1 板ガラス

昔の板ガラス

　西欧で板ガラスが普及したのはロンドンで開催された第一回万国博覧会（1885年）に建造された水晶宮（crystal palace）が評判になってからである。この建物には30万枚の板ガラスが使われた。

　岩倉具視を主席とする米欧回覧使節団は、ベルギーなど数箇所のガラス工場も見学した（明治4-5年）。そこでは坩堝で熔融したガラスを鉄板の上に流して手押しロールで圧延して板ガラスをつくっていた。ステンドグラス用の色ガラスは今でもこの方法で生産している。手吹き円筒法の工場も見学した。江戸時代の日本では板ガラスは非常に高価な商品であった。

　図4.2.1に示した円板状板ガラス製造法（クラウン法、臍ガラス法）も行われた。まず吹き竿で大きなガラス球を吹いて球の先端に穴をあける。それを炉で真っ赤に加熱し外に取り出して急回転させると遠心力で拡がって円板状になる。職人は燻した眼鏡で目を保護した。円板状板ガラスは中央に臍がついてい

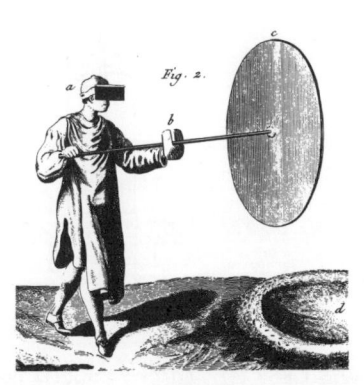

図4.2.1　左）円板状板ガラスの製法　　右）手吹き円筒法

る。昔の洋式帆船の窓には円板状板ガラスがよく使われた。

明治9年、工部省は民営工場を買収して品川硝子製造所（その遺構は明治村に移設されている）を設立したが、当時の標準的な製法・手吹き円筒法による板ガラス製造の試みは成功しなかった。その製法は手吹き成形で直径が30センチもあるソーセージ状のガラス容器を成形し、両端を切除したのち縦に切り開いたものを拡げて板状に成形する方法である。

ロール圧延式板ガラス

1910-20年代の米国で発達したロール圧延式（rollout process）板ガラスは、熔融したガラスを水冷した2本のロールの間を通して板状に連続成形し、徐冷して製品とする。横方向に引き出す方法と垂直方向に引き上げる方法とがある。この製造装置が日本ではじめて稼働したのは大正10年のことである。現在残っている設備は、網入りガラスや表面に凹凸模様をつけた型板ガラスの製造に使われている。発展途上国では今でも小規模で低価格のロール圧延式板ガラス製造設備が稼働している。

第二次大戦前に建造された建物の多くはロール圧延式板ガラスを使っている。それらの板ガラスは斜から見ると像が歪んで見えるからフロート法ガラスと容易に区別できる。ロール圧延式板ガラスは両面を研磨しないと鏡には適用できない。

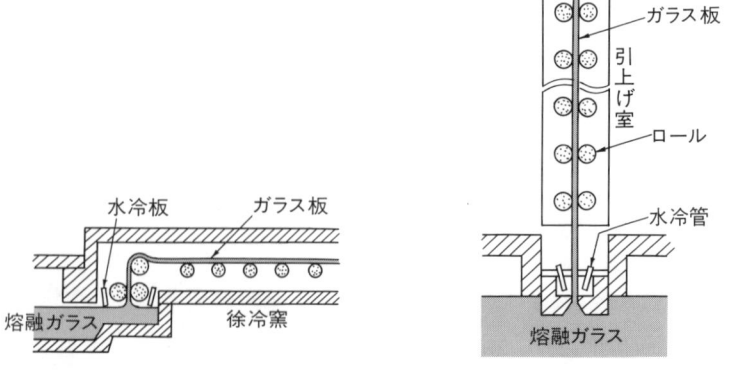

図 4.2.2 左）フルコール式板ガラス製造工程　右）コルバーン式板ガラス製造工程

フロート法板ガラス

　現在では板ガラスのほとんどはフロート式製造工程（float process）でつくられている。この板ガラスは非常に平滑で、研磨しないでも鏡に適用できる。フロート式は英国のピルキントン社（Pilkington Brothers Corp.）が社運をかけて1959年に開発した。

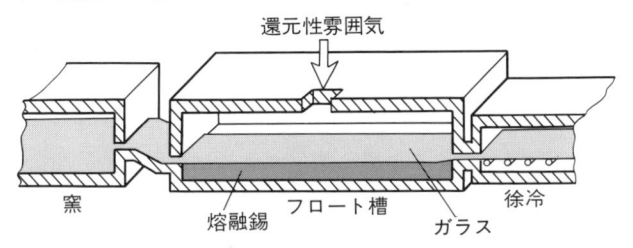

図4.2.3　フロート式板ガラス製造工程の概念図

　フロート式は、温度を厳密に制御した熔融金属の上を、熔けたガラスがゆっくり流れて徐々に固まって板ガラスとなる画期的な製造法である。金属錫（Sn）は融点が低くて（232°C）沸点が高く（2275°C）、蒸気圧が小さくて比重が大きいからこの目的に最適である。熔融錫の表面は完全に水平で、その上に浮いた熔融ガラスの両面は平滑な自由平面である。雰囲気には錫が酸化しないように少量のH_2を混入したN_2ガスを用いる。熔融錫（深さ：6-12 cm）の上に熔融ガラスを置いて、ガラスの比重と界面張力が釣り合った状態ではガラスの厚さは約7.5 mmになる。

　フロート式では、薄板ガラスは熔融ガラスをゆっくり冷却しながら二次元方向に機械的に巧みに引張ってつくる。厚板ガラスは進行方向の両側に水冷した黒鉛の壁（carbon fender）を設けてつくる。徐冷はロールの上を移動させて行う。これらの技術によって任意の厚さ（0.4-25 mm）と任意の幅（＜4 m）をもつ平滑な板ガラスを製造できる。

　フロート式で正確な寸法精度をもつ薄板ガラスを製造するには高度の制御技術が必要である。フロート式板ガラスの設備は膨大な費用を必要とするのでメーカーの数は少ない。

　旭硝子株式会社は世界最大の板ガラスメーカーである。2002年には板ガラ

スは世界シェアの 22 %、自動車用ガラスは 30 % を生産した。

強化ガラス

ガラスは引張りに弱い。強化ガラス (tempered glass) は表面層に圧縮応力を与えたガラスで、普通のガラスの約 3 倍の強度がある。強化ガラスは傷がつくと亀裂が一挙に進展して全面破壊するのが欠点であるが、破片の先端が丸みを帯びるので負傷することが少ない。

強化法に物理強化と化学強化がある。物理強化 (風冷強化) ガラスは、軟化点 (約 650°C) 近くに加熱した板ガラスの両面に空気を吹きつけて表面を冷却し、表面に圧縮応力層をつくる。風冷強化ガラスは自動車や列車の窓ガラスに使われている。高層建築物には、破損しても破片が飛散しにくい倍強度ガラスが使われている。

化学強化ガラスはイオン交換で表面に圧縮応力層をつくったガラスで、腕時計などに使われている。たとえばソーダ石灰ガラス板を、歪点以下の温度に加熱した熔融カリウム塩 (KNO_3) 中で長時間処理して Na イオンを K イオンで交換してつくる。ガラス表面に低膨張の結晶を析出させて強化する方法もある。

安全ガラス

安全ガラス (safety glass) は複数のガラス板と強靭なプラスチック (ポリビニルブチラールやポリカーボネート) フィルムを張り合わせてつくる。

航空機の窓や自動車のフロントガラスには安全ガラスの採用が義務付けられている。要人警護用の自動車や軍用機には何枚ものガラスを張り合わせた厚い防弾ガラスが使われている。第二次大戦中のことであるが、当時中学生であった著者が撃墜された B29 を見に行って、厚さ 10 cm もの防弾ガラスが使われていたので驚いた経験がある。

安全ガラスは防犯ガラスとしても重要である。犯罪が急増している住宅やビルの窓や出入り口への用途が増加している。安全ガラスは衝撃でひびが入っても飛散することがないから犯人が侵入しにくい。いろいろな防犯ガラスの規格や安全性は JIS で規定されている。

断熱ガラス

断熱効果を備えた窓ガラスに、複層ガラスと熱線反射ガラスがある。

複層ガラスは2枚のガラスを間隔を保って張り合わせて、隙間に乾燥空気を封入してある。新幹線や省エネ建物の窓に採用されている。

熱線反射ガラスは可視から近赤外領域の太陽エネルギーの相当部分を反射して、室内の冷房負荷を軽減する。熱線反射ガラスの表面は金属酸化物の薄膜で覆われていて、光の干渉効果によって種々の反射率と反射色調が得られる。干渉膜をつけたプラスチックフィルムをガラス表面に貼った製品もある。

4.2.2 容器用ガラス

コアー・グラス器

ガラスは、手吹き、型吹き、機械吹き、焼結など、いろいろな方法で成形できる。最初につくられたガラス容器はコアー・グラス(core-glass)器である。粘土で芯型をつくって乾燥し、熔けたガラスをそれに被せる。それを冷却した後、水に入れて粘土を掻き出して容器とする方法である。古代エジプトの製品が多数遺されている。

手吹きガラス器

手吹きガラス(宙吹き、free-blowing)の技法はローマ帝国が誕生する少し前にシリアの工房で発明されたという。手吹きガラスの技術は、ソーダ石灰ガラス、カリ石灰ガラス、硼珪酸ガラス、鉛ガラスのいずれにも適用できる。この技術革新によって、製造速度は200倍に向上して、単価は1/100に下落したといわれる。

江戸時代にはガラス器は、玻璃(はり)、瑠璃(るり)、ぎやまん、硝子(ビードロ)などと呼ばれて、長崎や江戸でつくられていた。製品としては、風鈴、ランプの火屋(ほや)、ポッペン(ビードロ)、チロリ、食器、薬品瓶などがあった。

明治・大正時代には漁業用のガラス製浮き玉がたくさんつくられた。プラスチックがなかった時代は塩酸などの薬品を入れるガラス瓶がつくられた。狸(たぬき)

図 4.2.4 左）ビードロ師、「江戸職人図聚」三谷一馬、中公文庫、中央公論新社（2001）
右）ビードロを吹く娘、浮世絵、喜多川歌麿

瓶と呼ばれる 50 l もある大きなガラス瓶もこの方法でつくることができる。大きな瓶を楽に膨らますには、焼酎を口に含んで息を吹き込めばよい。アルコールが気化して体積が数百倍にも増加するからである。

型吹きガラス器

手吹き技法で割り型を併用すると、複雑で同じ形状の容器をいくつもつくることができる。現在でもこの手法で、花瓶、高級化粧瓶、高級食器などがつくられている。

ノーベル物理学賞を受賞した小柴昌俊が企画したカミオカンデの二次電子増倍管の管球もこの方法でつくっている。直径 50 cm、重量 50 kg もあるガラス真空管は、二人がかりで熔けたガラスの塊（ゴブ、gob）を採取して、割り型を使って狸瓶と同じ要領で息を吹き込んでつくる（232 頁参照）。

量産ガラス瓶

ビール、清涼飲料、化粧品、薬品、調味料などの瓶、コップ、ビールのジョッキなど大量に消費されるガラス容器は自動製瓶機で製造している。1920 年代の米国で開発されたこれらの設備は 1 台で毎分数十ないし数百本の容器を製造できる。瓶ガラスの材質は板ガラスと類似のソーダ石灰ガラスである。自動

製瓶機は、熔けたガラスからゴブを採取して、はじめの工程で製品に近い形に成形し、仕上げ工程で圧縮空気を吹き込んで金型にガラスを押付けて正確な形に成形する。成形が終わった瓶はコンベア炉で徐冷されて製品となる。

ガラス製魔法瓶の二重ガラス瓶製造と鏡面加工はほぼ自動化した生産設備で製造されている。

ビール瓶

ビール瓶が茶色（琥珀色、amber）である理由は紫外線の防止にある。北欧諸国では青色や緑色のビール瓶も使われているが、それらは日本の夏に半日でも屋外に放置するとビールの品質が劣化する。茶色の瓶は昔は二酸化マンガンと酸化鉄で着色していたが、現在は炭素と硫黄の粉末を混ぜてつくっている。

ビール瓶は回収率が99％以上で、洗浄し詰め替えて（ビール各社は二回目以降は各社の瓶を区別しない）30回以上繰り返し使用している。その後は瓶を破砕したカレットを原料に加えて100％再利用している。

自動製瓶機の徐冷炉の入り口で塩化チタンや塩化錫をスプレーして、ガラス瓶の表面に気相化学反応（CVD）で厚さ10-15 nmのTiO_2やSnO_2の硬質皮膜を形成させた強化軽量瓶もつくられている（257頁参照）。ポリシロキサンの蒸気で処理してシリコーン皮膜をつける方法なども使われている。

プレス成形ガラス器

ガラスの食器皿、調理鍋、灰皿、ビールのジョッキ、果物皿などは、熔けた軟らかいガラスから、機械式のプレス機で一個分のゴブを採取して、プレス成形し、徐冷してつくる。灰皿などの材質は瓶ガラスと同じソーダ石灰ガラスである。レンジで加熱する調理器具には、耐熱性が優れた硼珪酸ガラスが使われている。

機械式の自動プレス成形では鋭いエッジ（edge）の製品をつくることが難しい。自動プレス機による成形品とエッジの鋭い高級カットグラスとの違いは一目で分かる。ただし冷却速度を遅くすればプレス成形でも鋭いエッジの製品をつくることができる（図4.2.6 右）。

切子ガラス器

切子ガラス（カットグラス）は成形したガラス容器をカット（cutting）してつくる。ガラスをカットする方法には、グラインダーを用いる機械的研削、サンドブラスト（噴射加工）、弗化水素酸による腐食などがある。

正倉院宝物の中にはササン朝ペルシャでつくられたカットグラス器の白瑠璃碗が含まれている。

わが国で最初のカットグラス器は幕末につくられた薩摩切子である。色被せガラス（covered glass）をカットしてつくる製品は高価である。

図4.2.5 左）機械プレス成形品、宝石箱、コーニングガラス美術館
右）薩摩切子「紫色切子ちろり」、サントリー美術館

焼結ガラス器

パート・ド・ベール（pâte de verre）と呼ばれる焼結ガラス工芸がある。これは色違いのガラス破片やガラス粒そしてガラス粉末を型に入れて、加熱して焼結させる。独特の軟らかい調子の作品をつくることができる。

ガラス粒子

昔懐かしいラムネ瓶の口はビー玉で封してあった。ビー玉（ガラス玉、マーブル）はゴブを溝の中を転がしながら冷却してつくる。

4.2　普通ガラス

交通標示(ロード・マーキング)は自動車のヘッドランプで光を強く反射させるため塗料に細かいガラス球を混入している。これには屈折率が2.25と大きくて、直径が0.01-0.15 mmと揃っているガラス球を用いる（JIS-K-5491, 5665）。追い越し禁止や進路変更禁止の標識用には黄色いガラス球も用意されている。映画やスライド用のスクリーンにも同じ塗料が使われている。

ガラス彫像

ガラスは機械的グラインダーやサンドブラスト法で自由に彫刻ができる。ボヘミアンカットグラスの例も図4.2.6左に示す。自動プレス成形では鋭いエッジ（edge）の製品をつくることが難しいが、冷却速度を非常に遅くすればプレス成形で鋭いエッジの製品をつくることができる。ルネ・ラリック（René Lalique, 1860-1945年）は精巧な金型にガラスを圧入し徐冷して芸術作品を制作した。

図 4.2.6　左) ボヘミアン・グラス、色被せカットグラス、肖像文コップ、19世紀初頭、コーニングガラス美術館
　　　　　　右) ルネ・ラリックのプレス成形品「シュザンヌの立像」、1925年

七　宝

金属製品に釉を施した製品を琺瑯(ほうろう)（enamel）という。最初の琺瑯は前1500年頃、地中海のミケーネで発明されたという。エジプトのツタンカーメン王の黄金の仮面には青色の琺瑯が施されていた。6世紀頃の東ローマ帝国の首都・

コンスタンチノープルでは有線琺瑯の技術が大いに発達した。

西域の技術が中国に伝わったのは隋（ずい）の時代（580-618年）で、法郎（ファーラン）とか琺瑯（ファーラン）と訳された。

中国では不透明釉を使う美術琺瑯を景泰藍というが、これは明の景泰年間（1450-56年）に技術が進歩して藍色が特に優れていたからである。景泰藍は世界市場を席巻したが、清末には経済が疲弊（ひへい）して輸出が激減した。

琺瑯の技術がわが国に伝えられたのは飛鳥時代のことで、日本ではこれに七宝（しっぽう）という文字を当てた。七宝という言葉は本来は仏教（佛教）用語で七つの宝という意味である。無量寿経では、金、銀、瑠璃（るり）、水晶、琥珀（こはく）、赤真珠、瑪瑙（めのう）を挙げている。

図4.2.7 左）黄金瑠璃鈿背十二稜鏡、正倉院宝物
　　　　右）御正殿の高欄を飾る七宝製五色の据玉、伊勢神宮

正倉院宝物には奈良時代にわが国でつくられた黄金瑠璃鈿背（るりでんはい）十二稜（りょう）鏡が含まれている。伊勢神宮には二十年ごとに式年遷宮（せんぐう）の行事がある。御正殿の高欄を飾る七宝製の五色の据玉（すえだま）が遷宮ごとに作りかえられている。

七宝の技術は平安、鎌倉、室町時代には低調であったが、桃山時代になると技術が進歩した。当時を代表する京都の御金具師、平田彦四郎道仁の子孫は12代にわたって徳川幕府の七宝師を務めた。徳川初期の作品には東照宮の釘隠（かくしふすま）や襖の引手などの建築金物や刀の鐔（つば）が多い。加賀百万石を代表する工芸品見本である百工比照（ひひょう）には286個の七宝製品が含まれている。

幕末には名工梶常吉（1571-1646年）が現れて技術が著しく向上した。彼は

名古屋郊外の農村で技術指導して、これが現在の七宝町に発展した。

ワグネルは透明釉について指導して大きく貢献した。明治6年のウィーン万国博覧会には彼が選定した花瓶が出品された。赤坂の迎賓館の壁には明治の名工の七宝作品・花鳥画が多数はめ込まれている。

実用琺瑯

鍋、薬缶、浴槽、燃焼器具、醸造タンクなど、実用品としての琺瑯の歴史は18世紀末の欧州にはじまる。日本では明治時代に鉄の素地に釉を施した実用的な商品が量産されて、それらを琺瑯鉄器と呼ぶようになった。実用琺瑯の釉薬は不透明釉で、鉄板によく密着する下釉薬と、製品に美しさを与える上釉薬とに分かれる。現在では、金、銀、銅などの素地に施した美術琺瑯を七宝と称して実用琺瑯と区別している。

4.2.3 結晶化ガラス

ガラスの結晶化

ガラスは準安定物質であるから、適当な組成のガラスについて熱処理を行うと結晶化する場合がある。最初の結晶化ガラス（crystallized glass）はパイロセラム（pyroceram®）の商品名でコーニングガラス会社が市販した（1960年）。結晶化ガラス製品は実用的に非常に有用である。組織が均一なガラスから気孔が全くない多結晶体をつくるという発想はすばらしい。

析出する結晶の種類や大きさはガラスの組成や熱処理条件などの影響を受ける。結晶粒子の大きさは揃えることが可能で、結晶化の程度も制御できる。結晶の大きさが10 nm以下の結晶化ガラスは実質的に透明で、このような材料でつくられた透明な調理鍋も市販されている。

結晶化が進むと白色で不透明な磁器に似た外観をもつ材料が得られる。この種の材料は母相のガラスに比べて機械的強度や電気絶縁性が向上している。普通のガラスの軟化温度は500~570°Cであるが、結晶化することで1000~1300°Cと高くすることができる。この種の結晶化ガラスはミサイルの弾頭から直火に耐える耐熱調理鍋まで広い用途がある。

ガラスの結晶化は、ガラス中に均一に分布した核形成物質から開始する場合と、ガラス表面を核として進行する場合とがある。前者に属する結晶化ガラスは均一なガラスから核形成と結晶成長の2段階熱処理を経て製造することが多い。後者は結晶成長の熱処理だけで製造できる（図4.2.8）。

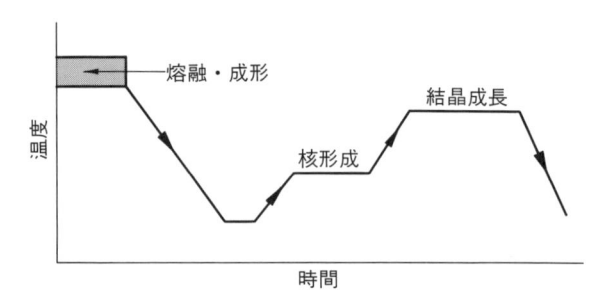

図4.2.8 結晶化ガラス製品の製造工程の模式図

マシナブルセラミックス

一般のセラミックスは機械加工が難しいが、いくつかの物質はナイフで削ったり、鋸で切ったり、旋盤やボール盤で加工できる。たとえば、黒鉛、二水石膏、タルク（滑石、talc、$3MgO \cdot 4SiO_2 \cdot H_2O$）、パイロフィライト（葉蠟石、pyrophillite）、珪藻土、凝灰岩、h-BN などであるが、それら材料の機械的性質は優秀とはいい難い。

第二次大戦前から生産されていたマイカレックスは初期の快削性セラミックスである。マイカレックスは合成弗素金雲母（$KMg_3AlSi_3O_{10}F_2$）の粉末に鉛ガラスの粉を加えて焼結した材料で、最高使用温度は400°C程度である。

現在では金属材料と同様に機械加工できる優れたセラミック材料が開発されている。それがマシナブル（快削性、machinable）セラミックスである。

マコール（macor®）はコーニング社が開発した本格的なマシナブルセラミックスで、SiO_2:46、Al_2O_3:16、MgO:17、KF:4、B_2O_3:7、K_2O:16.0 wt% のガラスを熱処理して45%程度結晶化させた材料である。弗素金雲母の微結晶（20 μm）が析出していて純白色である。この材料の快削機構は、雲母層の微小な剥離（劈開）が続いて、破壊エネルギーを吸収して亀裂の進展を妨害する

ことによる。

　マコールで製作した部品は1000°C程度まで使用可能で、機械的性質や電気絶縁性が優れているから、複雑形状の高精度部品の試作などに便利である。初期のスペースシャトルでは数百個のマコール製の部品が採用された。現在では中規模程度の工業生産でも広く利用されている。

　合成弗素金雲母の微粉末に少量の弗化物を加えて成形し、常圧で焼結したマイカセラミックスも市販されている。この材料はマコールと同様に機械加工ができ、1100°Cまで使用可能である。チタン酸アルミニウム系やウォラストナイト系のマシナブルセラミックスも市販されている。

　アルミナ粉末に少量の樹脂（フェノール樹脂、エポキシ樹脂など）を加えて結合した安価なマシナブルセラミックスも市販されている。これらの材料には耐熱性はないが、機械的特性や電気的特性は結晶化ガラス系マシナブルセラミックスと変わらない。

人工大理石

　結晶化ガラス製の人工大理石が「ネオパリエ®、Neopariés」の商品名で、建物や地下鉄の壁や柱などに使われている。日本電気硝子株式会社が開発したこ

図4.2.9　結晶化ガラスの人工大理石を採用した神戸市営地下鉄三宮駅

の建材にはガラス成分が70％も残っているから、加熱して曲げ加工することが可能で円柱や曲面にも対応できる。

ネオパリエの基礎ガラスの組成は、$SiO_2:59.0$, $Al_2O_3:7.0$, $B_2O_3:1.0$, $CaO:17.0$, $ZnO:6.5$, $BaO:4.0$, $Na_2O:3.0$, $K_2O:2.0$, $Sb_2O_3:0.5$ wt% である。1300°C位に加熱・熔融したガラスを急冷して7 mm角程度に破砕して、平板状の金型に入れて半熔融させたのち700°Cで加熱処理する。するとガラス表面からβ-ウォラストナイト（珪灰石、$CaO·SiO_2$, wollastnite）の結晶が成長する。着色ガラスの素材を混合するといろいろな紋様が得られる。

結晶化処理した板材の表面を研磨すると外観が大理石に似た高級建材ができる。この人工大理石の強度は花崗岩の3倍以上で、耐候性は天然大理石の100倍以上もある。

SiO_2-Al_2O_3-MgO-Na_2O系ガラスから、フォルステライト（$2MgO·SiO_2$, forsterite）結晶を析出させる結晶化ガラス大理石もつくられている。

分相ガラス

ガラスの結晶化によく似た現象に分相（相分離、phase separation）がある。分相の機構には、スピノーダル分解（spinodal decomposition）と、核生成・結晶成長機構とがある。

透明シリカガラスは優れた特性をもっているが高価である。分相現象を利用して透明シリカガラスによく似たガラス製品を製造できる。それがコーニング社が発明したバイコール（vycol glass®）ガラスである。バイコールガラスの製法は、$SiO_2:75$, $B_2O_3:20$, $Na_2O:5$ wt%の硼珪酸ガラスを1400°Cで熔融して、種々の形状に成形する。これを500-600°Cで数時間熱処理すると、Na_2O-B_2O_3系ガラスとSiO_2ガラスに相分離して乳白色を呈する。分相の規模は出発ガラスの組成と熱処理の条件によって異なるから、それらを制御して細孔径がミクロン程度でよく揃った多孔質ガラスが得られる。分相で生じたNa_2O-B_2O_3系ガラス製品を、熱塩酸で溶出処理すると高純度の多孔質シリカガラスが残る。この多孔質ガラスは、触媒や酵素の坦体、海水脱塩、高温気体分離、細菌などの篩（ふるい）分けに用いる分子篩（molecular sieve）等に利用されている（169頁参照）。

このガラスを 900-1000°C に加熱すると、容積が約 35 % 収縮して透明で純度が高い（SiO_2：96-98 %）シリカガラスが得られる。この製品の価格は熔融加工法でつくる透明シリカガラス製品の約 1/3 である。

4.2.4 非熔融法ガラス

ゾル・ゲル法

ゾル・ゲル法（sol-gel process）は、液体中にコロイド粒子を懸濁したゾルを熟成して、粒子が凝集して流動性を失ったゲルを経て、ガラスや無機酸化物を製造する方法である。

出発物質には、コロイドシリカ、各種金属アルコキシド、それらの混合物などを用いる。それらは溶媒（水＋酸＋アルコール）中で容易に加水分解して、縮合反応を経て水和物や酸化物に変化する。反応条件を調節することによって縮合分子の形状や分子量を制御できる。また溶液の粘度を調整して、紡糸したり薄膜にすることも可能である。たとえば、珪酸エチル・$Si(OC_2H_5)_4$ を原料として、シリカガラスの薄膜、繊維、超微粒子、バルクガラスをつくることができる。

ゾル・ゲル法は高価につくから付加価値が高い製品に限定される。たとえばハッブル宇宙望遠鏡にこの方法でつくった低膨張ガラスのハニカムが採用された。

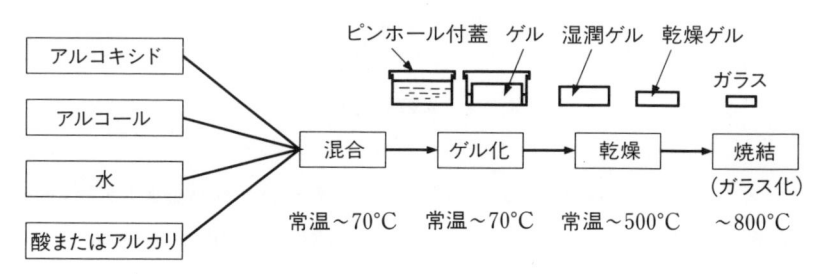

図 4.2.10 アルコキシドを原料としたゾル・ゲル法成形体の製造方法

4.3 光学用ガラス

4.3.1 光の性質

光の屈折と反射

ガラス板に光が斜め方向から入射する場合を図4.3.1について考える。屈折率 n_1 の媒体から屈折率 n_2 の媒体に、光がある傾きで入射すると、一部は反射 (reflection) され、残りは面の法線に近い方向に屈折 (refraction) する。入射角を α、反射角を α'、屈折角を β とすれば、屈折率との間に次式が成立する。これをスネル (W. Snell) の法則という。なお入射角 α と反射角 α' は常に等しい。

$$n_1 \sin \alpha = n_2 \sin \beta \tag{4.3.1}$$

屈折率 n の値は、真空では1.00000、空気では1.00029、水では1.333、ガラスでは1.5に近い値、ダイヤモンドは2.417である。

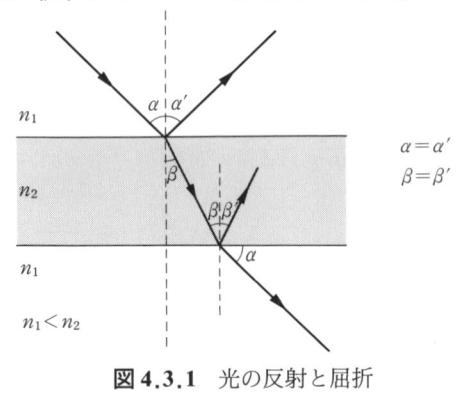

図4.3.1 光の反射と屈折

ガラスや立方晶系の単結晶の光学的等方体であるが、方解石など光学的異方性の単結晶では、透過光で像が二重に見える複屈折 (double refraction) の現象が観察される。

光の反射率は物質の種類と界面の状態によって異なる。鏡面の反射率は100%に近いが、黒体の反射率はゼロに近い。

透明な材料でも、屈折率が異なる物質の界面では入射光の一部が反射される。屈折率 n_1 の空気と屈折率 n_2 のガラスとの界面では反射率 R は次式で表される。

$$R=\left(\frac{n_1-n_2}{n_1+n_2}\right)^2 \tag{4.3.2}$$

この式から、屈折率1.0の空気と屈折率1.5のガラスとの界面では、一つの面ごとに約4％の光が反射されることが分かる。

反射による光の損失を防ぐには、レンズなど物体の表面に物体と空気の中間の屈折率（理想的には $n=\sqrt{n_1 \cdot n_2}$）をもつ物質（普通は MgF_2 など）の薄膜（厚さが波長 λ の1/4）を蒸着するとよい。

屈折率が大きな物質から小さな物質に光が入射すると、臨界角 θ_c 以上では全反射（total reflection）の現象が観測される。たとえば屈折率1.5のガラスから空気中に出てゆく光の臨界角 θ_c は42°で、それ以下の角度で入射した光は全部反射するので損失はゼロである。

光 の 分 散

屈折率が波長によって変化する現象を分散（dispersion）という。分散の大きさを表すのにアッベ数（相対分散、Abbe number）ν が使われる。

$$\nu=\frac{n_D-1}{n_F-n_C} \tag{4.3.3}$$

ここで、n_D は Na の D 線（589.3 nm）、n_F は H の F 線（468.1 nm）、n_C は H の C 線（656.3 nm）それぞれに対応する屈折率である。

エネルギー準位と遷移

原子内にある電子は電子殻に分かれて存在するが、各々の殻に入ることができる電子数はパウリ（W. Pauli）の排他律による制限がある。

電子の軌道は量子効果によってとびとびの値しかとることができない。それらの値をエネルギー準位（energy level）という。定常状態にある原子の中ではそれぞれの軌道をめぐる電子は永久運動を続けている。この系に外からエネルギーを与えると高い準位の軌道に電子が移行する。電子が違うエネルギー準

位の軌道に移ることを遷移（transition）という。

　高いエネルギーの電子で物質を衝撃すると、内側の殻にある電子が叩き出されて空席を生じる。その空席に高い準位にある電子が遷移すると、エネルギーの差をX線として放射する。たとえばKα線はK殻の空席がL殻からの電子で埋められるときに発生する。

　いろいろな物質を放電やプラズマを使って高温に加熱すると原子状態まで励起される。そしてそれぞれの元素ごとに全く違う数十本から数千本にも達する輝線スペクトルが可視から紫外領域に現れる。このときには外殻の軌道が関与している。

　エネルギー準位の数、高さ、幅はそれぞれの系ごとにさまざまであるが、どの系でもいずれの波長域でも同じように扱うことができる。一番簡単な2準位系（基底状態と励起状態）について説明する。図4.3.2で、基底準位 E_1 にある電子に、準位間のエネルギー差に相当する振動数 ν の電磁波を照射すると、共鳴してエネルギーを吸収し励起準位 E_2 に遷移する。励起状態にある電子の寿命は極めて短いのですぐに基底準位にもどるが、その際に $h\nu$ のエネルギーをもつ電磁波を放射する。h はプランクの定数、ν は光の振動数である。

$$\Delta E = E_2 - E_1 = h\nu \tag{4.3.4}$$

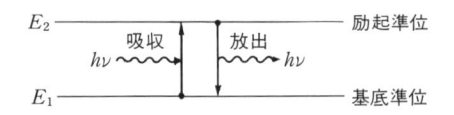

図4.3.2　自然放射過程におけるエネルギー準位と遷移

　これが自然放射（自発放射、spontaneous emission）過程である。自然放射では、無数の異なる発光中心から放射される電磁波はすべて独立で、それらの波の位相間には何の関係もない。

連続スペクトル

　物体を加熱すると物体を構成している、電子、原子、イオンが不規則に激しく運動して連続スペクトル（continuous spectrum）を放射（放出、emission）する。放射は輻射ともいう。放射エネルギーは電磁波であるから、放射伝熱に

は媒体を必要としない。

すべての物体はそれぞれの温度に対応するエネルギーの電磁波を放射している。たとえば人間は平均体温が 36-37°C で、遠赤外線を放射している。耐熱性の固体物質たとえばジルコニア ZrO_2 は 900°C に加熱すると赤く光るが、1600°C に加熱すると白く輝いて見える。太陽は水素の核融合反応によって 6000°C に輝いている。黒体の放射率は全波長域で 100 % である。実在物質の放射率は黒体よりも小さくて、波長と物質によって異なる。

輝線スペクトル

物質を超高温に加熱すると、化合物でも解離して原子状態まで励起（excitaion）される。アーク放電の中で金属化合物を加熱すると、金属原子に特有な多数の輝線スペクトル（線スペクトル、line spectrum）が観測される。

フラウンホーファーは太陽の可視光線の中に数百本の暗黒線が存在することを発見して、主な線に A, B, C, D, E, ……の記号をつけた。フラウンホーファー線は太陽表面から放射された連続スペクトルが、太陽表面と地球の大気中に存在する原子によって吸収された結果生じた吸収線スペクトルである。

4.3.2 照明機器

昔の照明

昔の夜は暗かった。月光すなわち月明かり、蛍火、菜種油などを燃やす灯明や行灯、蠟燭を灯す燭台や提灯、松明、焚火、篝火などが主な夜間照明であった。文明開化（1867 年）を迎えても、照明は灯油を燃料とする石油ランプが加わった程度であった。

銀座の街頭にガス灯が灯ったのは明治 5 年のことである。炭素分が少ないガスの炎は淡く光るだけであるから、ガス灯にはマントル（外套、mantle）と呼ぶ袋状の織物が必需品で、火口に被ぶせると白熱して輝く。マントルは木綿の網状織物に硝酸セリウムや硝酸トリウムを染みこませたものを焼いてつくった酸化物の形骸である。現在では登山用品店などでマントル付きの携帯用プロパンガス灯を購入できる。

北陸地方に水力発電所が建設されてカルシウムカーバイト（CaC_2）を合成する時代になると、CaC_2 を入れた容器に水滴を滴下して発生するアセチレンガスを燃料とするランプが明るい携帯照明として登場した。図 4.3.4 に示した火口構造をもつ炎の温度は 2300℃ に達して、煤も発生しない。

$$CaC_2 + 2H_2O = C_2H_2 + Ca(OH)_2 \tag{4.3.5}$$

放電照明

雷光と雷鳴は古代人の畏敬（いけい）の対象であったが、放電（discharge）現象を用いると非常に明るい照明が得られる。最初の電気照明は電池と炭素電極を使ったアーク（電弧、arc）灯であった（1800 年）。

図 4.3.3 銀座に設置された日本最初のアーク灯に驚く人々（1882 年）

銀座の街頭にアーク灯が灯ったのは明治 15 年（1882 年）のことである。初期の映写機の光源にも炭素電極を用いるアーク放電が使われた。

高圧水銀灯は水銀蒸気を封入したシリカガラスの発光管（点灯時に数気圧になる）を、窒素を入れた外管で覆った二重構造の放電灯である。水銀灯は発光効率が高くて青白色に強い発光するので、街灯、競技場の照明、集魚灯などに広く利用されている。

高圧ナトリウムランプは高圧水銀灯よりも発光効率が高い放電照明である。橙色のナトリウム D 線と白熱電灯を合成したような黄橙色に発光し、高速道路やトンネルの照明などに広く使われている。ランプの外観は高圧水銀灯とよ

く似ている。ランプの点灯時は発光管が 1200°C にもなるから、高圧・高温のナトリウム蒸気に耐える透光性多結晶アルミナ材料が採用される（133頁参照）。外管内は真空に保たれて断熱性がよいから－40°C の極低温倉庫でも使用できる。

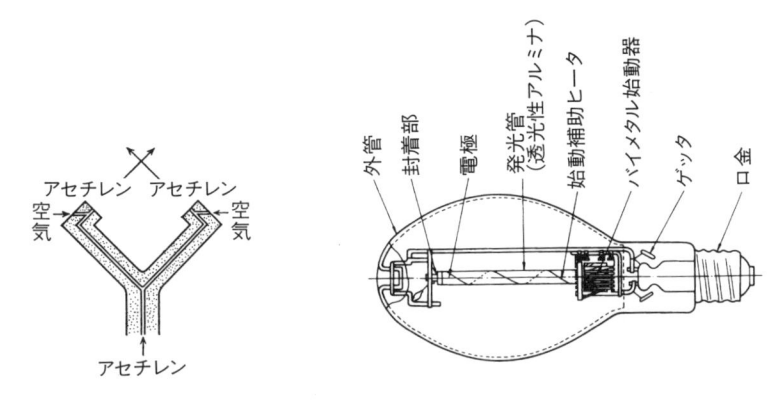

図 4.3.4 左）アセチレンランプの火口の構造
　　　　　　右）透光性アルミナを使った高圧ナトリウムランプの構造

3000°C の高温が得られるキセノンランプは Xe ガスを封入した放電灯で、ストロボや赤外線集中加熱炉の光源として使われている。

ネオンサインは低圧（30 mmHg 程度）の Ar ガスと微量の水銀蒸気または Ne ガスを添加した放電灯で、1000-15000 volt 程度の交流電圧を印加して発光させる。アルゴンガスは青色に、ネオンガスは赤色に光る。基本的な発色はこの二つで、他の色はガラス管に蛍光塗料を塗ったり、着色した管を使用して、約 20 色の発光が得られる。

閃光照明

夜間の戦争では火薬を光源とする照明弾や曳光弾が使われている。昔の写真館ではマグネシウム粉末を焚いて記念写真を撮影した。フラッシュ（閃光、flash）ランプはアルミニウム箔と酸素ガスをつめた電球で、フィラメントに点火すると瞬間的に燃焼して強力な光線を発生する。

謄写版（ガリ版）は蠟を引いた和紙を細かい鑢の上に置いて、鉄筆で文字や

絵を書いた原紙を使って印刷する。プリントゴッコ®は鉄筆の代わりにフラッシュランプで蠟を融かして原紙をつくる。ガリ版は明治時代の、プリントゴッコは戦後日本の庶民的大発明の一つであった。

ストロボ（閃光装置、stroboscope）はキセノン（Xe）ガスをつめた高圧放電灯である。高電圧を印加して繰り返しパルス発光できるから、写真撮影、灯台、滑走路照明、航空機照明、橋や塔そして高層建築物の表示灯として広く使われている。無人灯台やブイ（浮標、buoy）には、太陽電池と二次電池を電源とする閃光照明が採用されている。

白 熱 電 灯

エジソン（T. A. Edison, 1847-1931年）が発明した最初の白熱電球のフィラメントは白金であったが（1879年）、量産型電球（寿命：1000時間）に、京都・石清水八幡宮境内の真竹からつくった直径0.3 mmの炭素フィラメントを採用した話は有名である。

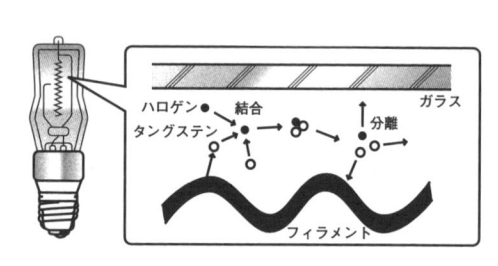

図4.3.5 左）エジソンの竹ひごフィラメント電球
　　　　右）ハロゲンランプの構造と作用機構

白熱電灯は発熱体の連続放射スペクトルを利用している。フィラメント（繊条、filament）は高温になるほど光輝くが、寿命が短い。フィラメントの素材はタングステンがほとんどである。クーリッジ（W. Coolidge, 1873-1975年）はタングステンを細いフィラメントに加工する技術を発明してGE社の基礎を

築いた。彼はタングステン粉末の焼結棒を赤熱して、周囲から機械的打撃を与えながら線引きする方法（鍛造絞り加工、swaging）でフィラメントに加工した。なお、熱効率が高い二重コイルフィラメントは、東芝の前身・マツダランプが発明した。

初期の電球では真空が使われたが、フィラメントが蒸発して内壁に付着して黒ずむので、現在はアルゴンガスなどを封入してある。熱伝導が小さいクリプトンガスを封入するとフィラメントの消耗が少なくなって寿命が延びる。

ハロゲンランプは少量のハロゲン蒸気を混入した白熱電球である。タングステン原子は250-1400℃の温度範囲であればハロゲンガスとすぐに化合して気体のハロゲン化タングステンになる。対流でこの化合物がフィラメント付近に運ばれると再びタングステンとハロゲンに分解される。この再生循環作用（ハロゲンサイクル）によってフィラメントの消耗が少なくなって電球の寿命が延びる。灯体には高温に耐えるようにシリカガラスが使われる。

灯体用ガラス

電気用ガラスの種類は多い。これは電気製品の種類が多くて、それぞれの用途に適したガラス素材を採用しているからである。

白熱電球や蛍光灯などの照明の灯体にはソーダ石灰マグネシア系ガラスが、ステム（stem）には鉛ガラスが使われる。自動車用シールドビームランプには硼珪酸ガラスが採用されている。水銀灯、キセノン放電灯、ハロゲンランプなど、高温に曝される灯体には透明シリカガラスが使われている。高速道路の照明などに使われるナトリウムランプの灯体には透光性多結晶アルミナが用いられる。

透光性多結晶材料

高圧ナトリウムランプには、高圧・高温のナトリウム蒸気に耐える透光性多結晶アルミナ材料が採用されている。

透光性多結晶アルミナは、原料にサブミクロン径の高純度アルミナを用い、異常粒成長を防止するため微量（0.04 wt％程度）のMgOを原料に添加する。成形した品物を真空中か水素中で1675℃位に加熱して焼結させると、理論密

度に近い焼結体をつくることができる。最初の透光性アルミナ材料はアメリカのGE社からルカロックス（Lucalox®）の商品名で1959年に発売された。

この材料は透光性ではあるが、粒界にスピネル相が析出しているので外観は磨りガラス状である。可視光線と赤外線をよく透過し、耐熱性が優れていて、高温のナトリウム蒸気にも侵食されない。

この発明によって高い発光効率の高圧ナトリウムランプが実現して、高速道路やトンネルなどで黄橙色の照明として広く使われている。

ルミネッセンス

吸収したエネルギーを光として放射する現象を総称してルミネッセンス（冷発光、luminescence）と呼ぶ。エネルギーを与える方法は、光照射、電子線照射、イオン照射、放射線照射、電界印加、加熱、加圧、化学反応などいろいろである。

光照射による発光を光ルミネッセンス（photo luminescence）という。光を照射中だけ発光する現象を蛍光（螢光、fluorescence）、照射後も長く続く現象を燐光（phosphorescence）と分類するが、厳密なものではない。励起光の波長は発揮光の波長よりも短波長でなければいけない。

蛍光灯やプラズマディスプレーは、真空放電で発生する紫外線による蛍光体の発光を利用している。蛍光顔料や蛍光染料は可視光線や紫外線によって発生する蛍光を利用している。X線による発光を利用している機器には、蛍光板、イメージングプレート、シンチレーション計数管などがある。

電子線を照射して発光する現象が陰極発光（cathode luminescence）である。テレビのブラウン管や電子顕微鏡などで利用されている。

電界を印加して発光する現象が電界発光（EL, electro luminescence）である。携帯電話用や大型テレビ用のELディスプレーの開発が進んでいる。

加熱によって発光する現象が熱発光（thermo luminescence）である。熱発光は古い陶磁器の年代測定などに利用されている。

化学反応に伴う発光現象が化学発光（chemical luminescence）である。蛍や深海魚、そして蛍烏賊などの発光がそれで、空気や水と反応して発光する化合物が合成されている。

ルミネッセンスを示す物質は多種多様であるが、広い意味での格子欠陥や添加不純物が発光中心になっている。発光中心が励起されて励起準位に遷移した電子が、基底準位に戻るときに光を放出する現象がルミネッセンスである。

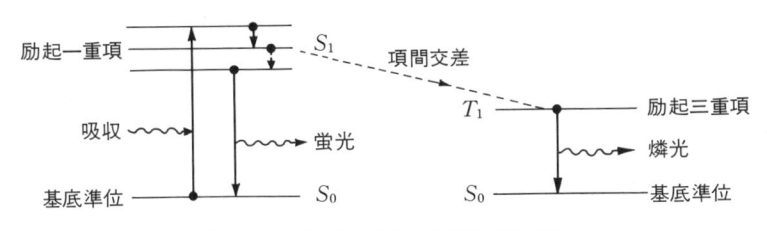

図4.3.6 蛍光と燐光の放射減衰過程

蛍光と燐光の放射減衰過程の概念を図4.3.6に示す。基底状態 S_0 にある原子や分子が光を吸収すると一重項励起状態 S_1 になるが、振動緩和（無放射減衰）によって S_1 の基底準位に達する（10^{-9}-10^{-12}秒）。そしてこの準位から蛍光を放出して S_0 にもどる（10^{-7}-10^{-9}秒）。蛍光を発しない普通の物質は熱を放出して基底状態に戻る。

燐光の放射減衰過程では、基底状態 S_0 にある原子や分子が光を吸収すると一重項励起状態 S_1 になるが、振動緩和によってその状態から三重項励起状態 T_1 への項間交差が起きる。三重項励起状態から燐光を放出して一重項基底状態にもどる過程は非常に遅い（$\geqq 10^{-3}$秒）。燐光を発しない普通の物質は熱を放出して基底状態に戻る。

一重項励起状態と三重項励起状態の違いについて説明する。基底状態では、原子や分子のそれぞれの軌道には電子がペアで入っていて、スピンは互いに逆向きである。これにエネルギーが与えられて励起された場合、スピンが逆向きの場合が一重項励起状態である。

スピンが同じ向きの場合が三重項励起状態である。三重項励起状態はエネルギー的には一重項励起状態よりも低いが、元の軌道には同じ向きの電子がいるのでなかなか元に戻れない。そこで熱としてエネルギーを放出してしまう場合が多い。ところが希土類化合物や有機金属錯体の中には三重項励起状態から燐光を発する物質が存在する。燐光の発光効率（内部量子効率）は蛍光のそれに

比べて非常に高い．有機 EL ディスプレーではこのような化合物を利用する．

蛍 光 灯

蛍光灯は、蛍光体を塗布（厚さ：15 μm）した管壁の内側に、0.2-0.7 kPa のアルゴンガスと微量の水銀を封入してある．

両極のフィラメントを加熱して、電圧を印加すると放電が開始する．水銀原子が発する紫外線が蛍光体を励起して可視光を発生する．放電が開始したらフィラメントの加熱を止める．

白色蛍光灯には、ハロ燐酸カルシウムを母結晶、マンガンを付活（賦活）剤、アンチモンを助活剤とする蛍光体〔$3Ca_3(PO_4)_2 \cdot Ca(F,Cl)_2 : Sb^{3+}, Mn^{2+}$〕が使われている．母結晶の組成はアパタイト鉱物と同じである．

三波長型蛍光灯は、3種類の蛍光体を混合して用いるので高効率で演色性が優れているが、ハロ燐酸カルシウム蛍光灯に比べて高価である．青色蛍光体は波長が 440 nm の〔$BaMg_2Al_{16}O_{27} : Eu^{3+}$〕が、緑色蛍光体は波長が 545 nm の〔$CeMgAl_{11}O_{19} : Tb^{3+}$〕が、赤色蛍光体は波長が 610 nm の〔$Y_2O_3 : Eu^{3+}$〕が主流である．これらの蛍光体はいずれも希土類イオンを付活剤としている．

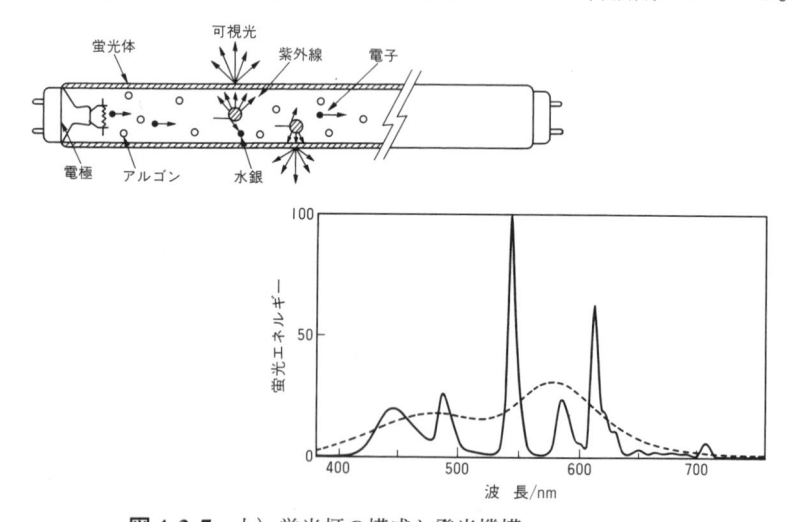

図 4.3.7　上）蛍光灯の構成と発光機構
　　　　　下）蛍光灯用蛍光体の発光スペクトル
　　　　　　　点線：白色蛍光灯、実線：三波長蛍光灯

ブラウン管

ブラウン（K. F. Braun, 1850-1918年）は電子線照射による陰極発光（cathode luminescence）を利用するオシロスコープ（CRT, Cathode Ray Tube）を発明した（1897年）。

カラーブラウン管は三色（青紫、緑、赤）の蛍光体ですべての色を表現する。CRTパネルの内側には三色の蛍光体を点状や筋状に塗布してある。

青紫色（B）蛍光体には硫化亜鉛を母結晶として、銀イオンと塩素イオンで付活する蛍光体〔$ZnS: Ag^+, Cl^-$〕が使われている。緑色（G）蛍光体には硫化亜鉛を母結晶として、銅イオンと金イオンとアルミイオンで付活する蛍光体〔$ZnS: Cu^+, Au^+, Al^{3+}$〕が使われている。赤色（R）は希土類のユーロピウムイオンを付活剤とするオキシサルファイド蛍光体〔$Y_2O_2S: Eu^{3+}$〕が主流である。

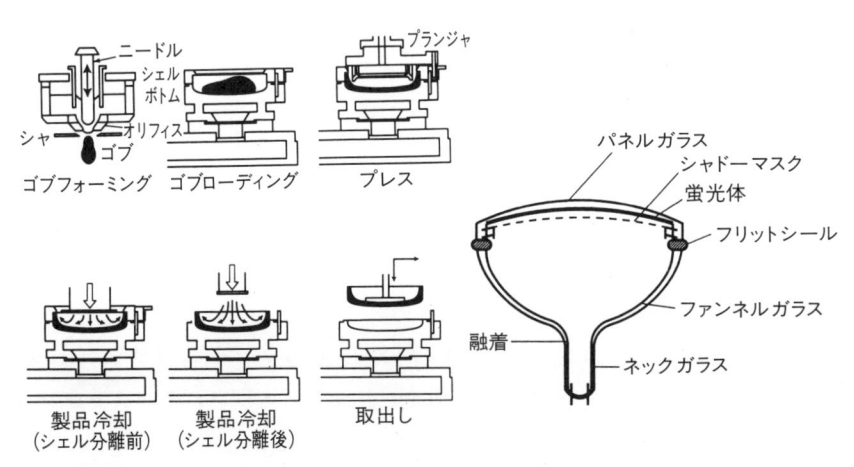

図4.3.8 左）ブラウン管パネルの成形工程　　右）ブラウン管の構成図

封止用ガラス

電子セラミックスが発達した現在では、ガラス、セラミックス、金属相互の気密接合は重要な中核技術の一つである。それらの接合に用いるガラス質の材料を封止（封着、熔封、hermetic seal, sealing）ガラスと呼ぶ。半田ガラスと

かフリット (frit) ともいう。封止ガラスの粉末に有機バインダーを加えてペースト状とした製品が使われることが多い。

封止ガラスには、封止温度が650°C以上のZnO-B_2O_3系ガラス（熱膨張率：$45×10^{-7}$/°C）、封止温度が500°C以下のPbO-B_2O_3系ガラス（熱膨張率：$90\text{-}100×10^{-7}$/°C）など、いろいろな種類がある。封止ガラスの粉末に無機充填剤（ジルコン、コーディエライト、チタン酸鉛など）の粉末を混合したフリットもよく使われる。

カラーブラウン管のパネルとファンネルの封止にはPbO-ZnO-B_2O_3系の封止用ガラスが使われる。このフリットは封着後380°Cで排気しながら加熱処理する。その過程でフリットの結晶化が進行して強固に接合する。

半導体パッケージ封着用フリットにはソフトエラーを防止するため$α$線放射量が非常に少ない製品が要求される。

4.3.3 光学機器

光学ガラス

レンズやプリズムをつくる光学ガラスは、無色であること、気泡や脈理がないこと、歪がないこと、光学定数が一定していることなどが要求される。

高級カメラなどのレンズ系では光学定数が違う何枚ものレンズを組み合わせて用いる。そのため光学定数（屈折率と分散）が異なる200種類以上の高品質の光学ガラスが市販されている（図4.3.9）。

これらの光学ガラスは、アッベ数$ν$が55以上のクラウンガラス（crown glass）と、50以下のフリントガラス（frint glass）に大別される。クラウンガラスは硼珪酸塩系、フリントガラスは鉛ガラス系である。

ペンタプリズムなどに使われている汎用光学ガラスBK7の組成は、SiO_2：68.9, B_2O_3：10.1, Na_2O：8.8, K_2O：8.4, BaO：2.8, As_2O_3：1.0 wt%である。

光学ガラスは材質と物性値の均一性が特に要求される。そのため、原料の粉砕、混合、熔解、成形、徐冷など、すべての工程が厳密に管理される。光学ガラスの製造には特殊な技術が必要であるからメーカーが少ない。

およその形にプレス成形して徐冷した各種レンズは、荒磨り、中磨り、仕上

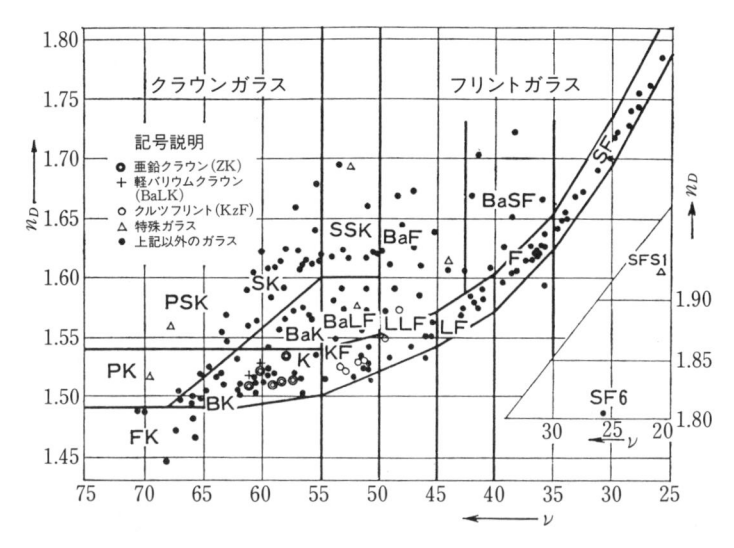

図4.3.9 光学ガラスの屈折率とアッベ数
(Jenaer Glaswerk Schott u. Gen.)

げ磨りの工程を経て正確な形状に仕上げる。仕上げ工程の研磨剤としてはセリア（CeO_2）がよく使われる。

　研磨によってガラスはあらゆる材料の中でもっとも平滑な鏡面が得られる。

　量産光学ガラスたとえば BK7 は原料を電気熔融して連続成形している。ペンタプリズムやレンズは、加熱した素材からゴブを採取して自動プレス機でおよその形状に成形・徐冷したものを、必要な精度まで機械研磨している。

　ガラスは徐冷速度で密度や屈折率が僅かに変化する。光学ガラスは徐冷速度を精密に制御することで屈折率の値を 6-7 桁まで管理できる。

　生産量が少ない材種は原料を坩堝で熔融している。この場合材質の均一性を達成するため、清澄剤を加えて機械的に攪拌して気泡を除き、冷却・破砕した材料を再度熔融するなどの工夫を行っている。

望遠鏡と顕微鏡の発明

　ガリレオ・ガリレイは、対物レンズに凸レンズを、接眼レンズに凹レンズを用いるガリレイ式望遠鏡を発明して天体を観測した。彼は、月面の凹凸、太陽

の黒点、木星の衛星、土星の環などを観測して、銀河が星の群からできていることを確認して地動説を支持した。ニュートンは反射望遠鏡を発明した。また、光の性質を研究して名著「光学」を著した。

最初に顕微鏡をつくったのはレーウェンフックである。彼の単眼顕微鏡は小さな凸レンズ（ガラス玉）と試料の微調整機構で構成されていて、物体を500倍に拡大して観察することができた。顕微鏡（microscope）とか微生物学（microbiology）という言葉はギリシア語の小さい（mikros）と見る（skopeo）に由来している。

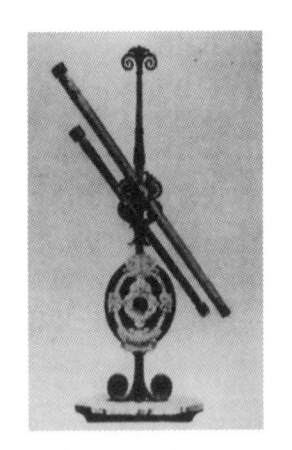

図4.3.10　左）ガリレイが使った2本の望遠鏡
　　　　　右）ニュートンの反射望遠鏡（英国王立協会）

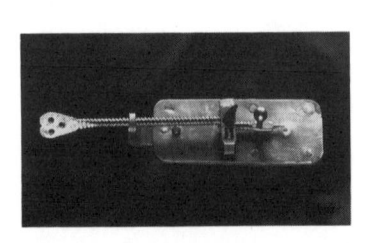

図4.3.11　左）レーウェンフックの顕微鏡　　右）彼の顕微鏡で観察中

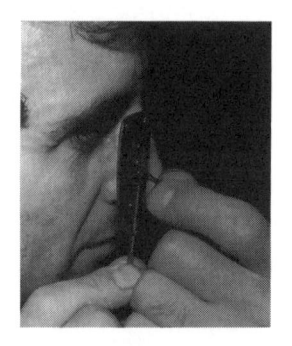

プリズムと鏡

プリズムを使うと光の進行方向を変えることができる。双眼鏡や一眼レフカメラでは正立像とするため直角プリズムやペンタプリズムが採用されている。

平面鏡は各種の光学機器に使われている。光の一部分を透過するハーフミラーは一眼レフカメラなど各所で使われている。曲面鏡は反射望遠鏡などに用いられる。反射物質としては、アルミニウム、銀などの蒸着膜が使われる。

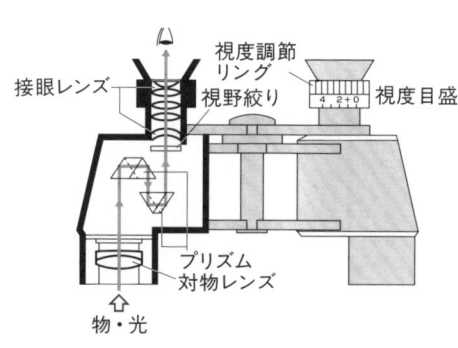

図4.3.12 左）双眼鏡の概念図　　右）光学実体顕微鏡の概念図

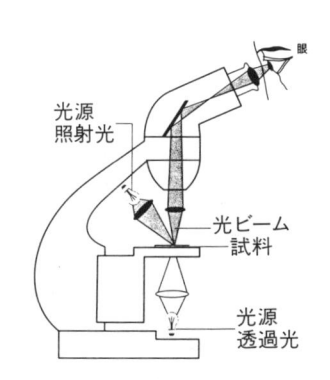

レンズ

レンズには凸レンズと凹レンズとがある。空気中に置かれた凸レンズに平行光線が入射すると、レンズの焦点（focus）に光が集中する。レンズの屈折率を n、レンズ表面の曲率半径を R_1 と R_2 とすると、レンズの焦点距離 f は次式で表される。

$$\frac{1}{f}=(n-1)\left(\frac{1}{R_1}+\frac{1}{R_2}\right) \qquad (4.3.5)$$

完全な球面に磨いたレンズの表面にも、各種の収差（aberration）があるので厳密にいうと平行光線は一点に結像しない。それらの収差は、単色光でも生ずる単色収差（球面収差、非点収差、コマ収差など）と、波長の違いによる光の分散で生ずる色収差（軸上色収差、倍率色収差）とに分けられる。

高級カメラ、顕微鏡、ステッパなどでは、一枚のレンズで光学系の収差を完全に除くのは無理で、断面形状と光学定数が違う何枚ものレンズを組み合わせてつくられる。

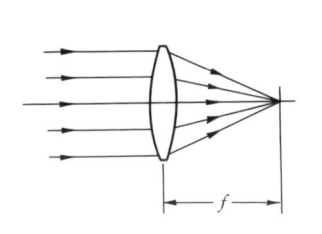

図 4.3.13 左）両凸レンズ　　右）両凹レンズ

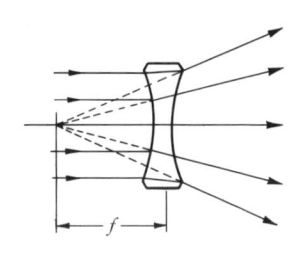

非球面ガラスレンズは製造が難しいが、これを使うと組み合わせるレンズの数を少なくすることができる。非球面ガラスレンズは精密な金型（形状精度：0.3 μm 以下、表面粗さ：0.2 μm 以下）に軟化温度に加熱したガラス素材を入れて窒素雰囲気で一発成形してつくる。このモールドプレス方式に適した低融点光学ガラスも開発されている。

普及型カメラや眼鏡は1枚のプラスチック非球面レンズで用が足りる。

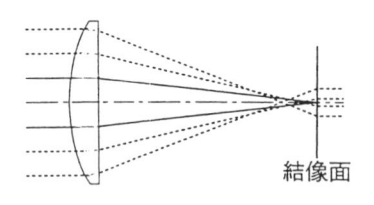

図 4.3.14 左）球面凸レンズの結像　　右）非球面レンズの結像

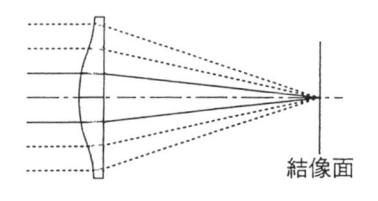

ガラスレンズの表面は4％、両面で8％の光を反射するから、何枚ものレンズを組み合わせるレンズ系ではこの反射を防止する工夫が重要である。通常は真空蒸着で厚さが $1/\lambda$ 程度の MgF_2 多層膜を付けて透過率を向上させている。

カメラと撮影機

ここ数年はデジタルカメラ（デジカメ）が急速に普及している。普及型のデジカメでも 300 万画素以上の CCD 素子を搭載している。CCD 素子については 228 頁で説明する。デジカメ機能が付いた携帯電話も増えている。

一眼レフカメラは高級カメラとして生き残りをはかっている。大容量の CCD 素子を搭載したプロ写真家用の一眼レフカメラも市販されている。

動画撮影もデジタル時代となった。小型の 8 mm カメラや放送局用のハイビジョン撮影機にも CCD 素子が採用されている。放送局用の超高感度撮像管については（229 頁）で説明する。

デジカメと一眼レフカメラの概念図を図 4.3.15 に示す。

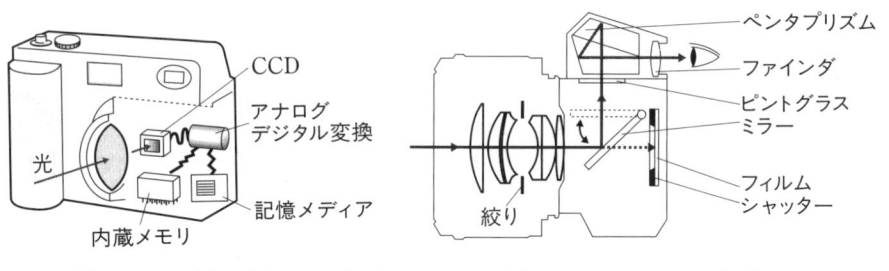

図 4.3.15 左）デジカメの概念図　　右）一眼レフカメラの概念図

耐火・断熱材料 5

5.1 耐 火 物
5.2 断熱材料
5.3 炭素材料

5.1 耐火物

5.1.1 金属精錬と耐火物

概説・耐火物

　耐火・耐熱性を重視する「やきもの」を耐火物（refractory）と呼ぶ。耐火物は高温でも熔融（溶融、melt）しにくい非金属材料の総称である。具体的には、1500°C以上の高温に耐えて十分な機械的強度を有し、急激な熱変化や繰り返し加熱にも耐えて、接触するガスや熔融物などの侵食、摩耗などに抵抗性がある材料をいう。実際の使用にあたってはさらに加熱による容積変化が少なく、組織劣化の少ないものが望ましい。耐火物の語源はラテン語のrefrāctārius（頑固な）に由来している。

　耐火物の歴史は金属精錬と深く関わっている。金属精錬は金属の鉱石から金属を取り出す工程をいう。現在では耐火物は、鉄鋼産業、非鉄金属産業、セメント産業、ガラス産業、窯業など高温処理を必要とする各種工業の窯炉、廃棄物焼却炉、ボイラなどに広く使用されている。これらの熱設備は多種多様で、使用されている耐火物の品質、形態、形状も多岐にわたっている。

　昔の耐火物は天然の材料を工夫して使っていた。現在の高温設備では人工炉材が全面的に採用されていて、天然耐火物はごく僅かである。

　耐火物の使用に当たっては熱設備の種類、使用原料、使用燃料、操業条件などをよく検討して、条件に最適の特性をもつ耐火物を選定する必要がある。構造面から耐火物を検討することも必要で、有限要素法による熱応力解析を行って、耐火物の形状や構造を決めるケースが増えている。

　現在のわが国は世界最高水準の製鉄・製鋼技術をもっている。1998年度の耐火物使用量139.4万トンのうち、製鉄・製鋼用耐火物は96.7万トンと圧倒的に多く、全体の69.4％を占めていた。セメント、ガラス、その他窯業用の耐火物は12.3万トンで全体の8.8％、焼却炉用の耐火物は7.3万トンで全体の5.2％、残りの14.5％は非鉄金属精錬用その他製造業用であった。

　耐火物の性能向上にともなって炉材の使用量そのものは年々減少している。

すなわち、1984年度の使用量は207.1万トン、1989年度は178.4万トン、1994年度は155.1万トン、1998年度は139.4万トンという具合である。

以下では、耐火物需要の大部分を占めている金属精錬について説明する。

青銅器の歴史

最古の青銅（bronze）は前3700年頃にメソポタミアでつくられたといわれている。銅（Cu, copper）と錫（Sn, tin）の鉱石の産地は遠く離れていたが、交易によって前3700-2000年頃には地中海地域に広く普及していたという。

中国の青銅器技術が西方伝来か独自のものかはよく分からないが、中国最初の王朝（前1400-1027年？）である殷（商）はおびただしい数の青銅器を製造した。青銅は銅に錫を2-20％程度加えた合金（鉛や亜鉛も相当量混入している場合が多い）で、銅よりも硬くて鋳造が容易であるため急速に普及した。殷の青銅器は、湖北省の「銅緑山」で銅鉱石を採掘して、マレーシアなど南方で採れた錫をはるばる運んで銅鉱石に加えて精錬した。

青銅器の鋳型は普通は土器であった。「黄土」に水を加えた練土で型を成形し乾燥したのち800℃位の温度で焼成した。鋳型が冷えないうちに、熔融した1000-1100℃の青銅合金を型に注いで鋳造した。鋳型を外した青銅器は黄金色に輝いて王権の象徴にふさわしかった。

それに加えて鑞型を用いる精密鋳造法（lost wax process）が発明されて非常

図5.1.1 左）神庭荒神谷遺跡から出土した同じ鋳型でつくられた銅剣
右）加茂岩倉遺跡から出土した銅鐸

に精巧な製品もつくることができた。

わが国の青銅器製造は弥生時代の銅鏡や銅鐸(どうたく)の鋳造にはじまった。初期の青銅器の原料は舶来品を使っていた。

昭和59年、島根県斐川町(ひかわ)神庭荒神谷(かんばこうじんだに)遺跡から、銅剣358本、銅矛(ほこ)16本、銅鐸6個が出土して話題になった。荒神谷に隣接した加茂岩倉遺跡からは38個の銅鐸が出土している。

最近、奈良県・明日香村・飛鳥池(あすか)でわが国最初（7世紀末）の通貨（富本銭）の工房跡が発掘されて鋳型や坩堝(るつぼ)が多数出土して話題となっている。

708年、武蔵国秩父郡和銅山で大規模な銅鉱床が発見された。早速年号が和銅と改められて、銅銭・和銅開珎(かいほう)が鋳造された。

天平から奈良時代になると大きな梵鐘(ぼんしょう)や大仏の鋳造(ちゅうぞう)が可能になって製作技術が飛躍的に進歩した。

鉄-炭素系平衡状態図

実用されている鉄鋼材料のすべては炭素を含んでいる。鉄-炭素系の平衡状態図（図5.1.2）についてそれらを説明する。

純鉄は炭素含有量が0.02％以下で、室温では体心立方構造のα相（フェライト相、ferrite phase）であるが、高温では面心立方構造のγ相（オーステナイト相、austenite phase）になり、1400℃以上の高温では再び体心立方構造のδ相に相転移する。γ相は最高で2％の炭素を固溶できる。炭素を固溶したγ相を冷却するとパーライト相が析出する。パーライト（pearlite）はセメンタイトとフェライトの共晶である。セメンタイト（cementite）はFe_3Cの組成をもつ非常に硬くて脆い化合物である。

実用されている鉄鋼材料の大部分は炭素鋼である。炭素鋼は粘(ねば)り気があるので鍛造や圧延ができる。炭素鋼は軟鋼と硬鋼に大別される。軟鋼は炭素含有量が0.3％以下の鉄で、軟らかくて焼きが入らない刃物にならない鉄である。硬鋼は炭素含有量が0.3-2％の鉄で、焼き入れすることが可能で刃物になる。硬鋼は炭素含有量が多いほど硬いが脆い。

炭素を2％以上含む鉄を銑鉄(せんてつ)（鋳鉄(ちゅうてつ)）と呼ぶ。銑鉄は脆い材料であるが、融点が比較的低くて鋳造できる鋳物鉄(いもの)である。

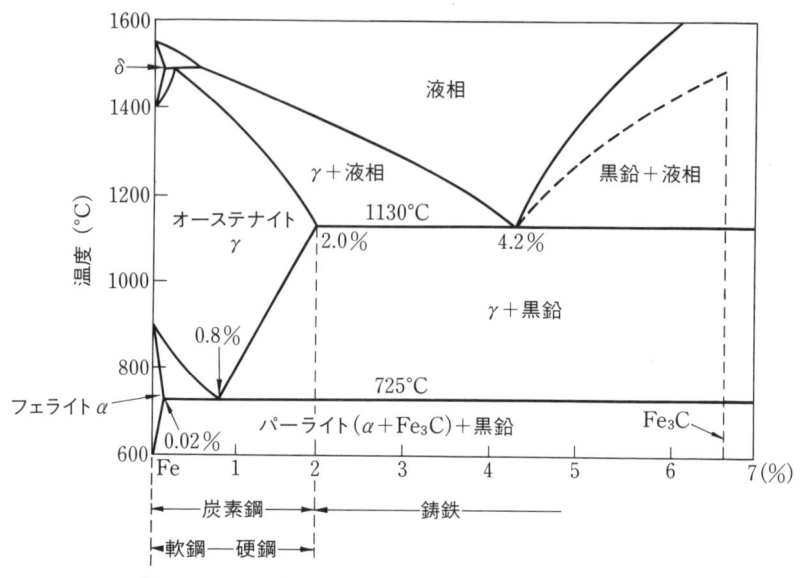

図 5.1.2 鉄-炭素系平衡状態図　横軸は炭素含有量

純鉄は錆びにくいことが分かっている。インド・ニューデリー郊外のイスラム寺院には、高さ8m、直径約40cm、重さ6.5トンの鉄柱が立っている。3世紀頃に純鉄を鍛造してつくられたこの鉄柱は、薄くて緻密な黒い酸化皮膜に覆われているが全く錆びていない。

正倉院宝物の中に唐太刀がある。唐の様式でつくられた太刀で、聖武天皇が儀式で着用された。東大寺献物帳には光明皇后が奉納と記載されている。太刀の刃は現在も製作当時の美しい地肌を保っている。

東北大学の安彦兼次は原料を極限まで超高純度化することによって純度99.995％の純鉄を10kg単位で製造することに成功した。

炭素鋼の歴史

鉄器の起源については諸説があるが、小アジアのヒッタイト、メソポタミアのアッシリア、アナトリア山地などで、前1200年頃までに生まれたという説が有力である。鉄の武器に刃向かう敵はいなかった。当時の製鉄は、羊皮などでつくった鞴を備えた小型の炉で鉄鉱石を木炭で還元したらしい。

5.1 耐火物

　古代人は宇宙から到来した隕鉄を積極的に利用したらしい。隕鉄には必ず相当量のニッケルが含まれている。いくつもの遺物が現存しているが、当時は貴重な品物であったに違いない。

　日本に鉄器が伝来したのは弥生前期で、水稲の普及と同じ時代であると考えられている。最初の原料は赤い鉄鉱石（Fe_2O_3）で、黒い砂鉄（Fe_3O_4）を原料とする製鉄は古墳時代以後に発達したといわれる。

図 5.1.3　左）たたら製鉄設備の模型、中央がたたら、左右に天秤鞴が置かれている
　　　　　　右）天秤鞴、重要民族文化財、島根県安来市、和鋼記念館

　「真砂砂鉄」を原料とする「たたら」製鉄法は高品質の鋼を生産する日本独自の技術である。たたら製鉄の技術は初期は幼稚であったが改良を重ねて進歩した。「鉄穴流し」は原料の純度を向上させる技術で慶長年間に考案された。採掘した山砂を何箇所もの堰を設けた川に流して重い砂鉄を沈殿させて捕集する。もう一つの発明は「天秤鞴」で元禄年間に完成した。踏板の中央を軸として4人の「番子」が「たたら歌」に合わせて交互に鞴を踏んで送風する装置である。「たたら」の語源は踏鞴であるという。島根県・安来市にある和鋼記念館は「たたら」についての展示が詳しい。現在は日立金属株式会社安来工場で「たたら」を発展させた製法で世界最高品質の工具鋼をつくっている。

鋳鉄の歴史

鋳鉄(ちゅうてつ)は前800-700年に中国で発明された。湯の温度は1200-1400℃である。わが国の鋳鉄の歴史も非常に古くて、弥生時代から制作されていたという。2003年6月には奈良県明日香の川原寺跡から7世紀末の鋳鉄工房の遺跡が発掘されて鋳型などが多数出土した。

丹南地方(現在の大阪府南河内郡美原町大保)は鋳物師(いもじ)発祥の地であるという。丹南の鋳鉄技術は南北朝時代に楠氏が敗退したため衰退して技術は各地方に分散した。技術の多くは一子相伝で伝承されたため詳しいことは分からないという。それでも日本の各地には平安時代以降につくられた、大鍋、茶釜、鉄瓶、天水桶、灯籠(とうろう)、狛犬(こまいぬ)などが遺っている。鎌倉時代につくられた鋳造仏も50体ほど現存している。大阪府枚方(ひらかた)市には資料館・有形文化財「田中家鋳物工場」が遺っている。田中家は丹南鋳物師の末裔(まつえい)で、建物は江戸時代中期の作業場である。

江戸後期には赤目砂鉄からつくる南部鋳鉄が鉄の需要の15%程度を占めていた。赤目砂鉄は閃緑岩などが崩壊してできた塩基性土壌から採れる砂鉄で、鉄含有量は5-10%と多いが、チタン、燐、硫黄などの不純物が多い。赤目砂鉄は日本中どこでも採掘されるが、東北・南部地方で多く産出した。

鋳物は脆いという昔の常識は現在では通用しない。球状黒鉛鋳鉄や可鍛鋳鉄が開発されているからである。

5.1.2 製鉄・製鋼技術

近世製鉄の歴史

現在の製鉄業は、高炉(熔鉱炉、blast furnace)で銑鉄(pig iron)を製造して、転炉または電気炉を使って銑鉄から鋼(はがね)(steel)をつくっている。近代製鉄技術は鉄鉱石を原料として、コークスを燃料に用いる高炉製鉄にはじまる。高炉から流れ出るのが銑鉄である。銑鉄は相当量の炭素を含むため、鋳造はできるが脆くて硬く刃物には適していない。高炉の名称はドイツ語のHochofenの訳である。

銑鉄に含まれている炭素や不純物元素を燃焼させて鋼に変えるのが製鋼である。近世製鋼技術は反射炉製鋼ではじまった。

わが国では、奈良時代の鉄の年生産量は100トン程度、信長・秀吉の戦国時代の生産量は約1000トン、明治初期の生産量は10000トン程度であったと推定されている。

明治開国以前の日本では鉄鋼の需要は安定していた。山陰地方には数百箇所の「たたら」があって、国内需要の80％以上を占めていたと推定されている。しかし幕末の製鉄業は、刀剣、農機具、鍋釜などを自給できても、大砲や艦船を製造することは無理であった。

水戸の徳川斉昭(なりあきら)は海防の重要性を唱えて3基の熔解炉を備えた大砲製造所をつくり（1843年）、鋳物師に命じて梵鐘(ぼんしょう)などを集めて75門の大砲（火縄式臼砲）を鋳造させた。さらに斉昭は南部藩の大島高任(たかとう)らを招いて那珂湊(なかみなと)に反射炉を建設させた（1855年）。

さらに大島は、南部藩領・釜石の甲子村大橋に日本で最初の洋式高炉を建設して見事出銑に成功した（1857年12月1日）。この日を記念して「鉄の記念日」が決められている。

危機感をもったのは他藩も同様であった。佐賀藩は洋書を頼りに反射炉を製作した（1850年）。薩摩藩も1852年に反射炉を製作した。伊豆・韮山(にらやま)には代官・江川太郎左衛門が建設した（1850年）反射炉が遺っている。

彼らが頼った文献は、オランダ人・ヒュゲニンの著書「ロイク王立鋳造所に

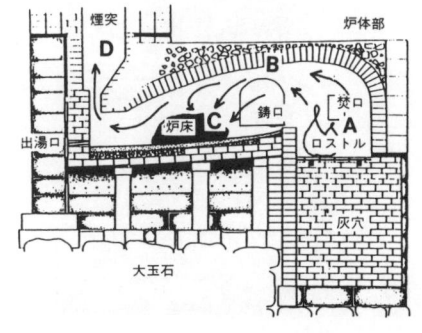

図5.1.4 左）伊豆韮山に現存する反射炉　　右）反射炉の断面図

おける大砲鋳造法」の翻訳書であった。彼はオランダ砲兵士官で、退役後は王立鋳造所所長を務めた人物である。この書物は天保7年（1836年）に長崎に輸入されて数種類の訳書が刊行された。

韮山の反射炉は世界で唯一現存する反射炉の遺構である。反射炉では燃焼した炎と熱が湾曲した天井で反射して炉床に置かれた銑鉄を加熱する。

この炉では耐火度がSK26：1580°Cのシャモット（焼粉、Schamotte、chamotte）煉瓦（重さ：7 kg、大きさ：200 mm×200 mm×91 mm）が使われた。シャモットは天城山南麓で産出する蠟石と風化した粘土を原料として登窯で焼成してつくった。シャモットは乾燥収縮や加熱収縮が小さいから、それに木節粘土など可塑性がある粘土を加えてつくるのがシャモット煉瓦である。

高炉の進歩

明治政府は日清戦争（1894-5年）による鉄鋼需要の急増に対応するため、欧米に視察団を送って技術調査して官営八幡製鉄所の建設に着手した（1897年）。予定日産160トンの第一高炉は明治34年（1901年）に操業を開始したが、トラブルが続いて順調に稼働したのは日露戦争（1904-5年）中のことであった。

図5.1.5　左）高炉の外観　　　　右）高炉の断面図

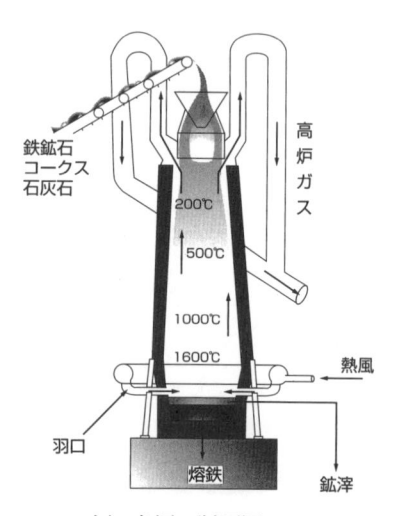

5.1 耐火物

高炉は炉頂から原料の鉄鉱石と石灰石とコークスを交互に投入して、下から1200°Cの熱風や酸素ガスを吹き込んで加熱・反応させる。炉内では還元反応が進行して熔けた鉄が豪雨のように降り注ぐ。

現在使われている高炉は、高さが100 m以上、内容積が4000 m^3 以上もあって、日産10000トンを超える銑鉄を製造している。

高炉で銑鉄1トンを生産するのに、鉄鉱石（焼結鉱が主である）が1.5トン、コークスが0.5トン、石灰石が0.3トン程度必要である。銑鉄1トンについてスラグ（鉱滓、slag）が0.3トン位副生する。

第二次大戦前のわが国の粗鋼生産量は、大正5年は30万トン、昭和4年は75万トン、昭和18年は464万トンと急速に増強されたが、敗戦によって壊滅した。戦後の鉄鋼業の発展はめざましかった。昭和25年は484万トン、昭和35年は2214万トン、昭和45年は9332万トン、昭和55年は11140万トン、平成2年は11039万トン、平成7年は10164万トン、平成14年は10980万トンと増加した。

製鋼法の進歩

反射炉は、間もなくマルタンが発明した（1864年）平炉（open hearth）と、転炉（converter）にとって変わられた。ベッセマーは空気を吹き込んで操業する転炉を発明して反射炉に比べて製鋼時間を1/10に短縮した（1856年）が、脱燐・脱硫ができないので普及しなかった。トーマスは塩基性炉材を用いる転炉を発明して、有害な燐や硫黄を含まない鋼材の製造に成功した（1878年）。平炉やトーマス転炉は第二次大戦後まで使われた。

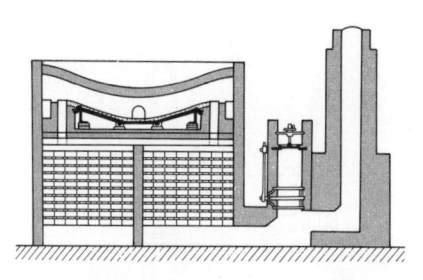

図5.1.6 左）マルタンの平炉　　右）ベッセマーの転炉と取り鍋

ガスを吹き込んで精錬することを吹錬（すいれん）という。空気の代わりに高圧の純酸素ガスを転炉に吹き込むと吹錬の効率が著しく向上する。酸素上吹転炉（うわぶき）（LD 転炉）は 1946 年にオーストリアで発明された。LD は新技術を開発した Linz 工場と Donawitz 工場の頭文字である。LD 転炉で吹錬によって不純物が除去される過程を図 5.1.7 に示す。

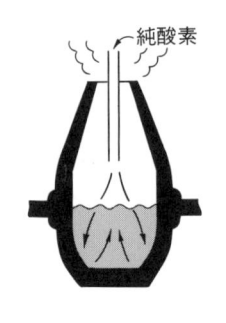

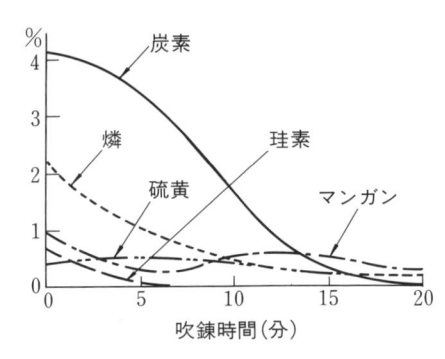

図 5.1.7 左）LD 転炉　　右）吹錬による LD 転炉の不純物の減少

酸素底吹転炉（そこぶき）は 1967 年に発明された。現在ではさらに進歩した転炉技術が採用されている。平均的な転炉は内容積が 100-400 m^3 で、純酸素を高圧で吹き込んで 1 回当たり数十分で不純物を燃焼・除去する。

特殊製鋼法

炭素以外の成分（クロム、ニッケル、コバルト、銅、チタン、タングステン

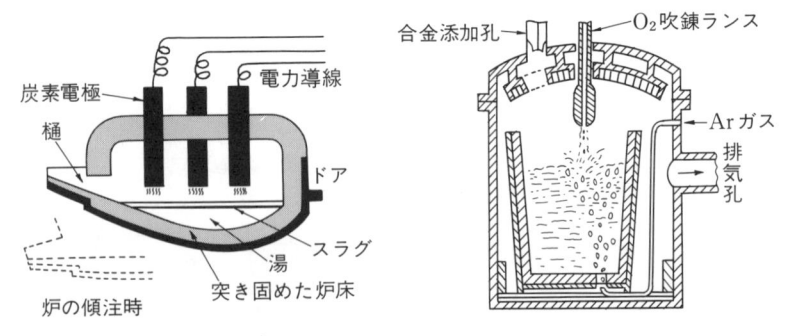

図 5.1.8 左）アーク式電気炉の断面図　　右）真空熔解吹錬炉の断面図

など)を含むステンレス鋼や特殊鋼は、黒鉛電極を使うアーク式電気炉で製造している(図5.1.8 左)。試験・研究用の目的には、雰囲気を真空や不活性ガスにできる高周波誘導熔解炉が適している(図5.1.8 右)。

5.1.3 耐火物の種類

耐火物の分類

耐火物として使われている物質の種類は多い。それらを個別に解説するだけの紙面はないから、化学成分の違いによってそれらを整理・分類した結果を表5.1.1と図5.1.9に示す。

表5.1.1 化学成分による耐火物の分類

分類	種類	主要化学成分
酸性耐火物 (RO_2 主体)	珪石質 粘土質(蠟石質、シャモット質) ジルコン質 炭化珪素質	SiO_2 SiO_2, Al_2O_3 ZrO_2, SiO_2 SiC
中性耐火物 (R_2O_3 主体)	高アルミナ質 クロム質 スピネル質 炭素質	Al_2O_3 $Cr_2O_3, Al_2O_3, MgO, FeO$ Al_2O_3, MgO C
塩基性耐火物 (RO 主体)	フォルステライト質 クロム-マグネシア質 マグネシア質 ドロマイト質	MgO, SiO_2 $MgO, Cr_2O_3, Al_2O_3, FeO$ MgO CaO, MgO, SiO_2

耐火物で酸性とか塩基性というのはpH値による区分ではない。この分類では、$RO_2(SiO_2,ZrO_2)$ 主体の材料を酸性耐火物、$R_2O_3(Al_2O_3,Cr_2O_3)$ 主体の材料を中性耐火物、$RO(MgO,CaO)$ 主体の材料を塩基性耐火物と称する。これは高温における化学反応を考えるときに便利だからである。

耐火物は単一化学成分からなる場合もあるが、各種成分で構成されている複合耐火物の方が多い。複合耐火物では構成成分が多い方に分類する。

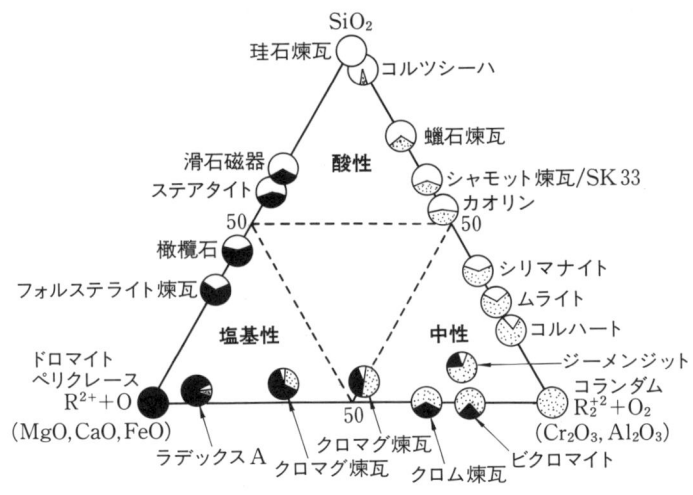

図5.1.9 化学成分による耐火物の分類

定形耐火物

耐火物は定形耐火物と不定形耐火物とに大別される。1998年度の使用量は、定形耐火物が56.4万トン、不定形耐火物が83.0万トンであった。

定形耐火物は要求される形状に成形した耐火物で、焼成煉瓦、不焼成煉瓦、電鋳煉瓦に分類され、多くは焼成煉瓦である。

電鋳煉瓦は、目標の組成に配合した原料を電気熔融して所定の型に鋳込んでつくる。この方法で、天然には産出しない結晶や、焼成では到達できない組織を合成することができる。たとえば、高ジルコニア質電鋳煉瓦や、AZS (Al_2O_3-ZrO_2-SiO_2) 系電鋳煉瓦はガラス熔融炉材として重要である。

耐火物はそれぞれの用途に最適な材質が選択される。たとえば、高炉とコークス炉の各部分に使用されている煉瓦の種類を図5.1.10に示す。

耐火煉瓦は数種類の違う原料を調合して用いる場合が多い。これによって単一原料では得がたい特性を付与することができる。

粒度がちがう原料を配合して用いることは素地の密充填にとって重要である。粗粒の空隙を中粒や細粒で上手に充填できれば、成形体の気孔率を最低にすることが可能である。粗粒、中粒、細粒の配合比率と気孔率との関係を図

5.1 耐 火 物

5.1.11 左に示す。耐火煉瓦の粗粒は 3–5 mm が多いので、細粒は 0.5 mm 以下にする必要がある。

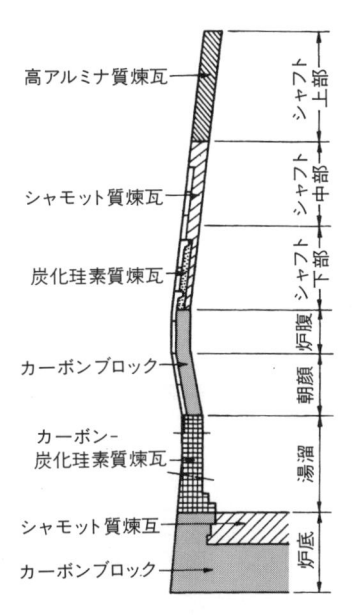

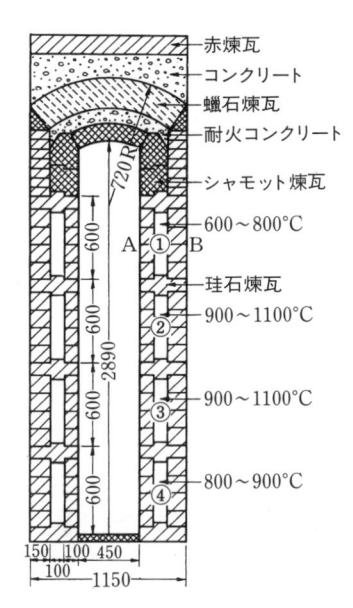

図 5.1.10 左) 高炉用耐火煉瓦の使用例　　右) コークス炉炭化燃焼室の煉瓦使用例

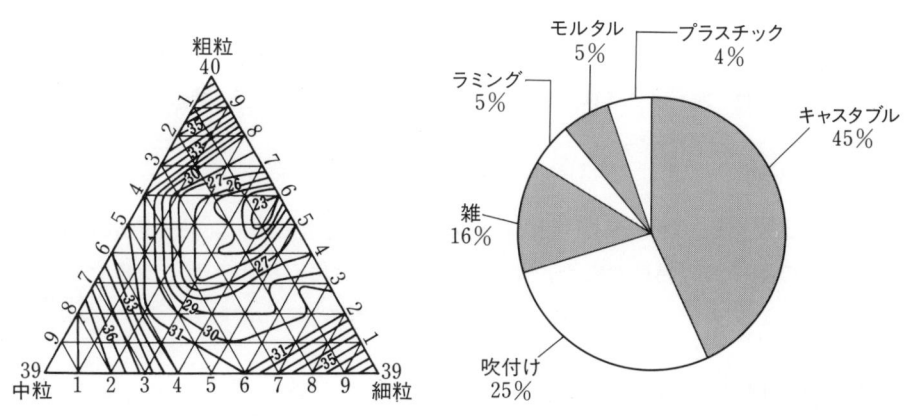

図 5.1.11 左) 粒度配合比の等気孔率曲線　　右) 各種不定形耐火物の比率 (1999 年)

不定形耐火物

不定形耐火物の作業方法は、流し込み（キャスタブル）、吹き付け、ラミング（ramming）、プラスティック、圧入などに分類される。

キャスタブル耐火物は水を混ぜて流し込み成形する。吹き付け耐火物は練土を吹き付け作業する。キャスタブル耐火物と吹き付け耐火物で不定形耐火物の3/4近くを占める（図5.1.11 右）。

ラミング耐火物は突き固め作業する耐火物である。モルタル耐火物は耐火煉瓦を積むときの目地材料である。プラスティック耐火物は耐火性骨材に可塑性材料を混ぜて湿潤な練土状にした耐火物である。圧入材は高炉や熱風炉の炉壁の亀裂や損傷部を補修するのに使われる。コンクリートポンプと同じ構造をもつスクイズ（squeeze）ポンプの構造と、高炉壁の圧入・補修の模式図を図5.1.12に示す。

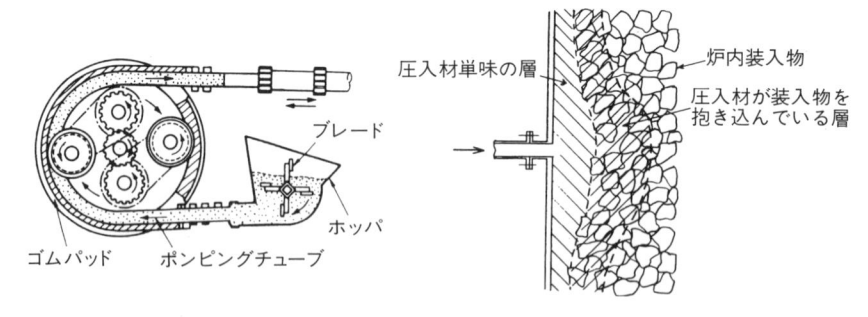

図5.1.12 左）スクイズポンプの構造　　右）高炉壁の圧入・補修の模式図

軽量耐火物

近年はセラミックファイバ耐火物が安価に入手できるので、熱容量が小さい小型炉の制作が容易になった。また工業用大型炉にも採用されるようになった。セラミックファイバについては166頁で述べる。

窯 道 具

窯道具（焼成部材）は、焼成するときに火焔や煙が器物に直接当たらないように保護するため、また効率よく窯詰めするための、耐火材料でつくった道具

のことである。

棚板や支柱にはアルミナや炭化珪素製品がよく使われる。被焼成物を納める容器（匣鉢（こうばちさや））、焼成部品を載せる台板、細かい部品を整理して収容するセッター（setter）には、アルミナ、ジルコニア、ムライト、コーディエライト、炭化珪素などが使われる。ファイバ質や多孔質焼結体のセッターも採用されている。

5.1.4 低熱膨張材料

熱衝撃に弱いことはセラミックスの大きな欠点であるから、熱膨張率が小さい材料には立派な存在意義がある。それらには、コーディエライト系材料、リシア系材料、キータイト系材料、チタン酸アルミニウム系材料、シリカ系材料（水晶、シリカガラスなど）などがある。

コーディエライト系（MAS系）材料

コーディエライト（菫青石（きん）、cordierite, MAS, $2MgO \cdot 2Al_2O_3 \cdot 5SiO_2$）セラミックスは、線膨張率 α が $1-2 \times 10^{-6} \cdot °C^{-1}$ と非常に小さく、耐熱衝撃性に優れている。

自動車用排ガス浄化装置に用いる蜂の巣状のハニカム（honeycomb）セラミックスがつくられている。無数の貫通孔を有するコーディエライトセラミック

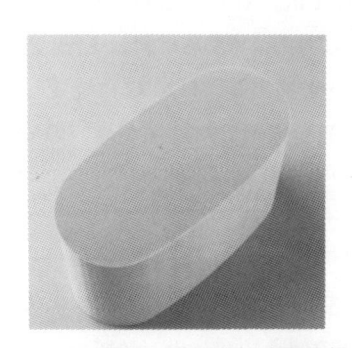

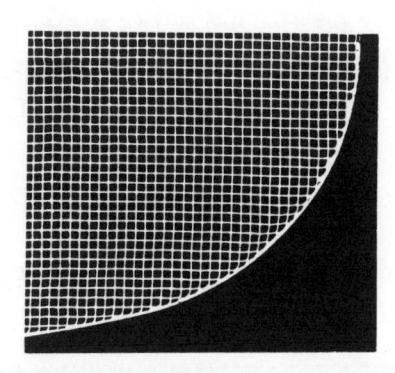

図5.1.13　左）自動車排ガス浄化用ハニカムセラミックス
　　　　　右）ハニカムセラミックスの断面（原寸）

スの多孔質壁は肉厚がわずか 0.5 mm である。多孔質壁の細孔に排ガス浄化触媒（しょくばい）を担持（たんじ）させて使用する。

原料はジョージアカオリンとタルク（滑石、Talc、$3MgO \cdot 4SiO_2 \cdot H_2O$）の混合物（混合比：2：1）で、原料混合物の練土をハニカム形状に押出し成形する。それを誘電加熱装置で乾燥したのち 1300°C に加熱するとコーディエライト組成に近いセラミックスが得られる。

日本ガイシ株式会社が開発したこのハニカムセラミックスは毎年世界中で生産されている自動車の約半数に採用されている。

リシア系（LAS系）材料

リシア系（LAS系、Li_2O-Al_2O_3-SiO_2系）の低膨張化合物としては、β-ユークリプタイト（β-eucryptite, $Li_2O \cdot Al_2O_3 \cdot 2SiO_2$）、$\beta$-スポジューメン（リシア輝石、$\beta$-spodumene, $Li_2O \cdot Al_2O_3 \cdot 4SiO_2$）、ペタライト（葉長石、petalite, $Li_2O \cdot Al_2O_3 \cdot 8SiO_2$）などがある。それぞれの線膨張率は、$\alpha=-2\times 10^{-6} \cdot °C^{-1}$、$\alpha=-2\times 10^{-6} \cdot °C^{-1}$、$\alpha=2\times 10^{-6} \cdot °C^{-1}$ である。

LAS系のガラスを結晶化させると、β-ユークリプタイト、β-スポジューメン、ペタライト、β-石英、そしてそれらの固溶体が析出する。ガラスの組成と熱処理条件を調整すると、常温付近で熱膨張がほとんどない材料が得られる。

キータイト系（AS系）材料

アルミナ-シリカ系（AS系、aluminum silicate, $Al_2O_3 \cdot nSiO_2$, $n=3.5$-10）材料はキータイト（keatite）系材料とも呼ばれる。AS系材料は LAS系ガラスセラミックスの成形体を酸処理して Li_2O を抽出し、1120°C に焼成して得られる。AS系材料は LAS系材料よりも低熱膨張率で耐熱性が高いので、ガスタービン用の回転蓄熱式熱交換体などがつくられている。

チタン酸アルミニウム系（AT系）材料

チタン酸アルミニウム（$Al_2O_3 \cdot TiO_2$）は高融点（1860°C）で低熱膨張化合物である。AT系材料は 1500°C 以上の温度で使う、バーナ、ノズル、坩堝、熱電対保護管、ヒータエレメントなどに採用されている。この材料は熱膨張の

シリカ系（SiO_2系）材料

　シリカガラスは熱膨張率が非常に小さいので、赤熱状態から水中に投入しても破損することはない。石英やクリストバライトの熱膨張率も小さい。

　珪酸塩ガラスの極低温における熱膨張率はマイナスで、温度が上昇するにつれてプラスになる。

　ハワイに設置された地上最大の光学望遠鏡「すばる」の反射鏡に採用されたガラスはコーニング社が開発した5％の酸化チタンを含むシリカガラス（SiO_2-TiO_2系ガラス）である（231頁参照）。

土　鍋

　普通の「やきもの」は250℃から急冷すると割れてしまうが、寄せ鍋などに使われる土鍋（どなべ）は直火（じかび）にかけても割れにくい。

　土鍋の9割、年間約400万個が三重県四日市の万古焼の里でつくられている。土鍋の素地土は、蛙目（がいろめ）粘土40％、蠟石（ろうせき）20％、アフリカ産のペタライト40％である。成形した素地を1170℃で焼成すると、ムライトと$β$-スポジューメンが生成する。焼成した素地には気孔が20-30％残っていて熱衝撃抵抗も大きい。

5.2 断熱材料

断熱材料（heat insulating material）は 500-1000°C で使う伝熱性が小さい材料をいう。保温材料（lagging material）は 500°C 以下で使う伝熱性が小さい材料の呼称であるが、両者の境界は判然としない。

断熱・保温性能を向上するには、伝導と対流と放射を少なくする必要がある。無機繊維やセラミック多孔体は断熱性や熱衝撃性が優れた不燃材料である。

5.2.1 繊維材料

石　綿

天然に産出する石綿（アスベスト、asbestos）は可撓性に優れた無機繊維で、古くから断熱・保温や摺動などの用途に広く利用されてきた。平賀源内（1729?-79年）が研究した「火浣布」も石綿製品である。

しかし近年の研究で石綿粉末を吸引すると肺癌になる可能性が大きいことが判明して、現在は使用禁止になっている。性能と価格の両面で石綿を代替できる無機繊維はまだ開発されていない。

ガラス長繊維

ガラス繊維（glass fiber）は長繊維と短繊維に区別できる。

ガラス長繊維は、織物に加工したり、繊維強化プラスチック（FRP）として回路基板やスポーツ用品をつくる場合が多い。

長繊維用ガラスの代表が E ガラスである。E ガラスの組成は、SiO_2:73.0, Al_2O_3:2.0, CaO:5.5, MgO:3.5, Na_2O:16.0 wt% である。

ガラス長繊維の製造には、多数の小孔を穿った白金ノズル（nozzle）を備えたガラス熔融炉が使われる。原料は前もって均一に熔解してつくったガラス玉（ビー玉、marble）を用い 1600°C に加熱する。白金ノズルから流れ出る高温

5.2 断熱材料

のガラス糸を引き伸ばして直径が 3-10 μm の繊維とする。それらの繊維に表面処理を施して、数十本-数百本を束にして巻き取る。

ガラス短繊維

ガラス短繊維は熔融したソーダ石灰ガラスを高圧の空気や水蒸気で吹き飛ばしてつくる。線径は 3-20 μm、長さは 10-100 mm 程度で、小さなガラス粒などが混入していることが多い。

ガラス短繊維は廉価であるから、断熱材、フィルタ、石膏ボード、FRP などに大量に使われている。

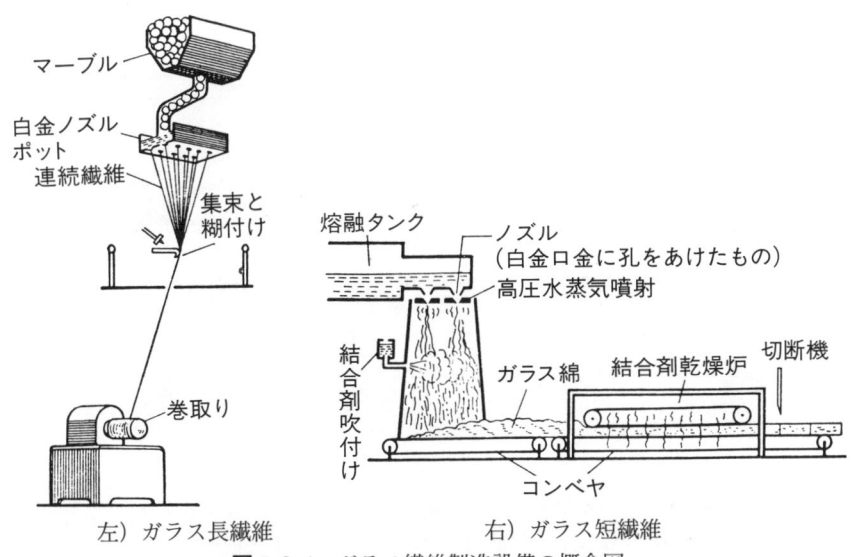

図 5.2.1 ガラス繊維製造設備の概念図

岩　綿

ロックウール（岩綿、rock wool）は、安山岩や玄武岩に石灰を加えて熔融した原料を、ガラス短繊維と同じような設備で圧縮空気や水蒸気で吹き飛ばしてつくる、線径 3-20 μm、長さ 10-100 mm 程度の非晶性繊維である。組成は、SiO_2:40-50、Al_2O_3:10-20、CaO:20-30、MgO:3-7、MnO:1-6、Fe_2O_3:2-5 wt % のものが多い。最高使用温度は 600°C である。

スラグウール（鉱滓綿、slag wool）は、高炉スラグを熔融してロックウールと同じ方法で繊維化する。組成は石灰が若干多いが、最高使用温度は同程度である。ロックウールもスラグウールも断熱・保温材として量産されている。

セラミックファイバ

アルカリや石灰を含まない Al_2O_3-SiO_2 系耐熱性短繊維をセラミックファイバ（ceramic fiber）と呼んでいる。平均線径が 2.8 μm で、長さが 30-250 mm 程度の非晶性物質である。Al_2O_3 と同量程度の SiO_2 を含む原料を電気熔融して、高速空気流で吹き飛ばしてつくる。

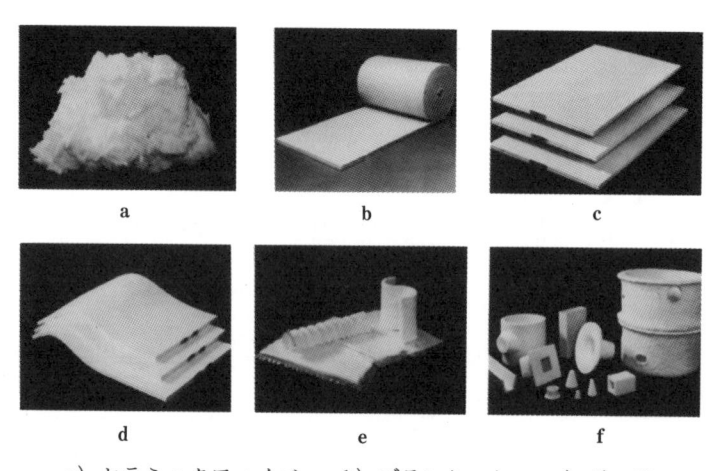

a) セラミックファイバ　b) ブランケット　c) ボード
d) フェルト　e), f) ウエットフェルトと成形品

図 5.2.2　セラミックファイバの二次製品

セラミックファイバは、1260°C 以上の温度では結晶化が進行してムライト（$3Al_2O_3\cdot 2SiO_2$）とクリストバライト（SiO_2）ができて脆くなるが、1600°C までの温度で使用に耐える。

セラミックファイバは 1600°C 以下の温度で使用する耐火物としての用途が多い。ブランケット（毛布、blanket）、フェルト（felt）、紙、ロープ、ボード（板）など、多様なファイバ二次製品が開発されている（図 5.2.2）。セラミッ

クファイバは、濾過材、触媒坦体、吸音材などにも広い用途がある。

アルミナファイバ

　高アルミナ質繊維は耐熱性と耐熱酸化性に優れているから、耐火物としても金属をマトリックスとする複合材料にも適している。この繊維はセラミックファイバに比べるとかなり高価なのが欠点である。

　プリカーサ（前駆体、precursor）ポリマー法繊維は、ポリアルミノキサンのような無機ポリマーを有機溶媒に溶かした粘稠な溶液を紡糸して、それを1000℃位に加熱してつくる。この繊維は純度 85％ の $\gamma\text{-}Al_2O_3$ の多結晶で、α 型への転移を抑制するため SiO_2 を 15％ 程度添加している。

　スラリー（泥漿、slurry）法繊維はアルミナゾルにシリカゾルやマグネシアを少量加えた粘稠な溶液を紡糸して、それを加熱してつくる。この繊維は純度 99.5％、直径 0.5 μm 程度の多結晶 $\alpha\text{-}Al_2O_3$ 繊維で、粒成長を抑制するため 0.5％ 程度の SiO_2 を添加してつくる。

　無機塩法繊維（商品名、Saffil®）は、$Al(OH)_x(CH_3COO)_y \cdot nH_2O$ などアルミニウム塩の水溶液に水溶性高分子と水溶性ポリシロキサンを加えて、ノズルから吹き出して短繊維とし、これを空気中で 1000℃ 以上に加熱してつくる。この $\alpha\text{-}Al_2O_3$ 短繊維は純度 95％ 以上で、超高温断熱材として開発された。

チタン酸カリウムファイバ

　一般式 $K_2O \cdot nTiO_2$ で示されるチタン酸カリウムはアスベストの代替繊維として期待されている。$n=2, 4, 6$ の短繊維が重要である。

　フラックス法で合成されるチタン酸カリウム繊維は、平均径が 1 μm、長さが 0.5-1 mm で、室温から 900℃ までの温度で使用できる。

シリカガラスファイバ

　シリカガラスは熔融状態でも粘性が非常に大きいから、それを引き伸ばして繊維をつくることができる。光ファイバについては 244 頁で説明する。

　スペースシャトルには直径 1-2 μm のシリカガラス繊維でつくった耐熱タイルが使われた。初期のタイルは 2 種類あって、高温用タイルは嵩比重が

0.35、低温用タイルでは0.14である。どちらのタイルも、短く切断したシリカガラス繊維を水に分散・放置して静かに沈降させる。つぎにシリカゲルの微粒子を水中に分散させる。これを軽く圧縮して乾燥して1320°Cに加熱すると、シリカ微粒子が繊維と繊維を焼結させて軽量断熱材ができる。

この材料をNC工作機械でシャトル表面の複雑な曲面に合わせて加工する。表面は、高温用タイルは黒色に、低温用タイルは白色に塗装される。このタイルを常温硬化型(RTV)シリコン樹脂を使って、ナイロンのフェルトを介してシャトルの機体に接着する。

5.2.2 多孔質材料

多孔体

単結晶やガラスには気孔(pore)がないが、多結晶体にはかなりの気孔があるのが普通で(図5.2.3 左)、磁器のように緻密な材料でも数%の気孔を含んでいる。気孔が多い材料を多孔体(porous material)、気孔の割合を気孔率という。

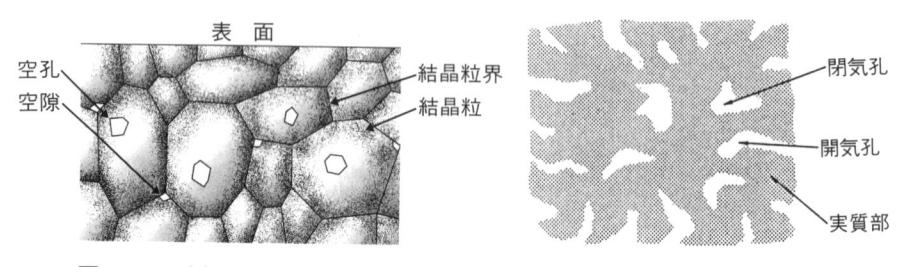

図5.2.3 左)セラミック焼結体の微構造の模式図　右)多孔体の模式図

気孔には開気孔(open pore)と閉気孔(closed pore)とがある(図5.2.3 右)。貫通している気孔を孔(pore)、底がある気孔を穴(hole)と呼ぶのだという。しかし現実には区別が難しいから日本語でも英語でも両者を混用している。多孔体の、細孔径、細孔径分布、比表面積を測定するには水銀圧入法やガス吸着法がある。

焼結セラミックスの諸性質は気孔率によって大きな影響を受ける。それらの

5.2 断熱材料

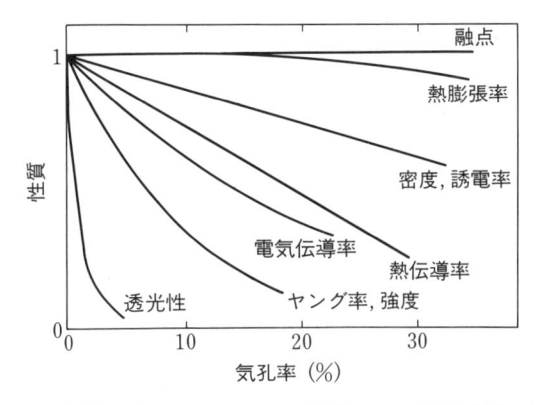

図5.2.4 気孔率がセラミックスの性質におよぼす影響の概念図

影響を図5.2.4で定性的に表示する。

多孔質セラミックス

　土器質のセラミックスはすべて多孔体である。たとえば、素焼の植木鉢は表面から水蒸気が蒸発するため、鉢の温度が上昇しないから根腐れが起きにくい。砂漠地域で冷水器として使われているアルカラザ（alcarraza）は、スペイン語で素焼きの壺を意味する土器質の瓶である。毛管現象で瓶の表面に滲みでる水が水蒸気として蒸発するので、蒸発熱によって気温よりも 7-8°C も冷たい水が飲めるという。

　多孔質のセラミックフィルタ（濾過器、filter）は、飲料水の浄水器、細菌用フィルタ、生ビールの酵母菌フィルタなどに広く採用されている。

　多孔質アルミナフィルタが回収したアルミニウム缶の再生に活躍している。この高温用フィルタは熔融アルミニウム（融点：660°C）中の3ミクロンの不純物も容易に除去できるので、アルミニウム製ビール缶の厚みを極限まで薄くすることができた。フィルタはアルミナ原料を粒度調整して、直径十数 cm の円筒状に成形（一端は封じる）し、焼成してつくる。

　透水性の多孔質煉瓦は雨水を透過するから歩道の舗装に適している。透水性アスファルト舗装は雨による車輪の滑りを起こしにくいから、高速道路に採用されている。

分相現象を利用してつくる多孔質シリカガラスについては124頁で説明した。

宇宙往還機用断熱材

セラミックスの気孔率を向上させるには、原料に大鋸屑(おがくず)や発泡プラスチックの粉末などを混合して成形したものを焼成するのが一般的である。

日本版無人スペースシャトル・ホープXの外壁には、鋳込み成形し焼成してつくる多孔質材料の採用が予定されている。比重：0.13以下、耐熱温度：1750°Cの軽量断熱材の開発を目標としている。

スペースシャトルのシリカガラス繊維断熱材は、シャトル表面の複雑な曲面に合わせて焼結体を一つ一つNC工作機で加工している。

鋳込み成形型はシャトル表面の曲面に合わせてキャド（CAD、コンピュータ支援設計）を使って設計する。この場合、プラスチック発泡体やバインダーを加えたセラミック粉末成形体の焼成収縮を見込んで設計するから、スペースシャトル断熱材のように後加工する必要がない。

珪酸カルシウム系保温材

石灰とシリカ質の原料を泥漿としてオートクレーブ処理してつくる珪酸カルシウム系材料は断熱性が優れている。これらは細かい繊維が絡み合った微構造をもっている。代表的な二つの材料について説明する。

トバモライト（tobamorite, $5CaO \cdot 6SiO_2 \cdot 5H_2O$）系材料は、$CaO/SiO_2$ mol比を0.8程度として170°C以上の飽和水蒸気圧下で数時間処理してつくる。トバモライト系材料の熱伝導率$\varkappa$が0.06（$W \cdot m^{-1} \cdot °C^{-1}$）以下、最高使用温度は650°Cである。トバモライトを加熱すると、200°Cで結晶水が離脱する。850°Cで分解して体積が急激に減少してβ-ウォラストナイト（wollastonite, $CaO \cdot SiO_2$）になる。

ゾノトライト（xonotorite, $6CaO \cdot 6SiO_2 \cdot H_2O$）系材料は$CaO/SiO_2$ mol比を1.0程度として190°C以上の飽和水蒸気圧下で数時間処理する。ゾノトライト系材料の熱伝導率$\varkappa$が0.06（$W \cdot m^{-1} \cdot °C^{-1}$）以下、最高使用温度は1000°Cである。ゾノトライトを加熱すると、徐々に脱水して800°C位でβ-ウォラスト

ナイトになる。

トバモライトやゾノトライト系材料をガラス繊維で補強した各種形状の珪酸カルシウム系多孔質製品が市販されている。

ALCについては92頁で説明した。

珪藻土

珪藻土（diatomite）は太古の時代に、植物プランクトン・珪藻の死骸が海中に堆積して生じた軽量・多孔質の材料である。主成分はシリカであるが、粘土や鉄分をかなり含んでいる。珪藻土の一大産地は能登半島先端の珠洲市で、1200万年前に堆積した地層を採掘している。珪藻土製品は数種類ある。切り出し焜炉は、坑道で珪藻土の塊を切り出した素材を刃物で削って成形し、720℃で焼成してつくる。練り物の焜炉は、珪藻土の粉末を練土にしてプレス成形し、800℃で2日間焼成してつくる。この方法でつくる七輪は切り出し七輪の半額以下である。珪藻土を1000℃に加熱してつくる「ポーラスセラミックス」は耐火断熱煉瓦として、また内装用ボードとして石膏ボードと同様に利用されている。珪藻土を粒状に成形して1000℃に加熱してつくる多孔質セラミックスは園芸土として評判がよい。

5.2.3 粉　　体

粉体の概念と用語

粉体は比表面積が大きいという点では繊維や多孔体と関連がある。

粉体はセラミックスの原料として使われる場合と、粉体それ自身の性質を利用して使われる場合とがある。

セラミックスは原料粉末を適当な方法で成形して乾燥し、焼成して製品とする場合が多い。セラミックスの製造は、粒子（particle）と顆粒（団粒、granule）と粉体（粉末、powder）を区別するところからはじまる。粒子は粒の一つ一つをいう。顆粒は粒子が凝集している小さな塊をいう。粉体は粒子や顆粒の集合体を指している。granuleに近い言葉にgrainがある。grainの本来の意味は穀物の粒である。火縄銃や猟銃の発射薬として使う粒状火薬もgrainであ

る。セラミックスの分野では grain は焼結体の crystal grain を指す場合が多く、結晶粒とか粒状物と訳している。

　粉体は粉末と同義語で、粉末の工学を粉末工学でなくて「粉体工学」という。粉体という術語は比較的新しい言葉で、「粉末冶金(やきん)」という術語ができたころには存在しなかった。

　「粉体」という概念は、粉末が条件によって固体のようにも液体のようにも振る舞うことから生まれた。たとえば、甕(かめ)に入れた粉末の上に重い石を置いても石は沈まないし、木片を粉末の中に埋め込んで激しく攪拌すると木片が浮き上がる。

　粉体では粒径のほか粒子の形状や粒径分布についての情報が重要である。

表 5.2.1 粉体の用語

用語	英語	意味
粒子	particle	固体が砕けてできた小さな一個の粒をいう
顆粒	granule	粒子が凝集してできた小さな塊をいう。団粒と同義である
粉体	powder	固体が砕けてできた粉末で、顆粒と粒子を含めていう

超微粒子

　ナノメータは 10^{-9} m で、原子の直径の 5-10 倍程度である。粒径が小さい粉体ほど表面活性が大きいという理由から、ナノカーボン、ナノサイズセラミックス、ナノサイズ金属、ナノサイズポリマーなど、ナノサイズ粒子についての研究が進んでいる。

　ナノサイズ微粒子は気相や液相から製造する場合が多い。固体をナノサイズまで粉砕することは、ボールミルなどでは難しいので、ジェット・ミルやアトリッション・ミルなどが使われている。

5.3 炭素材料

5.3.1 多様な炭素材料

炭素の同素体

　炭素原子だけで構成されている材料には、ダイヤモンド、黒鉛、無定形炭素、カーボンブラック、フラーレン、カーボンナノチューブなど、原子の並び方が異なる多種類の同素体（allotrope）がある。これらの炭素は化学的に安定で抜群の耐久性がある。

　炭素繊維は天然には存在しない材料である。炭素繊維や炭素繊維複合材料については207頁で説明する。

ダイヤモンド

　単結晶ダイヤモンドは、あらゆる物質の中で、①最も硬く、②屈折率が大で、③最大の熱伝導率をもっている。しかしダイヤモンドは常温常圧では不安定相で、空気中で高温に加熱すると燃えてしまう。

　大きくて美しいダイヤモンド単結晶は宝石の王者である。天然ダイヤモンドの産地は南アフリカやロシアのシベリアなどに限られている。これはダイヤモンドが、地下深く（200 km以上）にあったマグマが急激に地上に貫入してできたキンバレー岩の中に含まれているからである。天然ダイヤモンドは窒素など不純物の含有量によって4種類（Ⅰa、Ⅰb、Ⅱa、Ⅱb）に分類される。

　ダイヤモンドは超高圧装置を使って合成できる（253頁参照）。工業用ダイヤモンドの90％以上は合成品である。多結晶ダイヤモンド、焼結ダイヤモンド、薄膜ダイヤモンドもさかんに研究されている。

黒　　鉛

　黒鉛（石墨、graphite）は六方晶系に属する結晶で、層状構造で異方性が著しい。黒鉛は、①耐久性が抜群である、②耐熱性が優れているなど、普通のセラミックスと同様の性質をもっているが、③電気の良導体である、④アーク火

花を生じにくい、⑤機械加工が容易である、⑥軟らかい、⑦結晶層面に平行に滑りやすい、⑧黒いなど、セラミックスと非常に違う特性ももっている。

黒鉛の大きな単結晶の鉱床は掘り尽くしてしまったが、多結晶黒鉛の鉱床は各地に存在する。

無定形炭素を2500°C以上の高温で長時間熱処理すると黒鉛化する。

無定形炭素

無定形炭素は、煤のような粉末もあるし、木炭やコークス（骸炭）のような固体もある。

メタンやプロパンのような炭化水素ガス、砂糖や鑞のような低分子有機化合物、そして木炭や蛋白質のような有機高分子化合物を、数百ないし千数百°Cに加熱して不完全燃焼させると、多くの場合無定形炭素が得られる。

フラーレン

フラーレン（fullerene）は炭素だけでできている分子（C_n）の総称である。黒鉛は六員環だけで構成されているので平面状に無限に拡がっているが、フラーレンは六員環と五員環でできているので曲面構造の分子になる。

C_{60}は六員環が20個と五員環が12個からなる32面体でサッカーボールによく似ている。クロトー（H. W. Kroto）、キュール（R. F. Curl）、スモーリー（R. E. Smally）らは、黒鉛にレーザー光線を照射するとフラーレンが生成することを発見した（1985年）。フラーレンの名称はC_{60}分子の形状がモントリオール万博のドームに似ていたことから命名された。

C_{70}はラグビーボールに似た立体構造の分子である。それ以外にもC_{76}, C_{82}, C_{84}, C_{90}, C_{96}などが見つかっている。

フラーレンはサッカーボールの中に金属原子などを収蔵することが可能で、いろいろな応用研究が進んでいる。

フロンティアカーボン株式会社はベンゼンやトルエンを減圧容器の中で1000°C以上の温度に加熱することによってフラーレンを量産する技術を確立した。この方法で得られるフラーレンは、C_{60}が50％、C_{70}が25％、残りはその他フラーレンの混合物である。混合物は有機溶媒に溶かして再結晶する方法

でそれぞれの結晶が得られる。2003年には月産4トンの設備が稼働した。2007年には月産1500トンの設備を建設して、価格が1万円/tに低下する予定である。

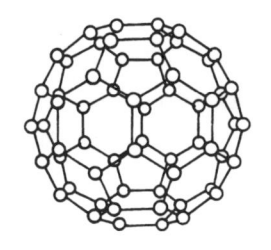

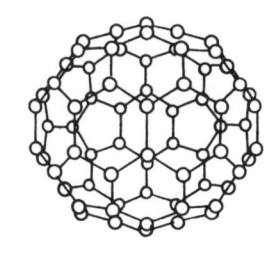

図5.3.1 左) C_{60} フラーレンの分子構造　右) C_{70} フラーレンの分子構造

カーボンナノチューブ

フラーレンの親戚にカーボンナノチューブ (carbon nanotube) がある。カーボンナノチューブは黒鉛の層を筒状に丸めたような構造をもっていて、炭素の六員環と五員環とでできている。チューブの最小径は7Åで、二重パイプや三重パイプ構造の分子も存在する。

カーボンナノチューブの応用も、水素貯蔵材料、電子放出材料など、活発に行われている。

カーボンナノチューブは日本電気株式会社の飯島澄男が1991年に発見した。

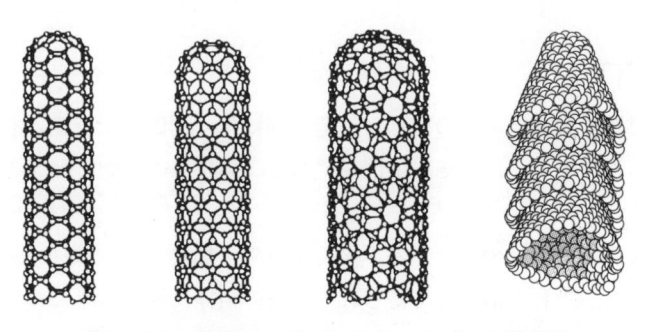

図5.3.2 各種カーボンナノチューブの立体構造

5.3.2 固形炭素材料

木材と木炭

　木材と木炭は人類が火を手にしたときから身近な燃料であった。木炭も竹炭も焼成前の微細組織を保存している多孔質無定形炭素材料である。

　古代文明は豊富な木材資源に依存していた。たとえば中国では、殷時代の黄河流域では広大な森林と草原が80％を占めて、野生のアジア象や鹿が遊ぶ緑の大地であった。それが大量の青銅器と鉄器そして「やきもの」を生産するため、多量の木材が燃料として伐採された。これが3000年も続いて大森林は消滅した。現在では黄河流域の緑地は僅かに5％で、黄土高原は中国で最も貧しい地域の一つである。砂漠化は北京郊外にも迫っている。

　世界各地の初期製鉄では燃料として木炭を使っていたが、産業革命に伴う資源の枯渇は激しかった。たとえば英国では高炉（熔鉱炉）製鉄や蒸気機関の燃料として大量の木炭を消費したため、森林に覆われていた国土は草原に変ってしまった。

　木炭は古くから、保存、脱色、脱臭、水の浄化などの用途にも広く使われてきた。奈良市の郊外で発掘された太安万侶(おおのやすまろ)（古事記の編纂(へんさん)者）の墓から、銅板の墓誌とともに多量の木炭が出土して世人を驚かせた。

　木炭はかなりの量の灰分（カリウムなど）を含んでいるので、その触媒作用で火付きや火持ちがよい。木炭を水洗するとそれらが悪くなる。

木炭の製造工程

　木炭の材質や組織は木材の種類と製造工程に深く関係している。木炭を材質で分類すると、黒炭と白炭そして消炭(けしずみ)になる。製炭法の特徴を図5.3.3について説明する。

　消炭は火事場の焼け棒杭(ぼっくい)である。火災で急激に加熱された木材は細胞膜が破裂してしまう。これを消火して得られる材料の組織は軟らかで、火付きはよいが火持ちが悪い。木炭としては低級である。

　黒炭は一般に使われている木炭である。白炭に比べて、①やや早く昇温させ

る、②最高温度が低い、③炭化した後は焚き口を塞いで空気の供給を止めて放冷するなどの点が違っている。

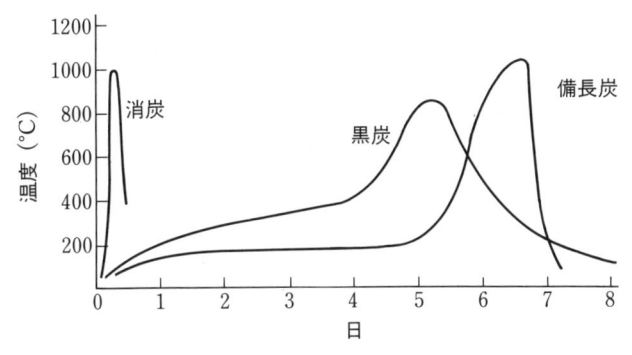

図 5.3.3 木炭の製造工程の特徴

消炭の対極にあるのが白炭で、その傑作が備長炭(びんちょうたん)である。備長炭は表面が白銀色で火持ちがよく、組織が緻密で硬く、叩くと金属音がする。備長炭は高価であるが、火力が強くて「遠火の強火」を求める鰻屋や焼鳥屋に好評である。この名称は元禄時代の紀州藩で炭問屋を営んでいた備中屋長左衛門が発明したことによる。

備長炭の原料は組織が緻密な姥目樫(うばめがし)である。この木はまっすぐに育たないから他の用途はない。備長炭の製造工程の特徴は、①伐採した木材を詰めた炭化窯に点火して 200°C 程度の低い温度で長い時間をかけて水分を追い出す、②細胞組織を維持したまま炭化させる、③最後の工程で焚き口を開けて空気を入れて一気に 1050°C まで昇温させる、この工程を精煉という、④白熱状態の木炭を鉤付きの鉄棒で窯の外に引き出して、土と湿った灰を混ぜた素灰(すばい)(消粉)をかけて急冷することである。一回の操業に 7-10 日を必要とする。備長炭の体積は原木のわずか 1/8 である。

備長炭の技術は和歌山県の無形文化財に指定されている。田辺市の郊外に紀州備長炭記念公園（資料館と 5 基の炭窯がある）があって、日常的に炭焼きを実演している。備長炭の技術は江戸時代は門外不出であったが、明治以後は公開されて技術交流が行われた結果、高知県と宮崎県でも備長炭がつくられている。現在では中国大陸でも白炭がつくられて輸入されているが、2003 年から

は森林保護のため中国当局が輸出を禁止した。

備長炭の製造工程は先進セラミックス製造の参考になるはずである。

石炭とコークス

石炭は太古の植物が堆積して分解・炭化した化石燃料である。石炭が大規模に採掘されるようになったのは産業革命以後である。それ以来、液体燃料が普及するまでは、蒸気機関、SL、艦船の燃料はすべて石炭であった。

石炭の主成分は無定形炭素であるが、炭化の程度によって、草炭、泥炭、亜炭、褐炭(かったん)、瀝青炭(れきせい)、無煙炭などに分けられる。採掘した石炭の屑や粉は練炭や豆炭に加工して燃料になる。

わが国で、船舶や列車の燃料、製鉄、窯炉などに石炭を使うようになったのは明治初年からで、北九州や北海道で炭坑の開発が進んだ。第二次世界大戦後は原油が豊富に供給されるようになって国内の石炭産業は壊滅した。なお、練炭と珪藻土の七輪は海軍が艦船の中で炊事するのに便利であると研究したのが最初であるという。

高炉製鉄では機械的に強いコークス（骸炭(がいたん)、cokes）が不可欠で、高価な強粘結炭を乾留してつくっている。その際に副成する芳香族有機化合物からは各種の薬品が、ピッチからは炭素繊維がつくられている。

中国では乾燥地帯の黄河流域では木材資源が少ないので、古くから石炭が窯炉の燃料として使われた。これに対して、江南地方たとえば景徳鎮の窯炉では1950年代まで燃料の主流は木材であった。

西欧の磁器は焼成温度が高いので昔から石炭を燃料にしてつくられた。ドイツなど欧州各国では、現在でも相当数の炭鉱が稼働している。

石炭の埋蔵量は原油や天然ガスよりもずっと豊富であるが、液体燃料や気体燃料に比べて取扱いが難しい。新鋭の石炭火力発電所では、露天掘りした原料炭を輸入して微粉砕した粉炭をスラリー（泥漿、slurry）にして連続的に供給し、発生する水蒸気でタービンを回転させている。石炭に含まれている硫黄やバナジウムなどの有害物質は完全に回収して利用している。発生するフライアッシュ（細かい灰）も回収して完全利用している（86頁参照）。

活 性 炭

　活性炭（active carbon）は賦活(ふかつ)（活性化）処理することで吸着特性を著しく向上させた炭素材料で、食品工場、製糖工場、醸造工場、製薬工場などで、脱臭、脱色、水処理などに広く使われている。家庭でも浄水器や冷蔵庫の脱臭剤などに使われていておなじみである。

　原子力潜水艦や宇宙船のような狭い閉鎖空間では、ガス状の有機物やコロイド状の浮遊物を吸着・除去するのに活性炭が不可欠である。これによって隔離空間でも長期滞在が可能となった。

　活性炭の外形は、粒状、粉末、繊維状などがあるが、粒状活性炭の需要がもっとも多い。粒状活性炭の原料としては椰子殻(やしがら)や石炭などが、粉末活性炭の原料には鋸屑(のこくず)などが、繊維状活性炭の原料には有機繊維が利用される。それら原料を炭化処理したものを水蒸気中で 800-1000°C に加熱して賦活する。塩化亜鉛を使って 550-700°C で加熱処理して活性化する方法もある。

　活性炭の吸着力は物理吸着によるもので、比表面積が 500-1700 m^2/g にも達する。

懐　　炉

　明治時代に考案された携帯用暖房器具である懐炉(かいろ)は、桐炭の粉末を和紙で軽く包んだソーセージ状の燃料を使った。眼鏡ケースに似た容器に燃料棒を入れて点火すると一晩は暖かく過ごせた。

　大正時代に考案された印籠(いんろう)に似た外形をもつ「白金懐炉®」は現在でも健在である。白金懐炉の燃料は石油ベンジン（ベンゼンではない）で、石綿に塗布した白金触媒で燃料の蒸気をゆっくり燃焼させて暖をとる。

　使い切り懐炉（ケミカル懐炉）は戦後日本の庶民的大発明の一つである。鉄粉の酸化反応を利用する懐炉のアイデアは明治時代の特許にあるというが、実際に発売されたのは 1979 年であった。

　使い切り懐炉の部材は、①粉末冶金用のアトマイズ（噴霧、atomize）鉄粉、②粉末活性炭、③塩水、④鋸屑(のこくず)やバーミキュライト、⑤柔らかな内袋、⑥気密な外袋で、どれが欠けても製品にならない。

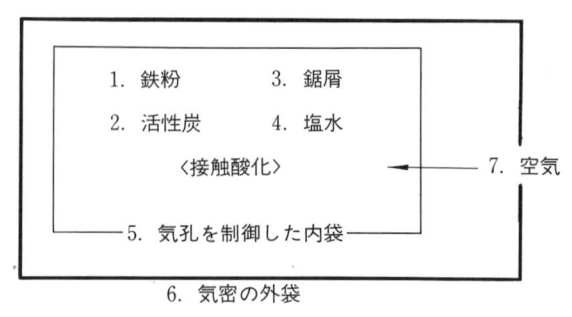

```
┌─────────────────────────────────────┐
│  1. 鉄粉      3. 鋸屑                │
│  2. 活性炭    4. 塩水                │
│      〈接触酸化〉        ←── 7. 空気 │
│  ── 5. 気孔を制御した内袋 ──         │
└─────────────────────────────────────┘
        6. 気密の外袋
```

図5.3.4 使い切り懐炉の構成

活性炭は触媒で、塩水は電解質、鋸屑は活性炭を保持して湿気を保ち固化を防止する。内袋には多数の小孔が穿けてあって（孔の数で反応速度を制御する）、外袋を開封して内袋を揉むと孔から酸素が侵入して反応が開始する。使い切り懐炉には、40°Cくらいの温度（熱すぎると火傷になる）が20時間程度持続することと、開封しなければ2年間は劣化しないことが要求される。

焼結黒鉛材料

焼結黒鉛材料は、金属精錬用電極、抵抗加熱用電極、アーク放電用電極、電気接点、直流モータ用刷子、坩堝、炉壁材などに大量に使われている。それらは小型モータ用刷子から大木のような精錬用電極まで種類が多い。

焼結黒鉛材料の原料は豊富で、油田や炭坑から均質な原料を大量に入手できる。それらを900°C以上の温度で加熱処理すると無定型炭素になる。これらの原料粉末を粘結剤のピッチと加温・混練して、必要な形状に成形し、900-1000°Cに加熱すると炭素焼結体が得られる。この材料は電気伝導性が悪くて、機械加工性もよくない。

そこで黒鉛化処理を行う。黒鉛化処理は高温（2500°C以上）で長時間加熱する必要がある。それには直接通電が用いられる。

等方性高純度黒鉛材料

等方性高純度黒鉛材料の製造技術は、本来は異方性の原料から等方的な材料を製造するという点で画期的である。製法の要点を説明する。

5.3 炭素材料

①原料コークスの微粉末と粘結剤のピッチを加温して徹底的に混練する。②静水圧プレスで必要な大きさの塊に成形する。③数週間をかけてゆっくり900°Cまで昇温して素材を炭素化する。④焼結体を真空容器中で加温してピッチやオイルを細孔に含浸させる。③と④の作業を数回繰り返す、⑤成形品を黒鉛粒子の中に埋めて、大電流を直接通電して2500–3000°Cの温度で数箇月間加熱する、⑥その間は少量の塩素ガスやフレオンガスを炉に送って不純物元素を気散（ハロゲン化合物は蒸気圧が大きい）させて、黒鉛化と超高純度を実現する。

この技術によって異方性を2％以下に抑えた1m角もある大型の超高純度黒鉛材料を製造できる。この材料は金属と同じように機械加工ができるという点でも画期的である。

図 5.3.5 　上左）単結晶シリコン引上げ炉のヒータ　　上右）同じ炉の坩堝
　　　　　　下左）原子炉用黒鉛　　下右）固体燃料ロケットのノズルスロート

等方性高純度黒鉛材料は半導体産業にとって不可欠の素材である。たとえば、高純度シリコン単結晶製造装置のヒータや坩堝（249頁参照）、半導体加工装置の治具、放電加工機の電極、連続鋳造用ダイス、固体燃料ロケットやミサイルのガス噴出口、摺動材料、原子炉用中性子減速材料などに採用されている。この技術は東洋炭素株式会社が1970年に開発した。

鉛　　筆

　木炭で絵を描くことは昔から行われていたが、書き味が滑らかとはいえない。黒鉛は結晶構造から推測されるように書き心地が滑らかである。

　エリザベス王朝時代、カンバーランドのボローデル鉱山で単結晶黒鉛の鉱床が発見され、それを棒状に加工すると素晴らしい書き味を示すことが分かった（1564 年）。英国政府は黒鉛の採掘と販売を厳しく統制したが 18 世紀末には原料が枯渇してしまった。

　日本で最初に鉛筆を使ったのは徳川家康であるという。静岡県久能山の東照宮博物館には天然の単結晶黒鉛を木の軸で包んだ鉛筆が展示されている。これはオランダからの献上品ではないかと推定されている。

　フランスはイギリスと戦争を繰り返して鉛筆の輸入がままならなかった。コンテは黒鉛粉末と粘土を混合して焼き固める方法を発明した（1795 年）。帝位についたナポレオン一世はコンテを召し抱えて鉛筆製造事業にあたらせた。彼は黒鉛と粘土の混合比を変えて、3H, HB, 2B という具合に黒さを調節する方法を考案して現在の鉛筆の基礎が確立した（1805 年）。

　伊達政宗の墓所・瑞鳳殿（ずいほう）で 1974 年発掘された鉛筆は、黒鉛粉末を粘着剤で練り合わせて成形した芯を、笹の軸に澱粉糊で接着してあった。これは国産である可能性が高いという。

　鉛筆という言葉は pencil の訳語として明治時代に定着した。

　繰り出し式鉛筆はキーランが米国で製造販売したのが最初である（1838 年）。日本では早川徳次がシャープペンシルの商品名で最初に製造販売した（1915 年）。

　鉛筆に比べて細くて強度が要求されるシャープペンシルの芯は日本企業が開発した（1962 年）。黒鉛微粉末と可塑性合成樹脂からなる原料をミキサーで配合して、加温した三本ロールを何回も通して練り合わせる。これによって黒鉛粒子が細かく磨り潰されて圧延方向に配向する。これを押出し成形した芯を、不活性ガスを充填した電気炉で最高 1000°C に 2 日保持し、毎回の操業 1 週間をかけて焼成する。取り出した芯は 100°C でオイルを含浸させて製品とする。芯の硬さは黒鉛と合成樹脂との配合比で決まる。

5.3.3 粉末炭素材料

カーボンブラック

　カーボンブラック（carbon black）は炭化水素や炭素を含む化合物を熱分解や不完全燃焼させて得られる微細（粒径が数十ないし数百 nm）な粒子状（無定形ないし低結晶質）炭素の集合体である。原料には天然ガスなどの気体や、各種オイルなど液体燃料が使われる。得られるカーボンブラックの性質は原料の種類と製造装置そして操業条件によってさまざまに変化する。

　カーボンブラックはつくりかたで粉末の形や大きさそして物性が大きく変化する。煙突や鍋底についた煤はカーボンブラックの他に多量の灰分やタール分を含んでいる。

　カーボンブラックの製造設備はコンタクト（接触、contact）法とファーネス（炉、furnace）法に大別される。前者の代表はチャンネルブラックで、チャンネルと呼ばれる鋼材に炎を接触させて生じる微粉末を採取する方法であるが現在は衰退した。後者の代表がオイルファーネス法で、大部分のカーボンブラックがこの方法で製造されている。この方法は、炉に燃料と空気を吹き込んで完全燃焼させて 1400°C 以上の高温雰囲気としたところに、原料油を連続的に噴霧して熱分解させる。炉の後段で水を噴霧して反応を停止させて、バグフィルタ（bag filter）でカーボンブラックを回収する。

　導電性がない黒色顔料が注目されている。普通のカーボンブラックは導電性があるので電子関係の印刷に使えないことが多い。粒径が 10 nm 以下の非常に細かいカーボンブラックは導電性がないので、半導体封止材の着色に使っても線幅が狭い半導体チップの回路をショートさせることがない。

　カーボンブラックの需要は年間 240 万トン程度で用途の 95％ は自動車タイヤの補強用である。カーボンブラックは印刷インクや塗料などの顔料としても広く使われている。

　グッドイヤーは生ゴムに 5-8％ の硫黄粉末を混練して 80-120°C に加熱すると弾性ゴムになることを発明した。硫黄でゴム分子の二重結合を架橋する操作を加硫と呼ぶ。それに加えてカーボンブラックを 25-30％ 添加すると、タイヤ

の走行可能距離が 3-10 倍にも増加する。

アセチレン（C_2H_2）ガスを燃焼させてつくるアセチレンブラックは導電性や吸液性が優れているので、現在でも一次乾電池に不可欠な原料である。

墨

紙、筆、墨、硯は古代中国の偉大な発明品で文房四宝と呼ばれている。二千年も昔の石碑や出土した木簡や書簡の文字や文章を現代人が読めるのは素晴らしいことである。

墨の原料に用いる煤は松煙墨（しょうえんぼく）と油煙墨（ゆえん）とに分かれる。

中国では昔の墨は松煙墨であった。松煙は山中に小屋掛けして松材を少しずつ燃やしてつくる。図 5.3.6 に示した煙道の末端付近で採取した松煙が墨の原料になる。400 kg の原木を燃やして 10 kg の煤が得られるという。

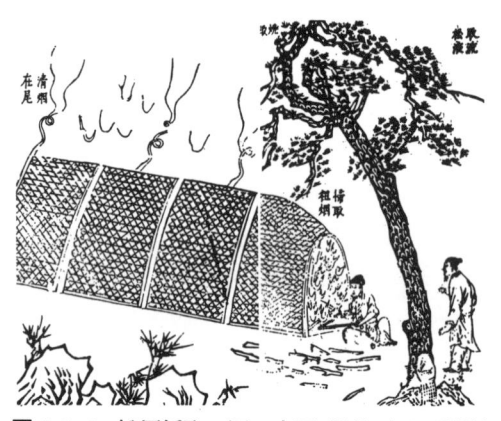

図 5.3.6 松煙採取の図、中国・明代（天工開物）

わが国では昭和 30 年代まで松煙をつくっていたが、現在では生産されていない。唐代の詩人蘇東坡が熱愛した松煙墨は現代日本の書家や水墨画家にとっては幻の墨である。

中国では南宋時代から油煙墨が流行した。油煙は菜種油などを小皿に入れて、灯芯に火をともして不完全燃焼させ、小皿の上に置いた皿で煤を回収してつくる。現在の日本でつくられている墨用の煤はすべて油煙墨である。奈良の古梅園では今でもこの古来の方法で油煙を採っている。

墨を製造するのは冬期だけである。煤を膠と香料などを溶解した温水でよく練り上げて、木型で適当な形に成形する。成形品を空気中で乾燥すると、供餅と同じようにひび割れが生じる。そこで湿った灰を満たした盆を用意して成形品を灰の中でゆっくり乾燥する。数日後、成形品を前回よりもやや乾いた灰を満たした盆に移す。この作業を何回か繰り返してかなり乾燥した墨を、数珠つなぎにして天井から吊して数箇月かけて完全に乾燥する。この乾燥法を灰替法という。乾燥した墨は仕上げ加工して製品となる。

なお、矢立は江戸時代の日本で考案された。墨汁は明治時代の日本人の発明品である。

黒色火薬

黒色火薬（black powder）は千年に一度の大発明で、宋時代の中国で発明された。文永の役では元軍が火箭を使って鎌倉武士を驚かせた（1274年）。西欧に輸入された火薬は急速に発達して鉄砲や大砲が発明された。鉄砲が種子島に伝来したのは1543年のことである。当時の日本は戦国時代で、ただちに国産化がはじまってまもなく世界一の鉄砲大国になった。

黒色火薬は平凡な物質である硝石と硫黄と木炭の粉末混合物である。黒色火薬は原料の混合比を大きく変えても使用できる大変便利な万能型火薬である。黒色火薬の燃焼速度は火薬の形態によって大きく変化する。火縄銃の発射薬としては粒状に成形した黒色火薬を用いた。なおこの反応には適度の湿気（1-10%）が関係するとされている。

$$原料：KNO_3 + S + C + H_2O \quad (4.4.1)$$
標準配合比：　75%　　10%　　15%　　数%

黒色火薬は石臼で別々に粉砕した原料を慎重に混合してつくる。原料の硫黄と木炭は容易に入手できるが、硝石の調達には苦労したらしい。富山県の山奥・平村の五箇山では塩硝（硝石、煙硝、炎硝）が加賀藩の年貢として明治初年まで製造されていた。その製法は、家の床下に1-2 mの深さに穴を掘って、山野草と土を交互に積み重ねて培養土とする。年に3回、蚕糞や人尿を加えて土を切り返すと5年目から塩硝が採れる。塩硝土を運び出して水を加えて撹拌・放置し、上澄液を煮詰めて灰汁塩硝とする。これを水に溶解して煮詰め

ることを数回繰り返して上塩硝ができる。培養土は繰り返し使用する。灰汁塩硝5貫425匁が米1石（重さで40貫）と同じ値段であった。

　鎖国時代には飛び道具はお蔵入りになったが、江戸時代も末期になると黒船が来航して物情騒然となって国防力の増強が急務となった。江戸幕府は榎本武揚ら15名の若者をオランダに派遣して軍事学を学ばせ、最新の軍艦開陽丸を建造させて日本に回航した（1867年）。同行した澤太郎左衛門は火薬の研究を担当して、ベルギーから黒色火薬製造設備の購入を契約した。輸入されたこの設備は明治維新後の板橋火薬製造所で活躍した。巨大な石の動輪を備えた当時の原料磨砕機が東京都板橋区の加賀西公園に展示されている（図5.3.7）。

図5.3.7　左）初期のエッジランナー
　　　　　右）澤太郎左衛門が輸入契約した硝石圧磨機（東京板橋区加賀西公園）

　明治期は新しい火薬がつぎつぎに開発された技術革新の時代であった。日露戦争では東郷艦隊は敵に優る強力な砲火を浴びせてバルチック艦隊を撃滅した。日本海軍は爆薬には下瀬火薬（ピクリン酸）を、発射薬には英国から輸入した無煙綿火薬を採用していたが、ロシア海軍は伝統の黒色火薬だけで黒煙をあげて戦った（黒色火薬は爆薬にも発射薬にも使える）。

先進構造材料

6.1 先進材料概説
6.2 高強度材料
6.3 高硬度材料

6.1 先進材料概説

先進セラミックスの歴史

　先進セラミックスは、百万年以上の歴史がある石器や、一万数千年の歴史をもつ「やきもの」と比べると非常に新しい産業で、数十年の歴史があるに過ぎない。それにもかかわらず重要なことは、先進セラミックス産業の生産額が伝統的な「やきもの」産業のそれをはるかに凌駕して発展していることである。そしてこの分野では日本企業が圧倒的な力をもっている。

　先進セラミックスの用途別売上高を図6.1.1に示す[*1]。1998年のファインセラミック部材の生産規模はおよそ1.9兆円で10年前の約2倍である。これは伝統的な「やきもの」産業と比べて一桁は大きい。

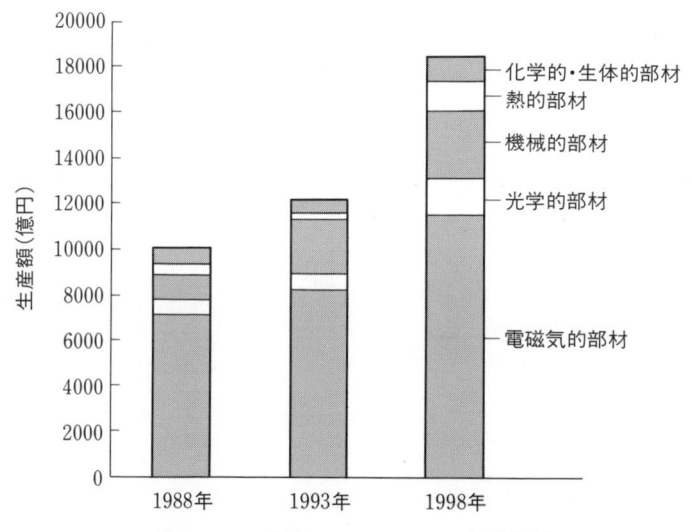

図6.1.1　先進セラミックスの生産統計

[*1]「ファインセラミックス産業動向調査」日本ファインセラミックス協会編から作成した。

新しいセラミックスの名称

1940年代を過ぎると伝統セラミックスとは非常に違うセラミックスが続々と出現して、それらを呼ぶ新しい名前がつぎつぎに現れた。

初期の段階では特殊陶磁器とか特殊窯業品という術語が使われた。つぎにニューセラミックスすなわちニューセラが現れた。そして、新々セラミックス、テクニカルセラミックス、ハイテクセラミックス、近代セラミックス、精製セラミックス、活性セラミックス、高性能セラミックス、高付加価値セラミックス、先進セラミックス、超セラミックス、ファインセラミックス、フロンティアセラミックスなど、つぎつぎに新語が現れた。しかしこれらの名称は広報活動や研究費獲得などの目的で考案された言葉で、内容に関係する術語ではない。

その他にも新しいセラミックスを表す名称がいくつもある。たとえば、酸化物セラミックス、非酸化物セラミックス、無粘土セラミックス、窒化物セラミックス、炭化物セラミックス、アルミナセラミックス、ジルコニアセラミックス、マグネシアセラミックス、炭素セラミックス、ステアタイトセラミックス、ウッドセラミックスなど、材質で呼ぶ場合もある。ニューガラスと呼ばれる先進ガラス製品もいろいろとある。

別の表現もある。機能性セラミックスと構造用セラミックスという分類がある。前者は電子セラミックスすなわちエレセラのことで、後者はエンジニアリングセラミックスすなわちエンセラを意味している。生体セラミックスすなわちバイオセラミックスとか、光学セラミックスすなわちオプトセラミックスという言葉もよく使われる。インテリジェントセラミックスは知能をもっているかのように挙動するセラミックスである。超伝導セラミックスの発見は世間の話題をさらった。

この本ではこれらの新しいセラミックスを先進セラミックスと呼ぶことにする。

ファインセラミックス

ファインセラミックス（fine ceramics）という言葉は、英語でいうテクニカ

6.1 先進材料概説

ルセラミックスに相当する和製英語である。京セラ創始者の稲盛和夫が最初に提唱したとされ、化学の分野でのファインケミカルズという造語にあやかったともいわれる。ファインには、微細な、精巧な、華麗な、繊細な、純粋な、見事な、綺麗な、優れた、高級な、などの意味がある。

表6.1.1 新しいセラミックスの名称一覧

```
特殊陶磁器、特殊窯業品（special ceramics）
ニューセラミックス（new ceramics）略してニューセラ
新々セラミックス（newer ceramics）
テクニカルセラミックス（technical ceramics）
ハイテクセラミックス（high-technology ceramics）
近代セラミックス（modern ceramics）
精製セラミックス（refined ceramics）
活性セラミックス（active ceramics）
高性能セラミックス（high performance ceramics）
高付加価値セラミックス（value added ceramics）
先進セラミックス（advanced ceramics）
超セラミックス（superduty ceramics, ultra ceramics）
ファインセラミックス（fine ceramics）
酸化物セラミックス（oxide ceramics）
非酸化物セラミックス（non-oxide ceramics）
無粘土セラミックス（non-clay ceramics）
窒化物セラミックス（nitride ceramics）
炭化物セラミックス（carbide ceramics）
アルミナセラミックス（alumina ceramics）
ジルコニアセラミックス（zirconia ceramics）
ニューガラス（newglass）
機能性セラミックス（functional ceramics）
構造用セラミックス（constructional ceramics, stractural ceramics）
電子セラミックス（electronic ceramics, electroceramics）略してエレセラ
エンジニアリングセラミックス（engineering ceramics）略してエンセラ
生体セラミックスすなわちバイオセラミックス（biological ceramics）
光学セラミックスすなわちオプトセラミックス（optical ceramics）
知能セラミックス（intelligent ceramics）
超伝導セラミックス（super conductive ceramics）
```

fine ceramics という言葉は欧米では fine grained ceramics の意味で使われることが多かった。F. H. Norton の著書 "Fine Ceramics" Robert E. Kringer Pub. Co. (1970)では、ファインセラミックスを「調整された微構造からなるセラミック素地」と定義している。国際関税率表では fine を「水簸(すいひ)、微粉砕、または選鉱によって純度を高めた」と定義している。そのような原料でつくるセラミックスが、きめの細かい fine grained ceramics である。

というわけで、ファインセラミックスという和製英語は外国で反発を受けた。しかしこの分野は日本企業の技術力が圧倒的に強いことから、今ではこの名前が世界中で通用する。そして珪酸塩原料でつくる高級な洋式磁器をファインチャイナとかファインポースレンと呼んで区別する。

fine ceramics の反対語は coarse ceramics である。coarse には、きめが粗い、粗大な、粗製のとかいう意味がある。coarse grained ceramics の略語が coarse ceramics で、heavy ceramics とも呼ばれる。この範疇(はんちゅう)に入るのが建設用セラミックスと耐火煉瓦である。fine を精、coarse を粗と訳し、fine stoneware を精炻器とか精陶器と訳して、coarse stoneweare を粗炻器とする訳語は現在も活きている。

先進セラミックスの特徴

現在までにつくられたさまざまな先進セラミックスに共通する特徴について説明する。

表6.1.2 先進セラミック材料の特徴

1) 伝統セラミックスの一般的な性質を備えている
2) それに加えて、別の有用で高度な機能を備えている
3) 苛酷な条件下でも高度な特性を発揮できる
4) 組成が単純な高純度合成原料を使用する
5) 粘土の代わりになる別の物質を使用する
6) すべての元素を対象とする
7) 種類が多種多様で、高度な機能も千差万別である
8) 素材を機械加工する代わりに、原料粉体を成形・焼成処理してつくる
9) 工業製品としての材質と寸法精度の均一性が要求される
10) 製造方法にこだわらない

6.1 先進材料概説

　第一の特徴は、伝統セラミックスの一般的な性質を備えていることである。すなわち、熱に強い、燃えない、錆びない、硬い、減らないなどの長所をもっている。欠点としては、機械的衝撃や熱的衝撃に弱い、後加工が難しいなどである。これらの欠点をかなり改善した先進セラミックスも実用化されている。

　第二の特徴は、伝統セラミックスにはない何か別の高度な機能（電気的特性、磁気的特性、光学的特性、機械的特性、熱的特性、音響的特性、化学的特性、生化学的特性、超伝導特性、‥‥）を備えていることである。高度な機能の内容は現実に役に立つ性質であれば何でも差し支えない。

　第三の特徴は、高温、高圧、腐食性雰囲気、強力な放射能など、苛酷な条件下でも高度な特性を発揮できることである。たとえば、耐熱性は高分子材料では500℃が上限であるし、金属材料は空気中で1300℃以上では使用できない。しかし先進セラミックスはさらに高い温度で使用可能な材料をつくることができる。

　第四の特徴は、組成が単純で高純度の合成原料を使うことである。伝統セラミックスで使う天然原料は複雑で品位が一定しない。伝統セラミックスの焼成過程では原料の分解と固相反応と焼結が同時に進行する。パラメータ（parameters）が多くては科学的な研究は無理である。天然原料の反応過程は解明するのが困難で、複雑系の科学とやらを使っても研究は歯が立たないほど難しい。先進セラミックスで天然原料が使われない理由はここにある。先進セラミックスの多くは粉体の焼結だけで製品をつくっている。

　第五の特徴は、天然粘土の代わりに別の物質を使うことである。すなわち可塑剤や結合剤などとして有機高分子物質を採用する。これらは焼成で分解・揮散するので、製品を分析しても何を使ったかが分からない。また焼結融剤として長石の代わりに別の無機物質を少量使用する。

　第六の特徴は、周期表上のすべての元素を対象とすることである。伝統セラミックスは鉱産原料を使うが、先進セラミックスは元素の種類にこだわらない点が画期的である。天然に存在しない新物質もいろいろ実用化されている。

　第七の特徴は、多種多様なことである。高度な機能は何であっても構わないし、製品の用途も千差万別で何の制限もない。形も大きさもさまざまで、薄膜もあれば厚膜もある。複雑な形状の製品もある。粉末もあるし、単結晶もあれ

ば、ガラスもある。すべての元素を対象にするので、数え切れないほど種類が多くなるのは当然である。その反面では軽薄短小の代表選手であるから、一つの商品では大した売り上げにはならない。小さな製品を数多く取りそろえる必要がある。

　第八の特徴は、原料粉体を収縮を見込んで成形・焼成処理してつくることである。金属や高分子材料の場合は、素材をメーカーから購入して機械加工して製品をつくるのが普通である。しかしセラミック材料は焼成後の機械加工が非常に高くつくので、できるだけ製品に近い形状の「やきもの」をつくるのが腕の見せ所である。

　第九の特徴は、工業製品としての高度の規格が要求されることである。先進セラミックスは、材質と物性が常に均一であることと同時に、機械的な寸法精度を許容限界内に収めることが非常に重要である。

　第十の特徴は、先進セラミックスは製造方法にもこだわらないことである。先進セラミックスの製造では、原料粉末の焼結法の他、厚膜法、ゾル・ゲル法、水熱法、超高温・超高圧法、各種メッキ、CIP（シップ）、HIP（ヒップ）、PVD、CVD、MOCVD、‥‥など、考えられるあらゆる手段を十分検討して、最適の手段が採用される。

先進セラミックスの定義

　先進セラミックスについては誰もが納得する定義はできていない。

　平成5年に制定されたファインセラミックス関連用語 JIS R 1600 では、ファインセラミックスを「目的の機能を十分に発現させるため、化学組成、微細組織、形状および製造工程を精密に制御して製造したセラミックスで、主として非金属の無機物質からなるセラミックス」と定義している。

　要するに「先進セラミックスについては何の制約もない」のである。原料にも、化学組成にも、結晶構造にも、使用目的にも、使い方にも、利用分野にも、形や大きさにも、製造方法にも、何ら制限がない。人の役に立つものであれば何でもよいのである。

　先進セラミックスは伝統セラミックスと全く関係がないという人がいるが、これは間違っている。先進セラミックスも「やきもの」の一員であることを否

定できないからである．

　私は「先進セラミックスを汎元素材料（pan-elemental materials）」と定義してはどうかと考えている．

先進セラミックスの参考書

　先進セラミックスに関して詳しく記述した便覧としては「ファインセラミックス辞典[2]」，「セラミック工学ハンドブック[3]」，「ファインセラミックス技術ハンドブック[4]」などがある．

　先進セラミックスについては，基礎科学，結晶化学，構造材料，光材料，電子材料，圧電材料，磁性材料，プロセッシングなど，個別分野の解説書はたくさん出版されている．

---

[2] 「ファインセラミックス事典」ファインセラミックス事典編集委員会編，技報堂出版（1987）
[3] 「セラミック工学ハンドブック 第2版」日本セラミックス協会編，技報堂出版（2002）
[4] 「ファインセラミックス技術ハンドブック」日本学術振興会将来加工技術第136委員会編，内田老鶴圃（1998）

6.2 高強度材料

6.2.1 材料の強度

強度と弾性率

建造物や道具を構成している構造材料には機械的性質の優れていることが要求される。一般に材料の強度と弾性率は試料に加えた引張り荷重と長さの変化を測定して得られる。これを図6.2.1について説明する。

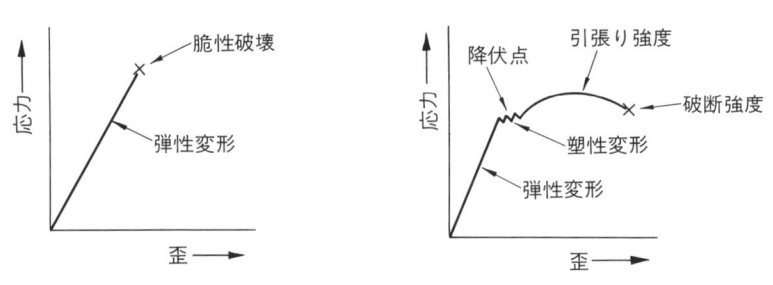

左）セラミックスで一般的な脆性破壊　　右）金属で一般的な塑性変形
図6.2.1 材料の応力-歪曲線

材料に荷重（力）を加えると原子間距離が僅かに変化して変形が生じる。力は応力（stress）σ で定義され、MPa や GPa の単位で表される。変形は歪(ひずみ)（strain）ε で定義され、元の長さに対する変化率 % で表される。

応力-歪曲線の限界応力以下では、荷重を除くと歪が消えて元の長さに戻る。この領域では応力と歪は比例する。この比例定数が材料の弾性率（modulus of elasticity）E である。弾性率はヤング率（Young's modulus）ともいう。

$$\sigma = E\varepsilon \tag{6.2.1}$$

セラミックスは脆性(ぜいせい)材料（brittle material）で、破壊が起きる応力（破壊強度、fracture strength）まで弾性的に行動する。そして破壊強度の測定値は試料ごとに大きく変動する。

これに対して、金属材料や高分子材料は延性(えんせい)材料（ductile material）であ

る。それらはある応力値までは弾性的に振舞うが、降伏点以上では塑性変形（plastic flow）が生じて、粘土のように荷重を除いても変形が残る。さらに応力を増して破壊強度に達すると材料はついに破断する。

金属材料や高分子材料では強度を引張り強度で評価する。

これに対して脆性材料では信頼性がある引張り強度の測定値を得ることは難しい。先進セラミックスでは曲げ強度、コンクリートでは圧縮強度を用いるのが普通である。

破壊靭性

弾性率は一般に原子間結合力によって決まる。この値は結晶の方向によって異なるが、多結晶試料ではかなり再現性がある。現実の多結晶セラミック材料の破壊強度は 0.4-0.8 GPa 程度である。この値は理論強度の僅かに 1/100 程度に過ぎない。

セラミック材料の破壊強度値が小さい理由は材料中に微小欠陥があるからとされている。材料に外力が加わると、亀裂（crack）の先端に応力が集中して破壊が起こる。応力集中の程度は亀裂モードⅠの応力拡大係数 K_I で表され、K_I が大きくなると亀裂が急速に進展して破壊する。この値を臨界応力拡大係数とか、破壊靭性（fracture toughness）K_{IC} と呼ぶ。K_{IC} は材料の粘り強さの尺度で、そのときの応力 σ が材料の破壊強度である。

表 6.2.1 セラミック材料の破壊強度の例

材料	弾性率 (GPa)	理論強度 (GPa)	繊維の強度 (GPa)	多結晶体の強度 (GPa)
Al_2O_3	380	38	16	0.4
SiC	440	44	21	0.7

材料の破壊強度は内部組織の弱点（不純物、粗大結晶粒、亀裂、気孔など）や加工傷の大きさによって決まる。その大きさはセラミックスでは 10-100 μm で、この値は金属材料の 1/10-1/100 程度である。このような微小な欠陥を検出し、それを制御する技術はまだ確立されていない。後述するように、多くの努力が重ねられたにもかかわらず、宇宙航空技術者が要求する信頼性に優れた

高強度・軽量・高温用セラミック材料は実現していない。

セラミックスは機械的衝撃のほか、熱的衝撃に弱いことも大きな欠点である。熱衝撃性に大きく関係するのは熱膨張率である。

6.2.2 高温・高強度・軽量材料

高強度セラミックスへの挑戦

セラミック材料は、耐熱性、耐蝕性、耐久性、耐摩耗性、高強度、高靱性、高剛性、高硬度など優れた特性をもっている。ガスタービンエンジンの作動温度を1300°C以上にできれば航空機の燃費が30％向上するということで、1970年代の米国で、高温・高強度・軽量セラミックスのプロジェクト研究がはじまった。ドイツと日本でも追っかけ研究が開始された。研究対象は、珪素、アルミニウム、硼素などの、炭化物、窒化物、酸化物で、軽元素からなる共有性化合物である。中でも、炭化珪素、窒化珪素、サイアロン（SiAlON）が研究の中心であった。これら化合物は SiO_2 と Al_2O_3 以外は天然には存在しない物質である。

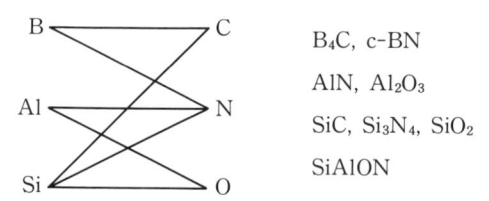

B_4C, c-BN
AlN, Al_2O_3
SiC, Si_3N_4, SiO_2
SiAlON

図6.2.2 代表的な高温・高強度・軽量セラミック材料

高強度セラミックスの製造技術

高温・軽量・高強度セラミックスで複雑形状の製品をつくるのは容易なことではない。これらの材料はどれも難焼結性物質で、原料粉体や焼結体の製造条件によって材料の特性値が大きく変化するからである。

高強度セラミックスの強度は曲げ強度で表示する。代表的な高強度セラミック材料の特性を表6.2.2と図6.2.3に示す。

6.2 高強度材料

表 6.2.2 代表的な高強度セラミック材料の特性

材料名	単位	SSC	HPSN	SiAlON	PSZ	Al$_2$O$_3$
密度	g/cm³	3.1	3.26	3.2	6.0	3.9
熱伝導率	kcal/m·h·°C	68	29.3	21.5	2.5	22
熱膨張率	10^{-6}/°C	4.6	3.2	3.0	10.5	8.0
破壊靱性	MPa·m$^{1/2}$	3-5	4-7	6.0	8-10	3-6
曲げ強度 (20°C)	MPa	860	1000	600	900-1300	350
曲げ強度 (1200°C)	MPa	900	800	500		150

SSC：常圧焼結炭化珪素、HPSN：ホットプレス窒化珪素、PSZ：部分安定化ジルコニア

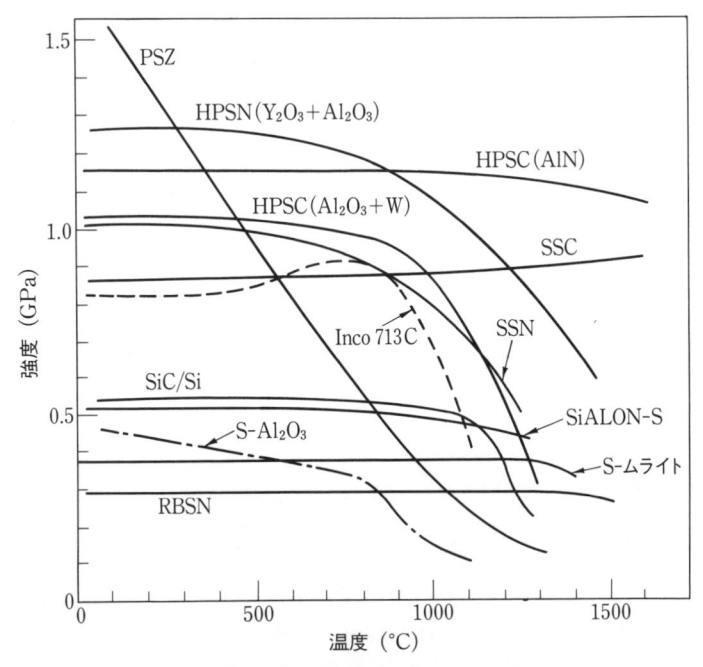

S：焼結、SSC：常圧焼結炭化珪素、SSN：常圧焼結窒化珪素、
HPSN：ホットプレス窒化珪素、PSZ：部分安定化ジルコニア、
RBSN：反応焼結窒化珪素、Inco 713：ニッケル系耐熱合金

図 6.2.3 代表的な高温・高強度セラミックスの曲げ強度
「構造材料セラミックス」奥田・平井・上垣外編、31頁、オーム社 (1987)

高強度セラミックスは結晶粒が微細で高密度の焼結体であることが要求される。それを製造するには超微細で高純度の原料が必要である。それらの原料は土と違って可塑性がないから、押出し成形や射出成形に用いる練土には相当量の有機高分子バインダを加える必要がある。加熱過程でそれらを上手に飛散させる脱バインダ技術も大事である。成形時に加える助剤としては、成形助粘剤などがある。それらの種類と添加量の選定は重要である。原料粉体を成形するには一軸加圧装置や冷間静水圧加圧（CIP, cold isostatic pressing, ラバープレス）装置などが使われる。難焼結性セラミックスの焼結では、加熱雰囲気の選定も非常に重要である。成形体を加熱して焼結させるには、反応焼結法、常圧焼結法、高圧焼結法、高圧ガス焼結法（HIP, hot isostatic pressing）などが使われる。一般に固相反応では液相がごく少量でも生じると焼結が促進されて、生成した材料の耐熱性が著しく低下することが分かっている。

多くの努力が積み重ねられたにもかかわらず、目標とした高強度・軽量・高温セラミックスは現在でも完成していない。多数の小さなセラミック部品は実用段階に達したが、夢の構造セラミックス開発という20世紀の挑戦は挫折したといわざるを得ない。しかし夢に挑戦しなければ大きな成果は期待できない。宝籤は買わなければ当たらない。高強度・軽量・高温セラミックスの挑戦は続いていて、課題の成果は21世紀に持ち越された。

代表的な高強度・軽量・高温セラミックス材料についての製造上のさまざまな工夫を以下で説明する。

アルミナ

アルミナ（酸化アルミニウム、alumina, Al_2O_3）には、α-型、γ-型、δ-型、θ-型、χ-型、$\varkappa$-型、などいくつもの多形がある。β-型アルミナは $Na_2O \cdot 6Al_2O_3$ の組成をもつ化合物で、高温固体電解質である。

水酸化アルミニウムには、ギブサイト（gibbsite, $Al_2O_3 \cdot 3H_2O$）、バイヤライト（bayerite, $Al_2O_3 \cdot 3H_2O$）、ベーマイト（boehmite, $Al_2O_3 \cdot H_2O$）、ダイアスポア（diaspore, $Al_2O_3 \cdot H_2O$）などいくつもの多形が存在する。

これらの中で重要な化合物は α-アルミナとギブサイトである。

バイヤー（K. J. Bayer）はボーキサイト（bauxite）を原料とするアルミナ製

造法を発明した（1881年）。バイヤー法では、水酸化ナトリウム（NaOH）の水溶液でボーキサイト中のアルミナ成分を溶解させる（鉄やチタン成分は溶解しない）。生成するアルミン酸ナトリウム（$NaAlO_2$）溶液からギブサイトの結晶を沈殿させる。沈殿を濾過して1200°Cに加熱するとα-アルミナが得られる。1998年に世界中で生産された3600万トンのアルミナの99％がこの方法でつくられた。それらの生産量の90％は金属アルミニウム用で、残りがセラミックス用である。

バイヤー法アルミナの汎用品の純度は99.5％程度であるが、沈殿に弗化物や硼化物を添加して焼成する方法で純度99.99％のローソーダアルミナが製造可能である。それよりも高純度のアルミナは、アンモニウム明礬（みょうばん）の熱分解、金属アルコキシドの加水分解などでつくられる。

アルミナセラミックス

アルミナセラミックスは、高温で強度が劣化するが、化学的に安定で安価、製造法が確立しているから、苛酷な条件下以外では万能型の構造材料である。回路基板、セラミックパッケージ、耐摩耗部材などに広く使われている。

一般的な材料は原料に1-5％の焼結助剤を加えて成形し、1600-1700°Cに加熱してつくる。純度99.95％、相対密度99％以上の緻密な部品は、原料粉末に少量のMgOを添加して常圧で1600°Cに加熱してつくる。

ムライトセラミックス

ムライト（mullite, $3Al_2O_3 \cdot 2SiO_2$）はアルミナに準ずる汎用セラミック材料として重要である。ムライトセラミックスはアルミナに比べて融点が低いが、熱膨張係数が小さいので耐熱衝撃性が優れている。ムライトを加熱すると比較的低温で融液が生じるので焼結が容易で、助剤なしで空気中で1670-1700°Cで無加圧焼結ができる。

炭化珪素

炭化珪素（silicon carbide, SiC）は天然には滅多に存在しない化合物である。エジソンの助手をしていたアチソン（E. G. Acheson）は1891年に炭化珪素の

合成法を発明した（250頁参照）。

炭化珪素には、低温相の立方晶・閃亜鉛鉱構造のβ-型（3C-）と、高温相の六方晶・ウルツ鉱構造のα-型（2H-）と二つの多形（polymorphism）が存在する。α-型からβ-型へ戻ることはない。

α-型はc軸方向の積み重ね方が異なるいくつも（4H-型、6H-型、8H-型、15R-型など）の多型（ポリタイプ、polytype）を伴っている。3C-型、2H-型、4H-型、6H-型、8H-型、15R-型などの表記は、Ramsdellの表示法による。

α-SiCは2600°C以上の高温では分解して炭素を残す。

$$\beta\text{-SiC} \xrightarrow{2200\text{-}2300°C} \alpha\text{-SiC} \xrightarrow{\fallingdotseq 2600°C} 分解 \qquad (6.2.2)$$

炭化珪素セラミックス

炭化珪素セラミックスは高強度セラミックスの中で高温特性がもっとも優れている材料である。緻密な炭化珪素セラミックスの製造法について述べる。

反応焼結炭化珪素（RBSC, Reaction Bonded Silicon Carbide）は、高純度Si粉末とC粉末、それに加えて相当量のSiC粉末を混合して成形し1400°Cに加熱する。するとSi融液にCが熔解して、SiCとなって既存のSiC粒子の表面に析出して緻密な焼結体が得られる。

Refel®法はα-SiCとCの混合粉末を成形して1600-1700°CでSi融液に浸して染み込ませて反応させる方法である。

無加圧焼結炭化珪素（SSC, Pressureless Sintering Silicon Carbide）は、SiC粉末に焼結助剤として少量のB, Al, BeなどとCを混合し成形して、2000-2050°Cに加熱する方法である。この方法でかなり緻密な焼結体（相対密度＜98%）をつくることができる。

加圧焼結炭化珪素（HPSC, Pressure Sintering Silicon Carbide）は、SiCを熱間加圧成形（ホットプレス）する方法である。この場合にもSSCと同様の焼結助剤が必要である。HPSCは複雑形状の製品をつくるのが難しいのが最大の欠点である。

窒化珪素

窒化珪素(silicon nitride, Si_3N_4)は天然には存在しない化合物である。窒化珪素には、低温相・三方晶系の α-型と、高温相・六方晶系の β-型と、二つの多形が存在する。β-型から α-型にもどることはない。β型は1900°C位で分解昇華する。

$$\alpha\text{-}Si_3N_4 \xrightarrow{1400-1600°C} \beta\text{-}Si_3N_4 \xrightarrow{\fallingdotseq 1900°C} 分解 \tag{6.2.3}$$

窒化珪素の合成法には、珪素直接窒化法、シリカ還元窒化法、イミド熱分解法などがある。

珪素直接窒化法は高純度珪素の粉末を窒素ガス中で1200-1500°Cに加熱してつくる。

$$3Si + 2N_2 \longrightarrow Si_3N_4 \tag{6.2.4}$$

シリカ還元窒化法は、シリカと炭素の粉末混合物を窒素ガス中で1300-1500°Cに加熱してつくる。

$$3SiO_2 + 6C + 2N_2 \longrightarrow Si_3N_4 + 6CO \tag{6.2.5}$$

イミド熱分解法は、$SiCl_4$ と NH_3 を室温付近で反応させて前駆体(ぜんくたい)のジイミドモノシランを合成し、これを NH_3 雰囲気中で高温に加熱してつくる。

$$SiCl_4 + 6NH_3 \longrightarrow Si(NH)_2 + 4NH_4Cl \tag{6.2.6}$$

$$3Si(NH)_2 \longrightarrow Si_3N_4 + 2NH_3 \tag{6.2.7}$$

窒化珪素セラミックス

窒化珪素セラミックスは1200°C以上での強度は炭化珪素に劣るが、破壊靭性値が比較的大きくて熱膨張率が小さいので耐熱衝撃性に優れた材料である。しかし一方では、極め付きの難焼結性物質で多量(5%程度)の助剤を使わないと焼結・緻密化できないという欠点がある。原料や製造条件によって材料の特性値が大きく変化するのも問題である。

反応焼結窒化珪素(RBSN, Reaction Bonded Silicon Nitride)では、Si微粉末を成形して窒素ガス中で1300-1420°Cに加熱して反応させる。原料の純度や、粒径分布、成形密度、反応温度、雰囲気などが微妙に反応に影響する。こ

の材料は気孔が残っているので高強度は達成できないが、不純物を含まないから高温まで強度が低下しないという特徴がある。

無加圧焼結窒化珪素（SSN, Pressureless Sintering Silicon Nitride）では、Si_3N_4 粉末に、3-5％の酸化物（MgO, SiO_2, Y_2O_3, Yb_2O_3, CeO_2, La_2O_3 など）を加えた粉体を成形し、高純度窒素ガス中で 1750-1800℃ で加熱処理する。添加した助剤は Si_3N_4 粒子表面に液相を生成して焼結を促進する。超微粒子の $α$-Si_3N_4 を使用すると高強度の焼結体が得られる。

射出成形・無加圧焼結法でつくられた窒化珪素セラミックス製のターボチャージャーロータが自動車に搭載され（1985 年）、信頼性が最も高いセラミック材料として認知された。

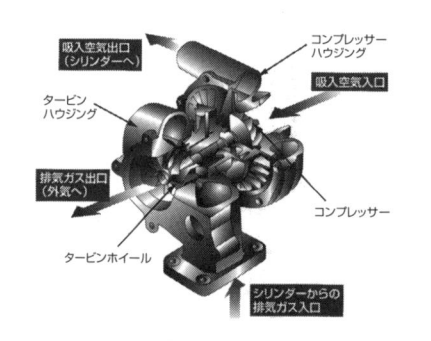

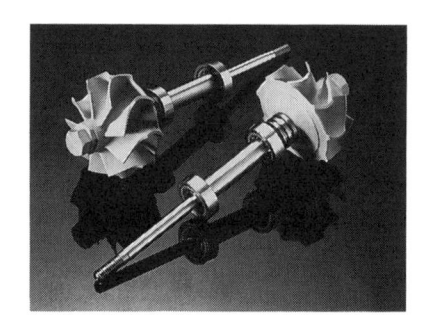

図 6.2.4 左）ターボチャージャー
右）ターボチャージャー用の窒化珪素ホイール

焼結条件をさらに詳しく検討した結果、助剤を 2％程度まで低減した材料が開発された。破壊靱性値が $K_{IC} = 6MPa·m^{1/2}$ で表面粗さがナノオーダ、直径が φ1-3 mm と小さいハードディスク用ベアリングのセラミックボールが誕生した。

加圧焼結窒化珪素（HPSN, Pressure Sintering Silicon Nitride）は、Si_3N_4 をホットプレスしてつくる。この場合にも SSN と同様の焼結助剤が必要である。HPSN は複雑形状の製品をつくるのが難しいのが欠点である。ガスで加圧する HIP 法も同様である。

サイアロン

サイアロン（SiAlON）は Si_3N_4 に Al と O が固溶した複雑な系である。代表的材料の組成は図6.2.5の β' 相、$Si_{6-z}Al_zO_zN_{8-z}$ で表される。適当な z 値を選ぶと窒化珪素に近い高性能材料が得られる。

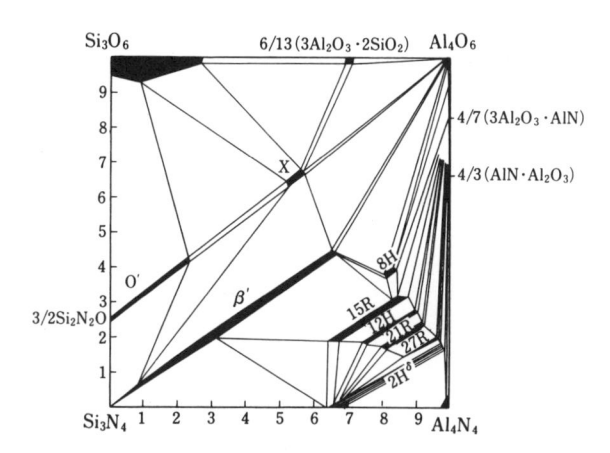

図6.2.5 Si-Al-O-N系の状態図
K. H. Jack, J. Mater. Sci., **11**, p. 1135（1976）

6.2.3 高靱性材料

一般にセラミックスは脆性材料で、破壊靱性値が $K_{IC}=5MPa\cdot m^{1/2}$ 以下のものが多い。

セラミックスの脆さを改善する方法の一つは、相転移を利用して高靱性を達成する方法で、部分安定化ジルコニアがその代表である。もう一つは組織に高強度繊維を分散させる強化法である。繊維の代わりに微粒子を分散させる方法もある。

なお、マシナブルセラミックスについては122頁で説明した。

ジルコニア

純粋なジルコニア（zirconia, ZrO_2）には、蛍石（CaF_2）構造を基本とする

三つの多形（単斜晶 monoclinic, 正方晶 tetragonal, 立方晶 cubic）が存在する。非常な高温度では立方相であるが、温度が下がると正方晶、そして単斜晶へと相転移する。それら相互の転移では体積変化が大きくて材料破壊が起きやすいから、純粋なジルコニアは工業材料として利用されない。

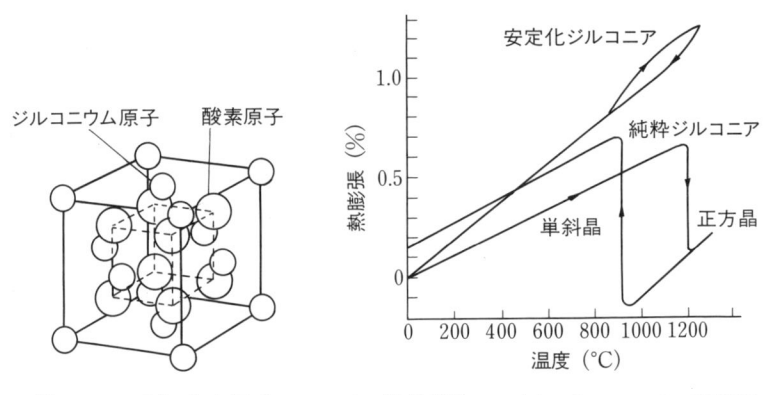

$$単斜晶 \underset{\fallingdotseq 1170°C}{\longleftrightarrow} 正方晶 \underset{\fallingdotseq 2370°C}{\longleftrightarrow} 立方晶 \qquad (6.2.8)$$

図6.2.6 左）立方相ジルコニアの結晶構造　　右）ジルコニアの熱膨張

工業材料として重要なジルコニアは固溶体である。ジルコニアに数％の Y_2O_3 や CaO そして MgO などを固溶させたセラミック材料は室温から高温まで立方晶である。これを安定化ジルコニア（FSZ, Fully Stabilized Zirconia）と呼んでいる。安定化ジルコニアの熱膨張はかなり大きくて、鉄鋼材料のそれと同等である。

部分安定化ジルコニア（PSZ, Partially Stabilized Zirconia）は FSZ に比べて少量の安定化剤を固溶させてつくる。PSZ は立方晶と正方晶が共存している高靱性材料である。PSZ は正方晶から単斜晶へ相転移する際の体積膨張を利用して破壊エネルギーを吸収する。つまりマルテンサイト変態の一種である応力誘起変態機構によって高靱性を達成している。

正方晶だけからなる多結晶焼結体（TZP, Tetragonal Zirconia Polycrystalline）もつくられていて、PSZ と同じように高靱性である。

ジルコニアの原料鉱石はジルコン（zircon, $ZrSiO_4$）サンドやバデレー石

(baddeleyite, 単斜晶 ZrO_2) である。原料をアルカリ熔融して湿式反応で精製し、塩酸を加えてオキシ塩化ジルコニウム ($ZrOCl_2$) を析出させる。$ZrOCl_2$ 水溶液に必要量の塩化イットリウムを溶解し、中和法や加水分解法で生じる沈殿を乾燥・仮焼して粉末原料をつくる。

ジルコニアセラミックス

ジルコニアセラミックスは比重が大きくて高温強度が小さいから、航空機用エンジンには適していないが別の用途がある。FSZ セラミックス製品や PSZ セラミックス製品は、Y_2O_3 などの安定化剤を固溶させた粉末原料を成形・焼結してつくる。

FSZ は相転移が起きないから耐火物として利用される（157頁参照）。この材料は高温でイオン導電性があるから、自動車排気ガス用の酸素センサがつくられている（312頁参照）。高温燃料電池への利用も研究されている。

PSZ や TZP は高靱性を利用して、製紙機械の裁断刃、ケブラー切断用鋏、磁気テープの編集用鋏、スプリングなど特定分野での用途がかなり期待できる。PSZ や TZP でつくったセラミックナイフや刺身包丁は切れ味が抜群である。しかし欠けた刃をユーザーが研ぎ直すのは難しいから、出刃包丁は市販されていない。

炭 素 繊 維

炭素繊維（カーボンファイバ、carbon fiber）は天然には存在しない材料で、有機繊維を上手に蒸し焼きにしてつくる。各種繊維原料について研究されたが、現在量産されている炭素繊維は PAN 系とピッチ (pitch) 系だけで、ピッチ系は PAN 系に比べて価格が安いのが利点である。

PAN 系炭素繊維は大阪工業試験所の進藤昭男が 1961 年に発明した。ピッチ系炭素繊維は群馬大学の大谷杉郎が 1963 年に発明した。

1998 年には世界中の炭素繊維生産量の 70％（8669 トン、302 億円）を日本企業が製造した。

炭素繊維の原料はポリアクリルニトリルとピッチである。ピッチには石油系と石炭系とがある。それらを紡糸して直径 10 μm 程度の繊維状前駆体（precursor) とする。

プリカーサから炭素繊維を製造するのに重要な三つの工程がある。①酸化雰囲気で 200-300℃ に加熱して繊維の表面を酸化（安定化、不融化、耐炎化）して保護する。②不活性雰囲気で繊維を 800-1500℃ に加熱して炭素化する。③不活性雰囲気で繊維を 2500-3000℃ に加熱して黒鉛化処理する。

原料処理と熱処理の条件を高度に工夫することによって炭素繊維の機械的特性を向上させることが可能である。現在では、各種の用途に最適の多種多様な製品が市販されている（表6.2.3）。

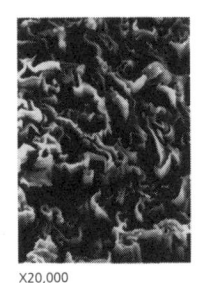

図 6.2.7 左) ピッチ系炭素長繊維　　右) 繊維断面の走査電子顕微鏡写真

表 6.2.3 炭素繊維の分類

種類	主な用途
汎用炭素繊維	断熱材料、摺動材料、断熱パッキン、導電材料など
高性能炭素繊維	先進複合材料
活性炭素繊維	吸着材、電池用電極材料

炭素繊維は、高強度、耐熱性、耐久性、耐蝕性、軽量性などの性質が優れているから広い用途がある。

汎用グレードの炭素繊維は、耐熱濾材、耐熱断熱材、シール材などに使われている。高性能炭素繊維は先進複合材料に用いられる。表面を活性化処理した活性炭素繊維は吸着剤や電池用電極材料に使われる。

炭化珪素ファイバ

有機珪素化合物重合体、たとえばポリカルボシランを前駆体として熔融紡糸した繊維を、上手に加熱すると β-SiC の多結晶繊維が得られる。東北大学の矢島聖使が 1975 年に発明した。この繊維（商品名、ニカロン®）は炭素繊維に匹敵する機械的特性をもち、耐熱性と耐熱酸化性に優れていて空気中で加熱しても燃えることはない。

ウィスカー

普通の無機繊維は多結晶質であるが、猫の髭（猫に限らないが）を意味するウィスカー（whisker）は針状の単結晶で、直径：0.1-5 μm、長さ：0.01-5 mm 程度に発達している。繊維はアスペクト比（長さ/直径、aspect ratio）が非常に大きいが、ウィスカーはそれが 10-1000 程度である。

ウィスカーの強度は直径に大きく依存していて、数 μm 径になると多結晶繊維の 100 倍にも達する。これはウィスカーが単結晶で、径が小さいほど欠陥が少なくなるからである。

ウィスカーは単結晶であるから基本的には単結晶と同じ機構で成長するが、特異な形状になるには過飽和度の大きい環境から成長することが多い。たとえば加熱したシリコン基板に微量の金粒子が作用すると、VLS 機構（気相-液層-固相が同時に関与する成長機構）でシリコンウィスカーが成長することが分かっている。

C/C コンポジット

炭素繊維を炭素で固めた複合材料を C/C コンポジット（C/C composite）という。C/C コンポジット（コンポ）は耐熱性が抜群である。

C/C コンポは炭素繊維の織物にピッチやオイルなどの有機物を染み込ませたものを加熱・分解させてつくる。C/C コンポ用の織物としては二次元の平織物や三軸織物、そして三次元織物も採用される。しかし繊維の隙間を完全にカーボンで埋め尽くすことは難しく、気孔率が小さい複合材料をつくる技術の優劣が製品の性能を支配する。

スペースシャトルでは1200°C以上に加熱される部分（表面の3.4%、重量：1.7トン）はすべてC/Cコンポを採用している。RCCという略号で呼ばれるスペースシャトルのC/Cコンポは、炭素繊維で織った織物にフェノール樹脂を染み込ませて、高圧ガス中で熱処理する。つぎにアルコールを染み込ませて熱処理・炭化させる工程を三回繰り返してつくる。特にシャトルの鼻先は1450°Cにもなるので、空気で燃え尽きないようにシリコンを蒸着・加熱して炭化珪素の保護膜を付ける。

C/Cコンポはロケットのノズル（噴射口、nozzle）や軍用機のブレーキパッドなどにも採用されている。

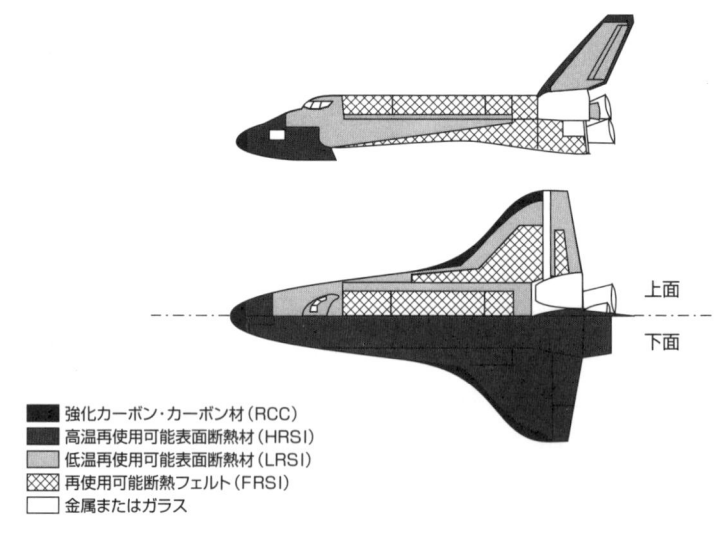

図6.2.8　スペースシャトルの熱保護

複合強化金属

繊維強化金属（FRM, Fiber Reinforced Metal）は金属を無機繊維やウィスカーで強化した高靱性材料で、SiCなどの無機ウィスカーで強化する複合材料の将来は有望である。SiCは熔融金属と反応しにくいから、金属をマトリックスとする複合材料に適している。

セラミックスを無機繊維や微粒子で強化することができる。たとえばアルミ

ナセラミックスの強度は少量のジルコニア（PSZ）粒子を分散させることで増加する。ナノコンポジット・セラミックス（nanocomposite ceramics）は、結晶粒の中に別の成分の超微粒子を析出させて強化する方法である。たとえば、アルミナ結晶粒の中に $0.1\,\mu m$ 以下の炭化珪素（SiC）超微粒子を5％析出させることによって、圧縮強度を4倍に、破壊靱性値を50％増加できたと報告されている。

生体親和性材料

　動物の骨や歯は非常に優れた軽量・高強度材料である。蛤や鮑などの貝殻、卵殻、珊瑚、真珠なども同様である。これらの生体材料の多くは、蛋白質と結合したカルシウム化合物（ハイドロオキシアパタイトや炭酸カルシウム）で形成されている。

　生体親和性がない材料、たとえば、金、プラチナ、アルミナ、炭素などは古くから利用されてきた。日本では江戸時代に黄楊の木に牛骨を加工した歯を植えた総入れ歯がつくられたという記録がある。磁器の入れ歯はフランスの歯科医、ド・シューマンが1756年に着想したとされる。日本で最初の陶歯（dental porcelain）は京都の松風陶歯研究所から大正11年に発売された。

　人間の骨は自己修復するのがかなり難しいが、いもりの尻尾は何回でも再生する。人間の虫歯は再生不能であるが、鼠の歯はどんどん成長する。天然生体材料に及ぶべくもないが、生体親和性がある人工歯や人工骨の研究が進んでいる。ハイドロオキシアパタイト（$Ca_6(PO_4)_3(OH)_2$）や燐酸三カルシウム（$Ca_3(PO_4)_2$）がその代表である。

　たとえば、蟹の甲羅から抽出したカルボキシメチルキチン（CMキチン）にハイドロオキシアパタイトの粉末を混合したものを骨の欠陥部に埋め込むと、骨細胞が入り込んで骨が再生されて、CMキチンは溶解・吸収される。

　渓流に棲んでいるプラナリアという小さな扁平動物が注目を集めている。プラナリアは頭と首と喉と尻尾の四つの部分からできているが、全身に万能細胞（ES細胞、胚性幹細胞）が分布していて「切っても切ってもプラナリア」といわれるように、どこを切っても元の姿に再生するという人間にとっては夢のような生命体である。

すべての生物はたった一つの受精卵から万能細胞ができて、それからいろいろな幹細胞に分かれてつぎつぎに分化を繰り返してさまざまな組織に成長する。万能細胞は何にでもなれる細胞であるが、分化のメカニズムは十分には解明されていない。たとえばES細胞をマウスの初期胚に移植すると、組み込まれた細胞の運命に従って骨や歯に正常に変化する。しかしES細胞を大人のマウスに移植しても奇形腫をつくるだけである。

日立メディコ株式会社は名古屋大学の研究を基礎にして歯の再生技術の実用化に取り組んでいる。具体的には、患者自身の親不知(しらず)の近くにある幹細胞を培養して歯胚(しはい)をつくり、型の中で歯の形に育ててこれを抜けた歯の穴に埋め込んで歯を再生させる。2007年には医療機関に出荷する予定であるという（図6.2.9）。

軟骨幹細胞をアテロコラーゲンをマトリックスとして培養して変形性関節炎に悩む老人に移植して軟骨を再生させる研究や、骨髄から採取した幹細胞を壊死(え)した患部に注射して血管を再生させる研究も進んでいる。

地雷で失った脚を再生できるのはいつのことであろうか。

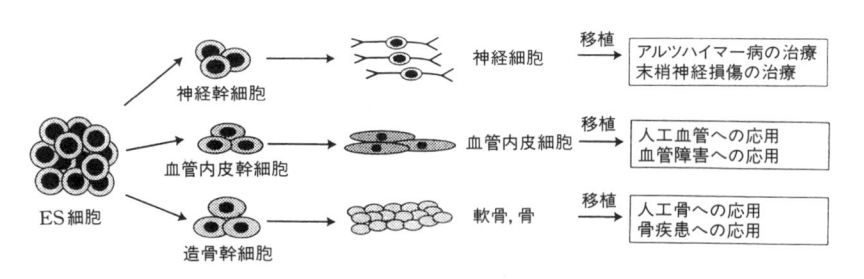

図6.2.9 各種幹細胞と期待される医療への応用例

6.3 高硬度材料

硬　　度

　硬度（hardness）の測定は容易であるが、硬度は非常に複雑な物性値で理論的に解析することは困難である。硬度の測定は、硬くて小さな球やピラミッドに荷重を加えて、測定する物体に喰い込ませてその大きさで表す。微小硬度計を使うとかなり小さな物体についても測定ができる。

　硬度の表示は、モース（Mohs）硬度、ヌープ（Knoop）硬度、ビッカース（Vickers）硬度、ロックウェル（Rockwell）硬度、ブリネル（Brinell）硬度などいろいろあるが、それらの数値を直接比較することはできない。

　ダイヤモンドはすべての化合物の中でもっとも硬い物質である。

　炭化物、窒化物、硼化物、珪化物、酸化物などに硬い物質が多いことはよく知られている。

　工具用に使われている高硬度物質の性質を表6.3.1に示す。

表6.3.1　工具用高硬度物質の性質

物質	密度 g/cm^3	融点 °C	硬度 H_V	熱膨張率 10^{-6}/°C	熱伝導率 W/m・°C
TiC	4.94	3150	3000	7.7	28.9
WC	15.8	2870	1800	5.2	37.3
SiC	3.12	2400	3000	4.4	15.5
TiN	5.44	2950	2100	9.4	19.3
Si$_3$N$_4$	3.18	1900	3300	2.7	20.9
TiB$_2$	4.52	2920	3370	8.1	27.4
Al$_2$O$_3$	3.98	2300	2300	8.0	30.1
c-BN	3.48	2970[1]	4700	4.8	1300
ダイヤモンド	3.52	3700[2]	8000-10000	1-2	2040
超硬合金	11-15	1340[3]	1300-1800	5-6	42-84
高速度鋼	≒8	1540[4]	800-900	≒12	≒42

[1] h-BN　[2] 黒鉛　[3] WC-Co 共晶　[4] 純鉄

ダイヤモンド

　ダイヤモンドはすべての物質の中で最も硬いので、セラミックスの加工に欠くことができない材料である。

　単結晶の硬度は方向によって違いがあって、原子や結合の数が多い方向ほど硬いことが分かっている。たとえば立方晶系に属するダイヤモンドは〈111〉方向が最も硬く、〈100〉方向が最も軟らかい。この性質を利用してダイヤモンドの粉末でダイヤモンドの単結晶を切断したり研磨することができる。

　現在では合成ダイヤモンド砥粒がダイヤモンド砥粒の90％以上を占めている（253頁参照）。いろいろな粒度に分級したダイヤモンド砥粒が市販されているが、合成ダイヤモンドのコストは1カラット（0.2グラム）が1ドル程度であるという。

　ダイヤモンドの微粉末に金属の微粉末を混合して、単位面積当たり1トンの圧力を加えて1000℃以下の温度で焼結させた多結晶材料は結晶の半分位の硬度を示す。1100℃以上の高温で焼結させには4-6万気圧の圧力が必要である。

　カーボネード（carbonado）と呼ばれる天然の多結晶ダイヤモンドがブラジルで産出する。産出量が少なくて大きな塊状のものは滅多にないが、非常に強固で破砕し難い優れた素材である。この材料に匹敵する硬度をもつゴルフボール大の多結晶ダイヤモンドの量産が期待されている（220頁参照）。大型トンネル掘削機や大深度油井掘削機のビット（刃先、bit）に使用するためである。

　単結晶ダイヤモンドを研磨してつくる工具は非常に平滑な表面加工に用いられる。たとえば、ハードディスク用アルミニウム円盤の鏡面仕上には、超精密研磨した単結晶ダイヤモンドバイトが使われる。透過電子顕微鏡用の生体試料の薄片を作成するミクロトーム用の刃物も単結晶ダイヤモンドを超精密研磨してつくる。

　ダイヤモンドはあらゆる物質の中で最も硬くて熱伝導度が最大である。工具をはじめとする各種製品の表面に硬いダイヤモンド被膜を形成できれば、摩耗や腐食に対する抵抗を著しく増加することができるので研究が進んでいる。

工具用高硬度化合物

　立方晶窒化硼素（c-BN, cubic Boron Nitride）は天然には存在しない物質で、ダイヤモンドと同じ結晶構造（炭素原子の代わりに硼素原子と窒素原子が交互に入る）をもっている。c-BN はダイヤモンドに次ぐ硬い物質で、ダイヤモンドと同じ装置で合成している（253 頁参照）。ダイヤモンド砥粒と c-BN 砥粒を併せて超砥粒と呼んでいる。硼化チタン（TiB_2）も高硬度材料である。

　なお、c-BN の多形である六方晶の h-BN は黒鉛に似た結晶構造の白くて軟らかい物質であるが、黒鉛と違って電気を通さない。

　窒化チタン（TiN）や窒化珪素（Si_3N_4）は重要な高硬度物質でどちらも天然には存在しない。Si_3N_4 は破壊靱性値が非常に大きいので、セラミック工具の素材として今後の発展が期待されている。

　炭化珪素（SiC）、炭化タングステン（WC）、炭化チタン（TiC）も重要な高硬度物質で、いずれも天然には存在しない。SiC 砥粒はアチソン法で合成している（250 頁参照）。最初にカーボランダム（carborundum®）という商品名で市販されたので、これも一般名に準じて通用している。SiC 砥粒は破壊靱性値がやや小さくて、破砕すると破片で研磨面が傷つきやすいのが欠点である。

　実用されている酸化物砥粒はアルミナの単結晶・コランダム（鋼玉、corundum）だけである。コランダムは天然にも産出するが、現在はすべて合成品である。コランダムは硬度が特別高いわけではないが、安価で製造方法が確立していて使いやすい砥粒である（250 頁参照）。最初にアランダム（alundum®）の商品名で市販されたので、これも一般名に準じて通用する。ジルコニア（ZrO_2）、酸化鉄（Fe_2O_3）、酸化クロム（Cr_2O_3）、酸化バナジウム（V_2O_3）などを固溶させるとコランダムの靱性を改善できる。

超硬合金

　超硬合金（cemented carbide）と呼ばれている一群の材料は、炭化タングステン（WC）と金属コバルト（Co）との焼結体である。超硬合金は破壊靱性値が非常に大きいので重切削に適していて、削岩機やトンネル掘削機の刃先、切削工具、金型、高温高圧装置などに広く採用されている。超硬合金の物性

は、基本組成に TiC や炭化タンタル（TaC）を加えることで改善できる。

サーメット

サーメット（cermet）と呼ばれている超硬質材料は、炭化チタン（TiC）、窒化チタン（TiN）、そしてそれらの固溶体（炭窒化チタン、TiC-TiN）と、金属ニッケル（Ni）や金属コバルト（Co）との粉末混合物を焼結してつくる。サーメットは切削工具などに使用されている。サーメットはタングステン系の超硬合金に比べて破壊靱性値が小さいのが欠点であるが、資源が豊富なのが有利である。

コーティング工具

TiN と TiC は互いによく固溶する金色の化合物である。TiN や TiC の硬い薄膜で表面を被覆（coating）した金色に輝くコーティング切削工具や使い切り方式（throw away tip）工具が普及している。コーティングは CVD 装置を使って行う（257 頁参照）。

以上述べた高硬度材料は、加工方法と加工する材料に応じて選択される。各種材料の高温硬さと靱性の模式図を図 6.3.1 に示す。

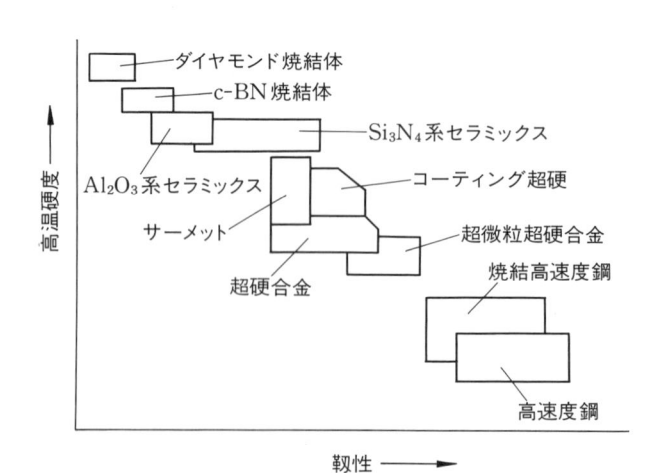

図 6.3.1　各種工具材料の高温硬度と靱性との関係

切削加工

　旋盤やボール盤などの金属の切削（cutting）加工では、昔は硬く焼き入れした炭素鋼の刃物（バイト、bit, bite）やドリル（穴開け工具、drill）を使っていた。やがて、タングステンを含有して高温でも軟化しにくい高速度鋼（ハイス、high speed steel）が発明された。現在では高温で高速切削が可能な、超硬合金工具、サーメット工具、セラミック工具が多用されている。
　ダイヤモンドやc-BNの微粒子とコバルト金属微粒子を超高圧で焼結させた超高圧焼結工具は、非常に平滑な切削加工面が得られる。

図6.3.2　左）セラミック工具　　　右）c-BN超高圧焼結工具

研削・研磨加工

　切削加工と並ぶ工作方法に研削・研磨加工がある。寸法精度や表面粗度にうるさくて切削加工が難しい先進セラミックスにとって研削・研磨加工は重要な作業である。
　研削（grinding）は研ぎ減らす作業を、研磨（研摩）は表面を研いで滑らかにする作業をいう。研磨作業はラッピング（lapping）とポリッシング（polishing）の二つに分けられる。後者は前者よりも細かい砥粒を使用する作業をいうが、両者の境界は判然としない。
　研削・研磨加工は硬い物質を使って行うのが普通であるが、常にそうとも限らない。たとえば銀細工では炭研ぎすることで燻銀に輝く表面が得られる。漆工芸、象牙細工、木工、皮細工、プラスチック加工、金銀細工などでも、木炭、角粉、胡粉、鮫皮、木賊のような比較的軟らかい研磨剤を使って磨く場合

が多い。

回転砥石

　研削・研磨加工では高速で回る回転砥石（砥石車、grinding wheel）を使うことが多い。回転砥石の性能を決める三要素は、砥粒（grain）と結合材（ボンド、bond）と気孔（空隙、pore）である。砥粒が軟らかいとよく削れない。結合材が弱いと遠心力で砥石が破断して事故の原因となる。気孔が少ないと砥粒の食い込みが悪くて切り子の排出が難しくなる。つるつるの硬い表面では削れるわけがない。無気孔の砥石もあるが、その場合には目立て（dressisng）ができないと駄目である。

　回転砥石の砥粒には、ダイヤモンド、c-BN、カーボランダム、アランダムなどが使われている。粒度は要求される仕上げ精度でさまざまである。

　回転砥石の結合材は、有機高分子質、無機ガラス質、金属質に分類される。それぞれを使って結合した砥石は、レジノイド（resinoid）砥石、ビトリファイド（vitrified）砥石、メタルボンド（metalbond）砥石と呼ばれている。

　フェノール樹脂などで結合したレジノイド砥石は粗研削に適しているので鉄鋼スラブの荒削りなどに使われている。手作業のアングルグラインダーに用いるオフセット砥石はガラス繊維で強化したレジノイド砥石である。

　ビトリファイド砥石は砥粒を無機質の結合材で焼結した砥石で、研削液をかけながら作業する。この砥石は寸法安定性が優れているから、自動車のクランクシャフトなどの精密研削に使われている。超砥粒をコランダム砥粒に混合したビトリファイド砥石もつくられている。

　メタルボンドダイヤモンド砥石は、ダイヤモンド砥粒をニッケルや青銅などの金属ボンドで電着させた回転砥石で、水をかけながら作業する。メタルボンドダイヤモンド砥石は岩石の加工やアスファルト舗装道路の切断に広く採用されている。歯科用には微細なダイヤモンド砥粒を電着した工具が使われている。ダイヤモンド砥粒を鋳鉄で結合した砥石も製造されている。

　炭素質材料は高温では酸素や鉄と反応するので、ダイヤモンド砥石は鉄鋼材料の加工には適していない。これに対してc-BN砥石は空気中で1300℃まで安定であるから、鉄鋼材料の加工にも適している。

遊離砥粒加工

　古代の曲玉(まがたま)や管玉(くだたま)の穴明け加工は天然産の遊離砥粒を使って行われた。

　現在でも砥石を使わない研削・研磨加工の種類は多い。噴射加工、超音波砥粒加工、バフ研磨、バレル加工、レンズ研磨、シリコンウエハーのポリッシングなどである。磨き砂の用途は現在でも減っていない。

　噴射加工（サンドブラスト、sand blust）は、砥粒を圧縮空気で噴射して硬い材料を彫刻する。この方法で、ガラスの花瓶に浮き彫りを施したり、墓石に文字を加工したりできる。噴射加工は金属の表面強化（shot blasting）や梨地(なしじ)加工（satin finish）にも使われる。超高圧水やそれに砥粒を加えて噴射して加工する技術もある。

　バフ（baffing）研磨は布や皮などの柔軟材料でできた回転体に細かい遊離砥粒を保持して艶出し加工する。部品のバリ取りや艶出しに用いるバレル加工（ガラかけ、barrel finishing）でも遊離砥粒が使われる。ガラかけはパチンコ玉を磨くのにも使われている。

　光学レンズなどの光沢表面を実現するには、セリア（CeO_2）、アルミナ、シリカ、クロミア（酸化クロム、Cr_2O_3）、紅殻(べんがら)（酸化鉄、Fe_2O_3）などの微粉末の懸濁液を使って機械的に研磨加工する。

　砥粒と化学薬品を併用するメカノケミカル（mechanochemical）研磨も実用されている。たとえばシリコンウエハーのポリッシングでは、シリカ微粒子（粒径≒10 nm）のアルカリ（pH≒10）懸濁液が使われているが、機械的作用と化学的作用の相乗効果で研磨が進行する。

　遊離砥粒加工に近似の加工法もある。たとえば研磨紙布を使う研磨作業である。ピストンエンジンの内面は細かい砥石を使うホーニング（honing）加工で仕上げている。超高精度のベアリングボールは、螺旋溝(らせん)をつけた2枚の円盤状回転砥石で多数の鋼球を挟んで転がしてつくる。これによって真球に限りなく近いスチールボールが得られる。

　研磨剤を使わない表面加工法、たとえば電解研磨や火炎研磨という手もある。

変形加工

材料を変形させる加工法には、プレス加工、剪断(せんだん)加工、圧延加工、鍛造(たんぞう)加工、転造加工、線引き加工、引抜き加工、押出し加工、絞り加工などがある。これらの変形加工には硬くて摩耗しにくい超硬合金工具やダイヤモンド工具が使われている。プレス加工や剪断加工は各種形状の金属部品加工に採用されている。圧延加工は圧延ロール（roll）を使って、薄板鋼板、鉄道レール、H型鋼材などをつくっている。線引き加工は線引きダイス（型、die）を使って、針金、銅線、極細金線などを製造している。引き抜き加工は引き抜きダイスで、銅管、アルミ管などをつくっている。押出し加工は押出し型を使って、アルミサッシュなどを生産している。絞り加工は、アルミニウムやステンレスの鍋などを平板から成形するのに使われている。

耐摩耗材料

各種繊維機械の糸道(いとみち)は糸の案内部品で、摩耗が激しいので昔からセラミック製品が使われてきた。転がり軸受けには窒化珪素のボールも実用されている。

スパイク（spike）ピンは超硬合金製の釘である。凍結時の滑り止めタイヤに多量のピンが使われたが、粉塵公害が激しいので使用禁止になった。現在ではスポーツ用履物のスパイクピンとして活躍している。

乳鉢、ボールミル、各種粉砕機械では粉砕用媒体（medium）の選択が重要である。大型のボールミルでは不純物の混入を嫌う先進セラミックスの粉砕では、摩耗が少ない高純度・高密度のアルミナ磁器やジルコニア磁器の粉砕媒体が使われている。

超硬合金は破壊靱性値が非常に大きいので、トンネル掘削機、油田掘削機、削岩機の刃先など、機械的衝撃が大きい苛酷な重切削に適している。英仏海峡トンネル掘削では日本製の大口径シールド・トンネル掘削機が活躍した。

大きくて強靱な多結晶ダイヤモンドビットが合成できれば、トンネル掘削機や油井掘削機の性能が格段に向上すると期待されている。

高硬度セラミックスは耐衝撃材料としても有効である。たとえばc-BNの薄板がヘリコプターの防弾壁に採用されている。戦車の外壁にも硬いセラミック

6.3 高硬度材料

図6.3.3 左）ユーロトンネルを掘削した川崎重工(株)製掘削機
右）ユーロトンネルのシンボル、掘削に使った日本製カッターの展示

板が取り付けられている。これはセラミック板が破砕することで砲弾の衝撃エネルギーを吸収して、車体を貫通しないからである。

摺動と潤滑

　車両用のブレーキ、流体用ポンプのシール、パンタグラフや直流モータの集電器などを総称して摺動(sleeve)部品と呼んでいる。

　摺動には相手が必要で、同じ材料を組み合わせる場合と、違う材料を組み合わせる場合とがある。摺動現象の解析は非常に難しくてトライボロジーに格好の研究対象である。

　工作機械や測定機械の摺動部分、各種流体機械の回転軸やバルブの液体シール（封止、seal）部分には、滑りやすくて、焼き付かなくて、摩耗しにくく、硬い材料が適している。摺動部分の表面は凹凸があってはいけない。容易に摺動させるため、摺動面に、潤滑油、黒鉛、六方晶窒化硼素、二硫化モリブデン、弗素樹脂など摩擦係数が小さい物質が採用される。

トライボロジー

　トライボロジー(tribology)は、摩擦(friction)、摩耗(wear)、潤滑(lubrication)など、相対運動を行いながら相互に作用を及ぼす表面現象を研

究する学問技術で、1986年の造語である。

摩擦材料

列車、自動車、航空機のブレーキ（制動、brake）は、機械エネルギーを熱エネルギーに変換して停車させる重要な部品である。ブレーキには、①滑ってはいけない、②高温でも焼き付いてはいけない、③雨に強い、④減り過ぎては困るなどの過酷な条件を満足させなければならない。これらの過酷な要求を満たすには一つの材料では無理で、複合材料が採用されることが多い。

以前は自動車や自転車のブレーキにアスベスト-フェノール樹脂系の材料が多く使われていたが、アスベストの公害が問題になって使用禁止となった。性能的にアスベストを代替できるブレーキ用無機繊維は見つかっていない。

現在では自動車や列車のブレーキには、鉄系ディスクや車輪と、焼結摩擦材料との組み合わせが使われている。焼結摩擦材料は、摩擦成分・潤滑成分・金属成分からできている。摩擦成分はセラミック粒子、潤滑成分は黒鉛や鉛、金属成分は銅合金で多くは青銅が使われる。

集電材料

直流モータの刷子には焼結黒鉛材料が使われている。たとえば電気掃除機用の黒鉛モータ刷子には2500時間以上の耐久性が要求される。

電車のパンタグラフの擦り板には、①高圧大電流をよく通す。②アーク放電を生じない。③架線（硬質銅線）を摩耗させない。④擦り板それ自身の摩耗が少ないという難しい条件を満足させる必要がある。

集電材料も、摩擦成分・潤滑成分・金属成分からなるが、集電性能を重視するので金属成分の比率が多い。在来型電車のパンタグラフの擦り板には、青銅を主成分に黒鉛を潤滑成分とした焼結材料が使われている。新幹線電車のパンタグラフの摺り板には、金属鉄を主成分に鉛を潤滑成分とした焼結材料も採用されている。

先進光学材料

7

7.1 受光機器
7.2 発光・映像表示機器
7.3 光通信
7.4 単結晶
7.5 薄膜

7.1 受光機器

光学技術の進歩に寄与した大発明は、レンズ、プリズム、反射鏡、望遠鏡、顕微鏡、写真、映画、テレビ、8 mm カメラ、レーザなどである。光ファイバ技術は情報伝達に画期的な貢献を果たした。ここでは近年の光学機器の進歩について述べる。

コピー機

乾式複写機の基礎技術は、弁護士で科学者のカールソン（C. F. Carlson, 1906-68 年）が 1938 年に確立して、ゼログラフィー（xerography, 乾式書法を意味するギリシア語）と命名した。最初の実用複写機であるゼロックス®が発売されたのはそれから 20 年後の 1958 年のことであった。

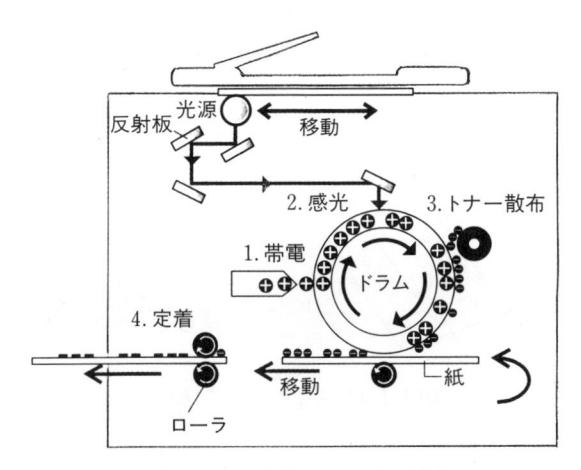

図 7.1.1　静電コピー機の構成

乾式静電複写の仕組みを図 7.1.1 で説明する。①セレン（Se）薄膜を蒸着し感光ドラムに＋の静電荷を帯電させる。②スタートボタンを押すと光が原稿を走査して反射光がドラムに当たる。光が当たった部分はセレンが導電性とな

って＋の電荷が消える。③－の電荷を帯びたトナー（熱可塑性樹脂を混入した微粉末顔料、toner）をドラムに振りかけると、＋の電荷が残っている部分に付着する。④＋の電荷を帯びた紙をドラムに接触させるとトナーが紙に移るから、ローラーで加熱してトナーを紙に定着させる。

セレンは有害元素という理由で、現在は感光膜としてアモルファスシリコン膜などが採用されている。

トナーは細かく均一で加熱すると軟化して紙に固定する着色粒子が要求される。顔料を分散したモノマー懸濁液から粒径が数 μm の微細な球形のトナーが重合法などでつくられている。

スキャナー

スキャナー（走査装置、scanner）は原稿の文字や画像を読みとってデジタルデータに変換する装置である（図7.1.2）。下から原稿に光を当てて一次元 CCD で一列分の光の強弱を電気信号に変換する。A4 原稿を 400 dpi（dots per inch）で読みとるには 3300 画素の一次元 CCD が必要である。これで A4 原稿の長辺を走査すると総画素数は 1500 万画素にもなる。

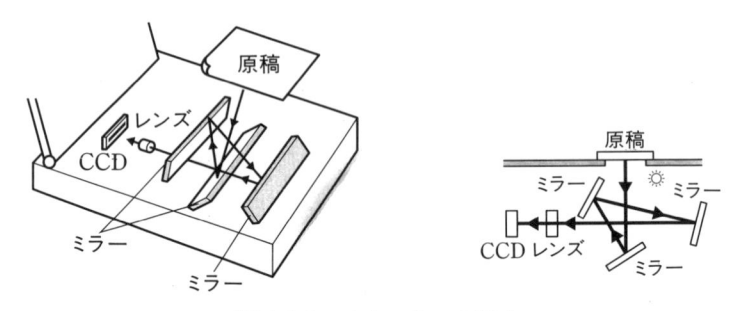

図7.1.2 スキャナーの構成

レーザプリンタ

パソコンの出力機として重要なレーザプリンタ（laser printer）は、細く絞ったレーザビームで感光ドラムを走査して二次元画像をつくって、それを紙に転写する。

図 7.1.3 で、プリンタに入力するデジタル画像データは半導体レーザでレー

ザビームのオン・オフ信号に変換される。レーザビームはコリメートレンズとシリンドリカルレンズを、ポリゴン（多角形、polygon）ミラーで反射し、fθレンズ（歪曲特性をもつレンズ）を通って感光ドラム上に微小スポットをつくる。データの On-Off タイミングと、ポリゴンミラーと感光ドラムの回転が同期している。

感光ドラム上の二次元画像は、コピー機と同様にトナーを用いて紙に転写され、加熱して固定される。

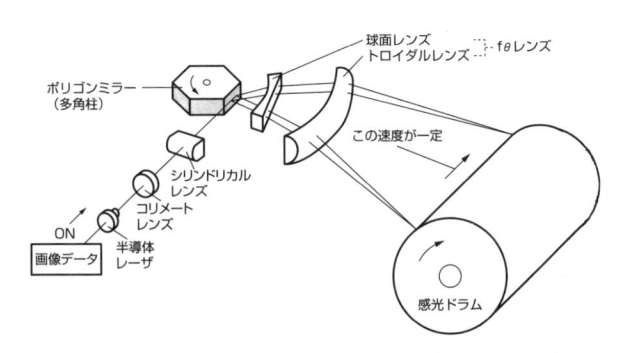

図 7.1.3 レーザプリンタの構成

ステッパー

ステッパー（逐次移動型縮小露光装置、stepper）は半導体上に微細な電子回路を露光する非常に高価な装置である。ステッパーは感光剤を塗布した直径 200-300 mm のシリコンの薄板・ウエハー（ウエーハ、wafer）に、親指の爪ほどの四角い領域を逐次露光する。露光する回路はレチクル（原図、reticle）と呼ばれる透明なシリカガラス板に描かれている。

投影レンズ系は直径 20-40 cm もある最高級レンズ約 20 枚で構成され、レチクルの原画を 1/5 位に縮尺し、逐次移動してつぎつぎに回分露光する。露光したシリコンウエハーは現像・エッチングなどの処理を行う。

この作業は何回も何回も繰り返し行われるから、ステッパーの正確な位置合わせは何よりも重要である。

半導体集積度の増加と共に露光用の波長が短くなって、光源に弗化クリプト

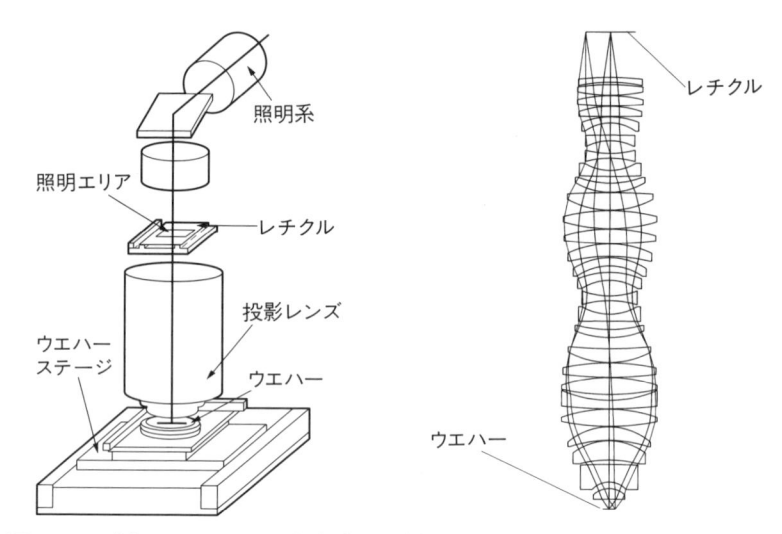

図 7.1.4 左）ステッパーの光学系　　右）ステッパー投影レンズの内部構成

ン（KrF）エキシマレーザ（248 nm）が採用されて、通常のガラスではこの紫外線をほとんど透過しない。製造工程のリソグラフィーに使われる回路パターン用マスクの基板（レチクル）には、火炎加水分解法でつくる光ファイバに匹敵する超高純度のシリカガラス板が適している。

蛍石（CaF_2）は立方晶系に属する光学的に等方的な透明結晶で特殊な高級レンズに使われている。弗素レーザの短波長光源（157 nm）を使うステッパーには直径 40 cm の合成蛍石レンズが採用されている。

CCD 撮像素子

CCD（電荷結合素子、charge coupled device）撮像素子はビデオカメラやデジカメの心臓となる光検出素子である。小型のデジカメでも数百万画素の CCD 素子が使われているが、それぞれの素子は非常に小さくて 10 μm 程度である。CCD 素子の機能を図 7.1.5 について説明する。

CCD の各素子は、集光用のマイクロレンズ、赤・緑・青の三色のフィルタ、シリコン基板上に形成された光ダイオードで構成される。光ダイオードが光を検出すると電流が流れて電荷を貯める。貯まった電荷は約 1/100 秒間隔で、各

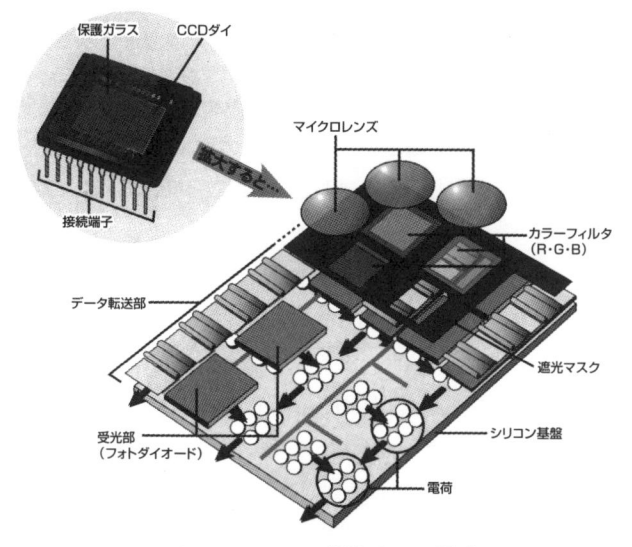

図 7.1.5 CCD撮像素子の構造

色のダイオードに入射した光量を繰り返し読み出して画像を組み立てる。

シンチレーション計数管

X線の検出に用いるシンチレーション計数管はシンチレータ（発光体、scintillator）の発光現象を利用している。X線がシンチレータに入射すると瞬間的に青白い光を発生するが、その光子数はX線量子のエネルギーに比例し

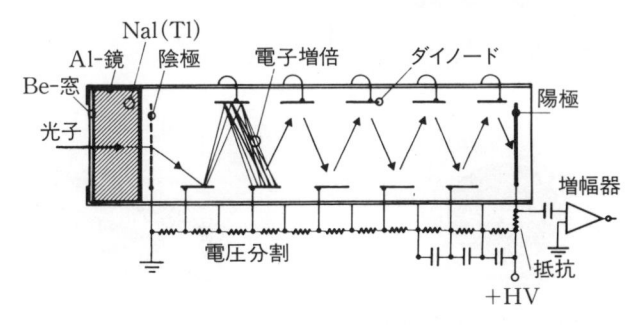

左のハッチした部分がシンチレータ　　右側の真空管が光電子増倍管
図 7.1.6 シンチレーション計数管の概念図

ている。シンチレータとしては微量のTlで活性化したNaI単結晶が使われている。

この微弱な光を光電子増倍管（photo-multiplier）を用いて増幅する。すると、発光体の光が光電陰極で電子に変換され、それに続く多段の電子面（ダイノード、dynode）で二次電子放出が起こって電子がねずみ算式（〜10^6）に増加する。

超高感度撮像管

カルコゲン元素の、砒素（As）、セレン（Se）、テルル（Te）は光に対する電気抵抗の変化が非常に大きい。NHK技術研究所と日立はこれらの薄膜を使ったテレビ用の高感度撮像管を1972年に開発して、カルコゲン元素名からサチコンと命名した。

さらに彼らは1988年にサチコンの10倍の感度をもつハープ（HARP）管を開発した。HARPは光の雪崩現象を利用する高感度雪崩増倍型非晶質光電変換膜（High-gain Avalanche Rushing amorphous Photoconductor）と、光電子増倍管とで構成されている。現在ではサチコンの600倍、最新のCCD撮像素

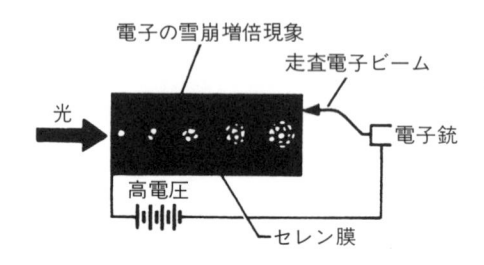

上）撮像膜の概念図　　下左）撮像膜の外観　　下右）撮像館の外観、左端が撮像膜
図7.1.7　新スーパーハープ撮像管

子の100倍の感度をもつスーパーハープ管が開発されている。図7.1.7上は撮像膜の概念図、下左は撮像膜、下右は撮像管の外観である。

すばる望遠鏡

ハワイのマウナケア山頂に設置された（1999年）地上最大の可視・赤外反射望遠鏡「すばる」の反射鏡は、直径が8.3 m、厚さが20 cmで、重量が24トンで、鏡体を傾けると重力で鏡が僅かに変形する。反射鏡は裏から261個のアクチュエータ（駆動装置、actuator）で支えられていて、コンピュータ制御で反射鏡の歪みを補償する。

反射望遠鏡の鏡の材質は光学ガラスである必要はない。熱膨張が極度に小さくて、表面が完全に平滑に研磨できることが大事である。採用されたガラスはコーニング社が開発した5％の酸化チタンを含むシリカガラス（SiO_2-TiO_2系ガラス）である（163頁参照）。このガラスの熱膨張率は常温付近でゼロである。

反射鏡の素材は、特殊なバーナーで$SiCl_4$と$TiCl_4$を酸素ガスと水素ガスを丸い盆状の耐火物容器に吹き込んで燃焼させる。炉内の温度は1700°Cに達して、直径1.5 m、厚さ12 cmのガラスの塊が得られる。この塊を複数個重ねて加熱・熔着して、一片が73 cmで、厚さ26 cmの正六角形のガラス板が切り出される。このガラス44枚を1700°Cを越える温度で融着して、望遠鏡の反射鏡とした。ガラスの熔融・徐冷・研磨には4年の歳月を必要とした。

ピッツバーグ近郊の廃坑中の工場で3年をかけて研磨された反射鏡は海を越えてハワイ山頂まで運ばれた。

反射鏡はまず望遠鏡の地下の真空室に運んで清掃し、表面に0.1 μmの厚さにアルミニウムを蒸着した。アルミニウム蒸着膜の反射率は90％程度である。鏡の表面は時々ドライアイスを吹き付けて清掃し、年一回くらいは洗浄して蒸着し直すことになっている。

望遠鏡で撮影した映像は約8000万画素のCCDカメラで撮影して山麓のスーパーコンピュータに送る。画像をハイビジョンカメラに記録することも自由である。

図 7.1.8 左) すばる望遠鏡の全景　右) 地下の主鏡用真空蒸着装置

ニュートリノ観測施設

ノーベル物理学賞を受賞した小柴昌俊が企画したニュートリノ観測施設は岐阜県・神岡にある亜鉛鉱山の廃鉱、地下 1000 m に設けられている。

「カミオカンデ」と命名されたこの観測施設は 3000 トンの水を貯えた巨大な水槽で、壁面には、直径が 50 cm、重量が 50 kg もある特大の光電子増倍管が 1500 本も並んでいる。13 段のダイノードを備えたこの光電子増倍管は最初に生じた電子を 1000 万倍に増幅する。これでニュートリノが水槽を通過したときに発する微弱な光を検出する。

図 7.1.9 左) 世界最大の光電子増倍管、直径：50 cm、浜松ホトニクス(株)製
　　　　右) 東京大学宇宙線研究所神岡観測所、取付中の 1000 本の光電子増倍管

太陽電池

　クリーンで半永久的なエネルギー源として太陽光発電装置に対する期待は大きい。太陽電池の発電能力は大きくはないが、電卓、時計、ラジオ、小規模の照明、表示灯、標識灯、家庭用電源などに利用されている。

　太陽電池に使用可能な各種材料のバンドギャップ（Eg/eV）を図 7.1.10 に示す。Eg が太陽光の放射エネルギー分布に近い材料の変換効率が高いと考えられるが、現実には三種類のシリコン太陽電池が実用化されている。単結晶、多結晶、アモルファス、それぞれのシリコン太陽電池の実用変換効率は、12-24 %、11-19 %、6-13 %程度である。

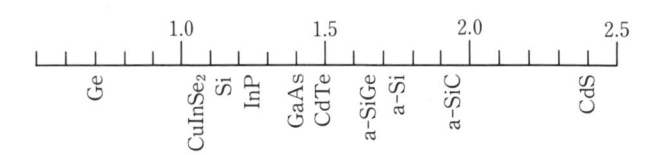

```
         1.0        1.5        2.0        2.5
  ├──┼──┼──┼──┼──┼──┼──┼──┼──┼──┼──┼──┼──┼──┼──┤
   Ge        Si  InP GaAs  a-SiGe a-SiC        CdS
         CuInSe₂    CdTe    a-Si
```

図 7.1.10　各種太陽電池材料のバンドギャップ（Eg/eV）

　単結晶シリコン太陽電池は変換効率は高いが非常に高価である。これに対してアモルファスシリコン（a-Si）太陽電池は以下の特長を備えている。①製造工程が簡単で、製品が安価である。②製造に要するエネルギーが少ない。③使用原料が少ない。膜厚は 1 μm 以下でもよい。④大面積に適用可能で連続生産できる。⑤集積可能で、1 枚の基板から高い電圧が取り出せる（単一電池の電圧は 0.5 V である）。⑥長寿命である。⑦感光特性が蛍光灯のスペクトルに近いので室内使用に適している。

　太陽電池の基本構造を単結晶型とアモルファス型（a 型）について説明する（図 7.1.11）に示す。シリコン太陽電池では半導体接合に光を照射すると起電力が生じる。単結晶型シリコン太陽電池では光キャリヤーは pn 構造によって拡散する。アモルファス型シリコン太陽電池では i 層（真性層）中の内部電界によってドリフト（drift）で移動する。a-Si 太陽電池の i 層の厚さは重要で、厚い方が光の吸収がよいが、電界に乱れを生じやすくなるので最適値（5000 Å 程度）が存在する。

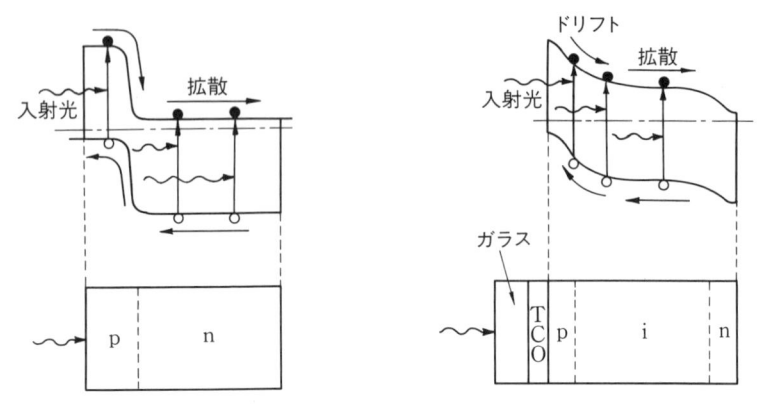

●：電子，○：正孔，TCO：透明電極

左）単結晶シリコン太陽電池　　右）アモルファスシリコン太陽電池
図 7.1.11　太陽電池の構造

アモルファスシリコン太陽電池の製造工程の概念図を図 7.1.12 に示す。高周波プラズマ装置を使ってモノシランなどのガスをグロー放電で分解して、透明電極（TCO）をつけたガラス板に p 層、i 層、n 層の順に半導体層を形成する。図の装置ではガスを切り換えるときに不純物が混入して膜質が低下するから、p 層用、i 層用、n 層用それぞれの成膜装置を独立させた生産設備が採用されている。

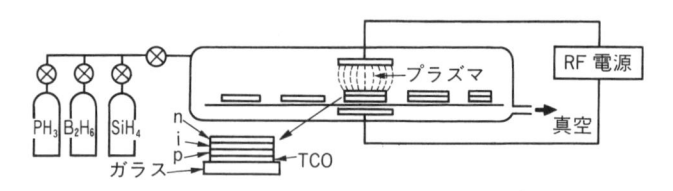

図 7.1.12　アモルファスシリコン太陽電池の製造工程の概念図

7.2 発光・映像表示機器

発光ダイオード

　発光ダイオード（LED, Light Emitted Diode）は電流注入で生じる pn 接合部の発光現象を利用する（277 頁参照）。シリコンの発光は赤外域にあるので、リモコンや赤外線監視装置の光源に使われる。可視発光にはIII-V族化合物半導体（GaP, GaAs, AlGaAs, InGaN など）が使われる。LED は単結晶を用いるので大面積デバイスには向いていないが、2-3 ボルト以下の低電圧で発光し、消費電力がネオンサインの 1/30、蛍光灯の 1/8 と少なくて、長寿命である。LED の進歩は、交通信号、発光表示装置、屋外用大画面ディスプレー、そして一般照明などの分野で革命をもたらすと期待されている。

　LED の発光原理図（図 7.2.1）で p 型領域と n 型領域には不純物が添加されている。これに外部から順方向に電圧が印加されると pn 接合部のエネルギー障壁が低くなって、n 型領域からは過剰電子が、p 型領域からは過剰正孔が注入され、pn 接合部で両電荷の再結合に伴う発光が生じる。発光層の厚みは数 μm で、発光波長は半導体のバンドギャップが大きいほど短い。

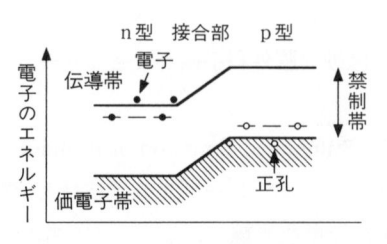

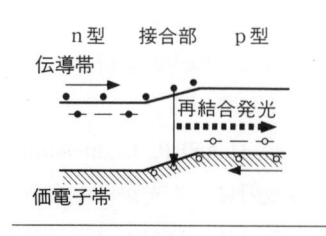

図 7.2.1　LED の発光原理

　LED チップの断面構造を図 7.2.2 に示す。図左）は同一物質たとえば GaP の pn 接合を用いるホモ接合構造で、発光層の厚みは 1-2 μm である。図右）

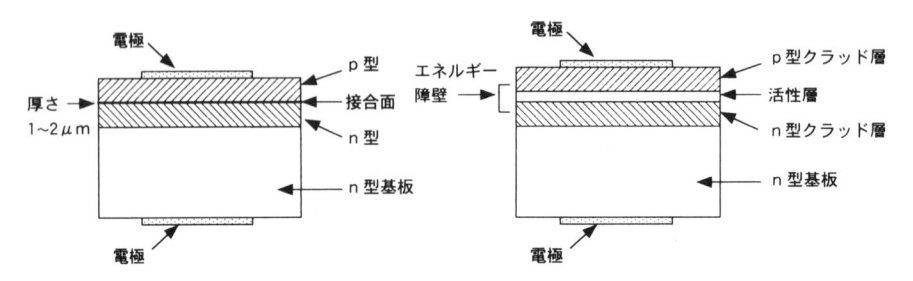

図7.2.2 左) LEDチップの一般的構造　　右) ダブルヘテロLEDの構造

はダブルヘテロ接合（異種物質接合、double hetero junction）構造のLEDチップで、発光効率を向上させるため開発された。DH構造のLEDチップはバンドギャップが活性層よりも大きい材料で発光層をサンドイッチした構造（クラッド層、被覆、clad）で、発光層から電荷を逃さない効果がある。

窒化ガリウム系青色発光ダイオード（LED）は名古屋大学の赤崎勇が発明した。中村修二が量産に成功して話題が沸騰したこのLEDは薄いInGaN発光層をGaN層とAlGaN層でクラッドした構造で、ピーク波長は450nmである。波長が525nmの緑色発光ダイオードも実現している。現在の基板はサファイア（Al_2O_3）であるが、より安価な基板が研究されている。

レーザの原理

レーザは20世紀最大の発明の一つである。レーザは光通信の光源として多量の情報を瞬時に伝達できる。強力な炭酸ガスレーザの工作機械は、加熱・切断・熔接などの作業を行うことができる。微妙な脳外科手術ができるレーザ装置も普及している。

レーザ（LASER, Light Amplification by Stimulated Emission of Radiation）は誘導放射による光領域の発振増幅を意味している。レーザ光線は波長と位相が揃ったコヒーレント（干渉性、coherent）な単色光線で、光ビームの指向性が非常に優れている。

レーザは、気体レーザ、液体レーザ、固体レーザ、半導体レーザなどに分類できる。波長領域は、遠赤外、赤外、可視、紫外などに及んでいる。レーザの発光機構はいろいろであるが、ほとんどの固体レーザは4準位レーザである。

燐光を示す結晶の多くがレーザ結晶として用いられる。

図7.2.3で、電子が励起準位 E_2 にあるときに、これに振動数 ν の電磁波が入射する場合を考えよう。その際に、電子は外からやってきた光と、同じ振動数、同じ位相、同じ方向の電磁波を放射して基底準位にもどることがある。これが誘導放射である。誘導放射過程では、入射光子と全く同じ振動数と位相をもち、同じ方向に進行するコピー光子が増加する。なお、発光ダイオードは誘導放射ではない。

E_2 ———————————— 励起準位
   $h\nu$ ∿∿∿↓∿∿∿ $h\nu$
       ∿∿∿ $h\nu$
E_1 ———————————— 基底準位

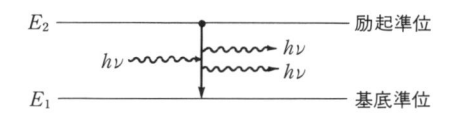

図 7.2.3 誘導放射過程におけるエネルギー準位と遷移

原子（分子）は一番低いエネルギー状態つまり熱力学的な平衡状態に向かう傾向が強く、励起状態にある原子（分子）は基底状態の原子（分子）に比べて著しく少ない。強度の大きい誘導放射を起こすには、励起状態の原子が多い状態、すなわち反転分布（負温度）状態にする必要がある。原子（分子）を励起準位にポンプして反転を起こさせるには、強力な励起源（電磁波、放電、電子ビームなど）が必要である。

固体レーザ

ルビーレーザはメイマン（T. H. Maiman, 1927- 年）が最初に開発した（1960年）レーザで、今でも現役である。レーザ用ルビーは活性イオンとして少量（0.05％程度）の Cr^{3+} イオンをドープした Al_2O_3 の合成単結晶である。ルビーレーザは平行に磨かれた単結晶の両端に半透反射膜がつけられ、その周囲にキセノン放電管と円筒形の反射鏡を配置してある。これによって光を繰り返し反射させて光の位相を揃えてつぎつぎに誘導放射を起こさせて、ついにレーザ発光が可能となる。

ルビーレーザは、①基底準位、②準安定励起準位、そして③吸収帯からなる3準位レーザである（図7.2.4 左）。波長が $0.42\ \mu m$ と $0.55\ \mu m$ 程度の光で励起（ポンピング）される二つの幅広い吸収帯は寿命が短い（≒50 ns）ので速

やかに②準位に遷移する。②準位の寿命は 3 ms と長いので活性イオンの数が増え続けて反転分布が実現する。②準位から①準位への遷移はレーザ発光で波長は 694.3 nm である。ルビーレーザーは 3 準位系であるため、発振の閾値が高くて、連続発振が難しいという欠点がある。

固体レーザ用単結晶の種類は多いが、現在もっとも有用な結晶はガーネット（柘榴石、garnet）構造の YAG（$Y_3Al_5O_{12}$）である。

1% 程度のネオジムイオンをドープしたイットリウム・アルミニウム・ガーネット・YAG（Nd^{3+}：$Y_3Al_5O_{12}$）は、4 準位系で発振効率が高く連続発振が可能な、波長 1064 nm のレーザ用単結晶である。ネオジム YAG レーザのポンピング用光源には、連続発振には色温度が高い白熱電灯を、パルス発振にはキセノン放電管を用いる。この材料の難点は単結晶育成が困難で、大きな単結晶をつくるのが難しいことである。

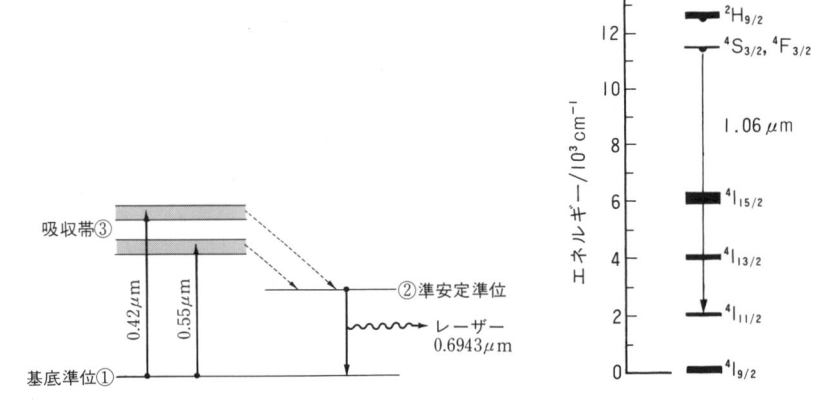

図 7.2.4 左）ルビーレーザのエネルギー準位　　右）ネオジムイオンのエネルギー準位

レーザ用ガラス

ネオジムイオン Nd^{3+} を数 % 混入したガラスも YAG レーザと同様にレーザ発振することが知られている。ガラスは均質で大型製品をつくりやすいという特徴を生かして大出力レーザへの利用が指向されている。特に重水素や三重水素を使う核融合炉の熱源として研究されている。

強力な光が通過するとき、非線形的屈折効果によって光束が中心に集中してガラスが熱で破壊することがある。弗化物系ガラスは屈折率が非線形で非常に小さいので、少量の燐酸を含む弗化物系ガラスがレーザ用ガラスとして研究されている。

赤外線透過ガラス

従来の珪酸塩ガラスの赤外線に対する透明度は精々 3 μm まででであった。赤外線を透過しやすいガラスとしては、弗化物ガラス、ゲルマン酸ガラス、カルコゲンガラス、アルミン酸塩ガラス、亜アンチモン酸ガラス、亜砒酸ガラスなどが知られているが、珪酸塩ガラスに比べて屈折率が大きいことが分かっている。これらのガラスは酸素や水分が存在すると赤外域に吸収を生じるから無水の窒素雰囲気中で扱う必要がある。これらのガラスは赤外線センサなどに応用されている。

透過率可変ガラス

透過率可変ガラス（調光ガラス、photochromic glass）は微量のハロゲン化銀（AgBr, AgCl）を含む硼珪酸ガラスである。フォトクロミックガラスは光を受けると黒く変色するが、光が消えると元にもどるから、サングラスなどに利用される。AgBr が光を受けると Ag と Br に解離するが、光照射を続けると Ag が集合して銀コロイドを形成してガラスが黒く変色する。フォトクロミックガラスに含まれる AgBr の最適含有量は 0.2 wt % で、平均粒径は 100 Å 程度が、粒子間距離は 600 Å 程度がよいとされている。光を遮断すると銀コロイドは分離を開始して、再び AgBr となって色が消える。

感光性ガラス

感光性ガラス（photosensitive glass）は、紫外線を照射すると感光して、それを加熱すると発色するガラスである。

微量の、金、銀、銅などを加えて熔融したガラスは急冷すると無色であるが、それを再加熱すると貴金属イオンが還元され凝集してコロイドとなって発色する。再加熱する前にネガを置いて紫外線を照射すると反応が促進される。

これによって種々の色調やオパール状に着色した画像が得られる。

紫外線露光と熱処理で微細なメタ珪酸リチウム（$Li_2O \cdot SiO_2$）粒子を析出するリチウム含有感光性ガラスは、弗化水素酸溶液で露光部分だけを溶解できるから、ガラスに彫刻、穿孔、切断などの加工を行うことができる。

半導体レーザ

半導体レーザは、小型で高効率、低電圧、低消費電力、長寿命、高速変調可能などの特徴をもち、光エレクトロニクス用光源として広く使われている。光通信用には 1.55 μm の、DVD 用には 0.65 μm のレーザ光が採用されている。

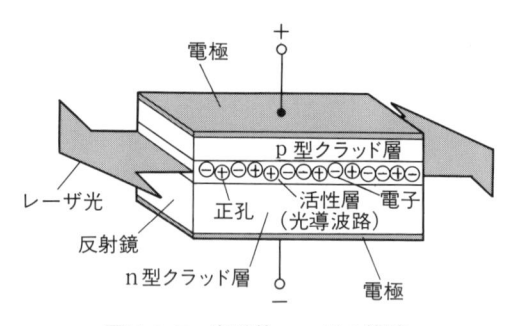

図 7.2.5　半導体レーザの構造

真性半導体（厚さ 0.1-1 μm）の活性層（i 層）を p 型半導体と n 型半導体でサンドイッチ（クラッド、clad）したダブルヘテロ接合をつくる（図 7.2.5）。この p-i-n 接合に順方向電圧を印加すると、n 型クラッド層から電子が、p 型クラッド層から正孔が活性層に注入される。この電子と正孔が再結合するときにエネルギーを光として放出する。光は屈折率の違いによって活性層内に閉じ込められ、側面の反射鏡で一部はフィードバックされる。こうして形成されたループが平衡状態に達するとレーザが連続発振する。

ホログラム

ホログラム（hologram）は、物体から出る光を別の光（参照光）と干渉させてその干渉縞を記録した図形である。干渉性が著しいレーザ光線が発明され

て実現した。ホログラムに光（再生光）を当てると元の物体の姿が立体的に再生される。干渉光による物体の再生技術をホログラフィー（holography）という。

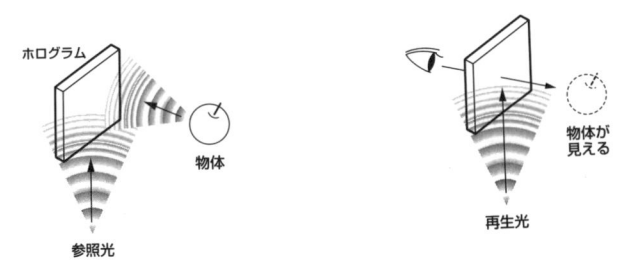

左）ホログラムの記録　　　　　　右）ホログラムの再生
図 7.2.6　ホログラフィー

平面表示装置

発達途上にある平面表示装置（FPD, Flat Panel Display）は両面に板ガラスを使っている。それらのガラスには寸法精度と表面平滑度が要求され、精細なパターンの電極と透明導電膜を焼き付け加工するので、耐熱性と耐蝕性そして寸法安定性が必要である。これらのガラスはフロート法でつくる場合が多いが、フュージョン法やダウンドロー法でつくるものもある。

液晶ディスプレー

板状表示装置（flat display）には、発光型と非発光型とがある。液晶ディスプレー（LCD, Liquid Crystal Display）は後者で、裏から照明（バックライト）する必要がある。

液晶（liquid crystal）は一軸方向に長い有機化合物分子で種類が多い。それらはネマチック液晶、スメチック液晶、コレステリック液晶に分類される。

液晶に電界を加えると分子の配向や配列が変わる。この現象を利用して、バックライトの透過率を変えて表示する装置がパソコンなどの液晶ディスプレーである。

液晶プロジェクタ（投影機）は高輝度ランプを使ってパソコンの画面をスクリーンに投影する。液晶プロジェクタの概念図を図 7.2.7 に示す。

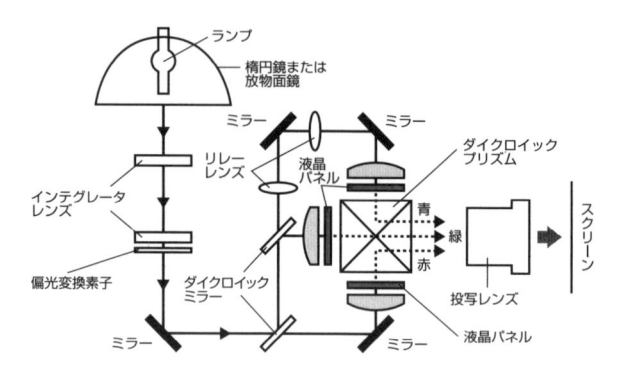

図 7.2.7 三板式液晶プロジェクタの概念図

TFT (Thin Film Transistor) 液晶ディスプレーは画素ごとにトランジスタ素子をマトリックス状に配置する。TFT-LCD の基板は 500°C 以上の耐熱性が必要で、半導体が劣化しないように無アルカリガラスが要求される。

ノート型パソコンでは厚さ 0.7 mm、携帯電話では 0.5 mm 以下の板ガラスが使われる。

液晶ディスプレーでは二枚のガラス板の間隔を保持するためのスペーサ (spacer) が必要で、そのため単分散 (球径が均一) シリカ球体 (直径 5 μm 程度) を液晶に混入している。

プラズマディスプレー

プラズマディスプレー (PDP, Plasma Display) は発光型の表示装置で、大型テレビなどとして期待されている。プラズマディスプレーは 2 枚のガラス板からなる。背面ガラス基板には筋状のアドレス電極と、それに隣接するようにセラミックスでできた幅:10 μm×高さ:100 μm 程度の障壁 (barrier, rib) が形成されている。障壁の中には三色の蛍光体を塗布してある。表面のガラス板には透明電極が印刷されていて誘電体層と保護膜で被覆されている。2 枚のガラス板の空間には少量の Ne と Xe の混合ガスが封入してあって、電圧を印可して発生するプラズマが蛍光体を励起して発光する。

プラズマディスプレー用の板ガラスには 600°C 以上の耐熱性が要求される

ので、ソーダ石灰ガラスは使えない。そのため徐冷点が620°Cと高くて、変形しにくい専用の高歪点ガラスが開発されている。

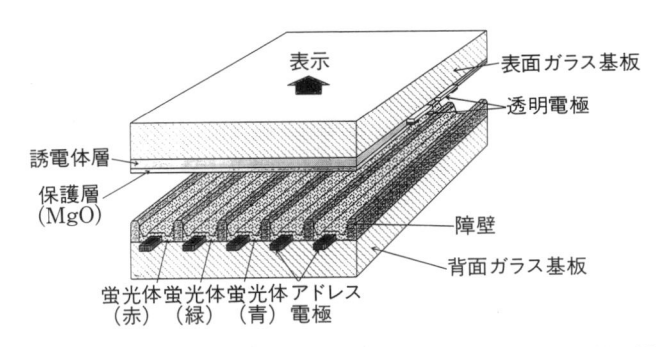

図7.2.8 AC型3電極面放電方式プラズマディスプレーの断面構造

ELディスプレー

電界を印加して発光する現象が電界発光（EL, Electro Luminescence）である。有機-金属系の電界発光化合物を用いるELディスプレーは発光型表示装置である。ELディスプレーは携帯電話の表示板としても、大型テレビにも、そして照明装置としても利用可能である。それに加えて、両面表示も可能で、巻き取りできるプラスチックフィルムにも適用可能ということで将来性が期待されている。

有機-金属系の発光錯体は種類が非常に多くて、いずれも水と反応しやすい化合物で問題があるが、封止法を工夫することでディスプレーが実用の段階に達した。

7.3 光通信

光ファイバ

　レーザを光源とする光ファイバ（繊維、fiber）が21世紀の情報化社会で高速道路の役割を担っている。光通信は双方向伝送に最適な技術で、電磁誘導や盗聴に関係なく大容量の情報を超高速で伝送できる。7本の太平洋横断光ケーブルが日米両国を結んでいる。

　一本の光ファイバは、何層ものプラスチック層で被覆されていて、それらを何本も束ねて、補強線などを加えてケーブル（cable）に加工されている。

　一本の光ファイバは二層構造のガラス繊維である。外径が0.125 mmと決められている光ファイバは、屈折率が大きい芯（コア、core）を、屈折率が小さい外被（クラッド、clad）が囲んでいる。コアは超高純度のシリカガラスで少量の GeO_2 を含んでいる。クラッドは純粋なシリカガラスである。

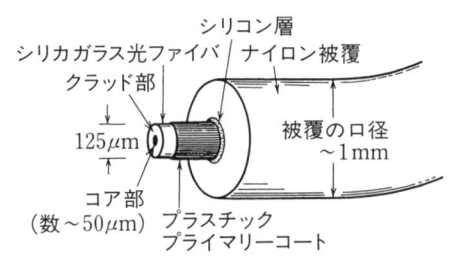

図7.3.1 光ファイバーの構造

光ファイバの伝送モード

　光ファイバの伝送モードを図7.3.2について説明する。

　多モード型のステップインデックス型ファイバは、光がコアの中で全反射を繰り返しながら進行する。

　多モード型のグレーテッドインデックスファイバはコアに屈折率分布があるので、光をコアの中心に集めて（グリンレンズ効果）、毎秒数百メガビットの高速で伝送できる。

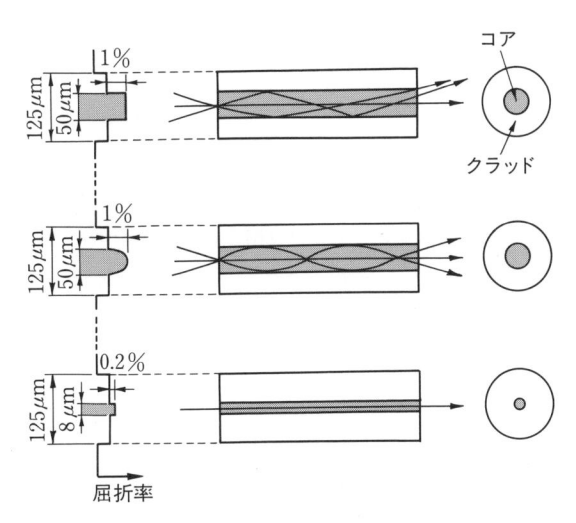

上) ステップインデックス型　中) グレーデッドインデックス型　下) 単一モード型
図7.3.2　光ファイバの屈折率分布と伝送モード

単一モードファイバはコアの直径が 10 μm と細くて光が直進するから伝送効率が高いが、接続する際の軸合わせが難しい。実用されているシリカ系光ファイバの大部分が単一モードファイバである。

光ファイバの固有損失

光ファイバは全反射を利用して遠距離通信を可能としている。屈折率が密な物質から粗な物質に光が入射すると、臨界角 θ_c 以上では全反射（total reflection）の現象が観測される。たとえば屈折率 1.5 のガラスから空気中に出てゆく光の臨界角 θ_c は 42°で、それ以下の角度で入射した光は全部反射するので理論的には損失はゼロである。

シリカガラスの光損失は極微量の水分や遷移金属イオンに原因していることが 1970 年代の研究で確認された。そして超高純度合成原料を採用することで光ファイバの性能が格段に向上した。

光ファイバ信号の減衰はデシベル dB で表される。$dB = 10 \log(I_0/I)$ である。現在では極限損失値 0.2 dB/km に近い光ファイバが生産されている。このファイバによって 200 km 無中継伝送が可能となった。

現在は主に波長 1.3 μm のレーザ光線が使われているが、シリカ系光ファイバの伝送効率は 1.55 μm の光線がもっともよいことが分かっている。

光ファイバの製造法

光ファイバの多孔質プリフォーム（前駆体、preform）の製法には、コーニング社が発明した水平式の内付け CVD（MCVD, Modified Chemical Vapour Deposition）法と、電電公社（現在の NTT）茨城電気通信研究所が発明した垂直式の外付け CVD（VAD, Vertical Axial Deposition）法とがある。VAD 法の概念図 7.3.3 に示す。

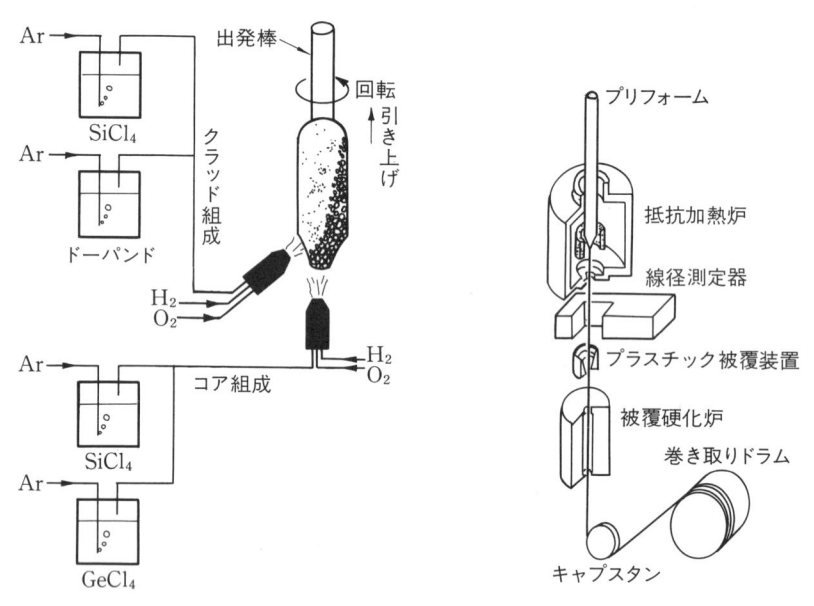

左) 多孔質プリフォーム製造装置　　　右) プリフォームの線引き装置

図 7.3.3　VAD 法光ファイバ製造装置の概念図

図 7.3.3 左はプリフォームの製造装置である。この装置で直径 5-10 cm、長さ 1 m もある粉雪を固めたような多孔質プリフォームをつくる。図 7.3.3 右は線引き装置で、プリフォームを焼結して透明なガラス棒にしたのち、外径

0.125 mm に線引きして、プラスチックを被覆して巻きとる。これらの装置は完全な気密容器の中で操業している。

光通信関連技術

　光通信には光ファイバのほかに、光送信機能、光変調機能、光中継機能、光復調機能、光受信機能など多くの関連技術が必要である。光源として使う光ダイオードやレーザ、そして検出器の改良も必要である。光ファイバを $0.1\ \mu m$ の精度で芯合わせして熔接する機器も必須である。光コネクター（取り外しが可能なケーブル接続器具）も大事である。

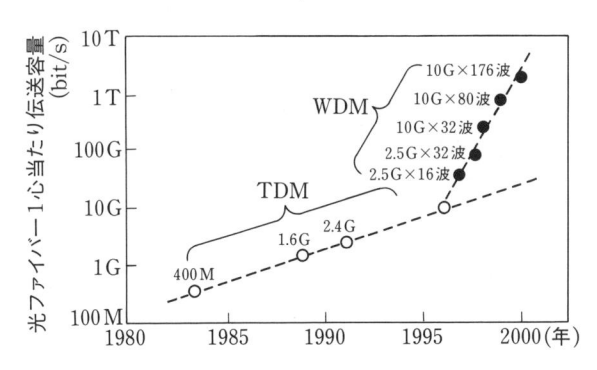

図7.3.4 光ファイバ伝送容量の増加

　光ファイバーの伝送容量を増加させるには、時分割多重（TDM, Time Division Multiplexing）伝送技術、波長分割多重（WDM, Wevelength Division Multiplexing）伝送技術によって、1芯当たり80-176波を伝送できるシステムが開発されている。光を多チャンネルに分割・結合する、光分岐・結合器も重要である。このようなさまざまな工夫によって光ファイバの伝送容量は急速に増加している。

7.4 単結晶

単結晶育成

単結晶育成技術（single crystal growth technique）の種類は多いが、気相から成長させる方法、液相（溶液、融液、熔融体）から成長させる方法、固相から成長させる方法に大別できる。

レーザ用単結晶のように高度の品質が要求される場合もあれば、砥粒に用いる安価な単結晶が要求される場合もある。合成宝石、半導体、水晶振動子、発光ダイオード、レーザなどに用いる多種類の単結晶材料が、それぞれの材料と用途に最適の装置と操業条件で育成されている。

ここでは主な方法を列挙するので、詳しくは専門書を参照されたい。

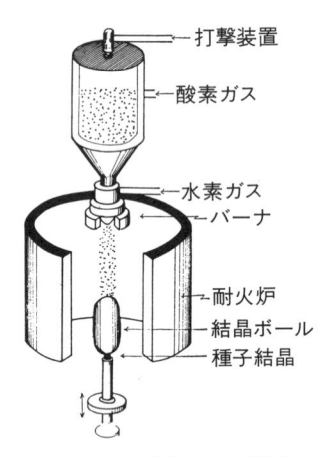

図7.4.1 ベルヌイ法単結晶育成装置の概念図

火炎熔融法

火炎熔融法はベルヌイ法（Verneuil method）とも呼ばれて、1886年に発明された。この方法では、酸化物原料の容器に振動を与えて粉末を炉中に落下させ、酸水素炎でそれを加熱・熔融して、ゆっくり回転する耐火物上に置いた種

結晶の上に堆積させる。時間の経過とともに耐火物を引き下げると、直径3 cm以上、高さ20 cm以上の単結晶を育成できる。ルビー、サファイア、スピネル、ルチル、$SrTiO_3$などの単結晶がこの方法で量産されている。レーザ用のルビーには高純度アンモニウム明礬を熱分解した粉末原料が用いられる。

引上げ法

　引上げ法（pulling method）はチョクラルスキー法（CZ法、Czochralski method）とも呼ばれる。CZ法は半導体用単結晶育成法の主流で、直径が200-300 mmもあるシリコン単結晶がこの方法で量産されている。

　原料の高純度多結晶シリコンを高純度アルゴンガス雰囲気装置内の坩堝（るつぼ）（高純度不透明シリカガラス製）に入れて加熱・熔融（融点：1450°C）する（図7.4.2）。その外側には高純度等方性黒鉛製の坩堝を置いてシリカガラスの変形を防止する。坩堝の周囲のヒータも高純度等方性黒鉛で、直接通電して加熱する。断熱材は炭素繊維のフェルトである（207頁参照）。

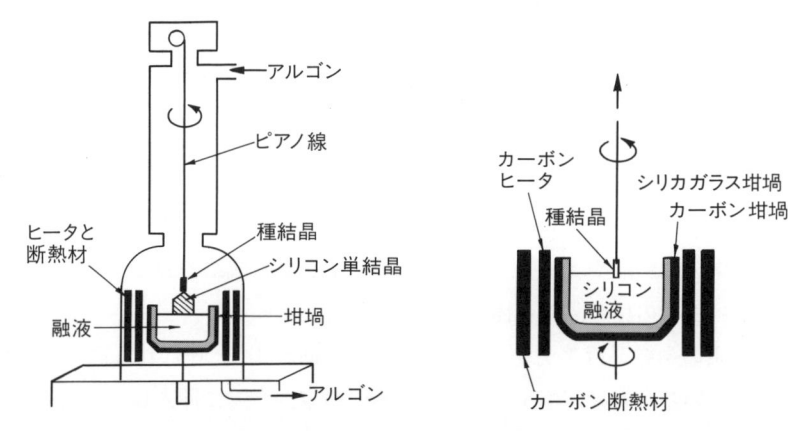

図7.4.2　左）CZ法シリコン単結晶育成装置の概念図　　右）坩堝の断面構造

　炉の上方から種となる小さな単結晶を融液につけて、ゆっくり回転しながら引上げて単結晶を育成する。

　光ダイオード等に用いるガリウム燐（GaP）やガリウム砒素（GaAs）などの光学材料も、高圧ガス雰囲気中で引上げ法で育成している。

引き上げ法の変形としては、モリブデンの型枠を使って単結晶シリコンやサファイアの薄板、細線、細管などを製造する技術（Tico法）も開発されている。

その他の熔融法

熔融状態から単結晶を育成する方法にもいろいろと変形がある。

帯域熔融法（zone melting method）は、最初のトランジスタ発明で使われたゲルマニウムの高純度化と単結晶育成の目的で開発された。ゲルマニウムの原料を高純度黒鉛ボートに入れて横型管状炉に挿入する。管状炉の外に置いた高周波コイルに電流を流してゆっくり動かすと、ゲルマニウムの熔融帯域が移動して、融体が凝固する際に偏析現象で不純物が進行方向に濃縮される。この方法で単結晶の不純物濃度を 10^{-10} まで減らすことができた。

縦型の浮遊帯域熔融法（FZ法、floating zone melting method）は、縦型管状炉の中央に試料をセットする。高周波コイルで熔融した帯域を表面張力によって保持し、試料を回転させながら熔融帯域を上方に移動して単結晶を育成する。この方法は試料が器壁と接触しないから汚染がないという特徴がある。熱源にキセノン放電管を使うと3000°C以上の高温に加熱することもできる。

温度勾配法（gradient temperature method）は、原料を容器に入れて熔融し、種結晶との間に温度勾配をつけてゆっくり冷却して単結晶を育成する。ブリッジマン法（Bridgman method）ともいう。

炭化珪素の単結晶やアルミナ砥粒はかなり乱暴な育成法でつくっている。得られるのは塊状の単結晶集合体である。

炭化珪素の単結晶はアチソン法（Acheson method）と呼ばれる直接通電法で合成している。炭素電極をシリカと炭素の粉末混合物に挿入して直接通電して高温（2300°C以上）に加熱すると、中心部に透明な単結晶が、周辺部には炭素を含む黒い炭化珪素の単結晶が団塊となって成長する。中心部の単結晶は、粉砕・分級して高強度セラミックスの原料とする。周辺部の結晶は破砕・分級して、研削砥粒、耐火物、抵抗発熱体などの原料にする（202頁参照）。アチソン法は弗素金雲母の合成などにも使われている。

アルミナの単結晶砥粒は、バイヤー法で製造したアルミナを原料として黒鉛

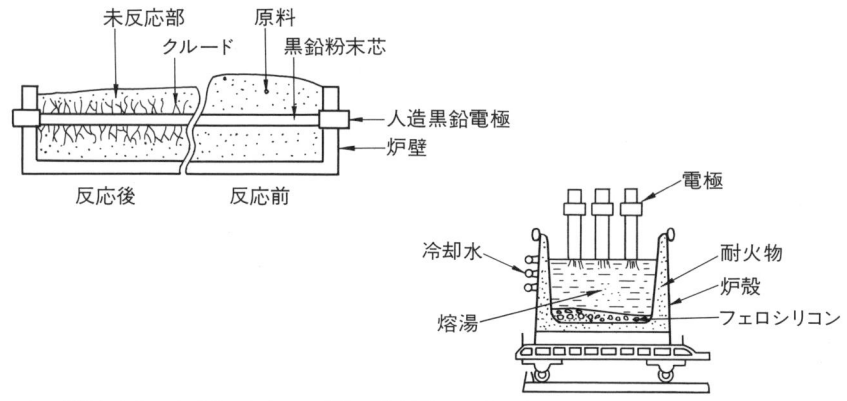

図 7.4.3 左上）アチソン炉の概念図　右下）エルー式電気炉の概念図

電極を用いる三相交流式アーク電気炉（エルー式電気炉、Héroult method）で育成し、冷却したものを破砕・分級して砥粒としている（217頁参照）。

スカルメルト法（頭蓋骨法、skull melting process）は宝石用のキュービックジルコニア（安定化ジルコニア）単結晶を育成するために考案された。絶縁体である原料混合物の周囲を、水冷した銅管の高周波コイルで取り囲んで加熱し中心部を熔融する。冷却後取り出した塊は、単結晶の周囲を焼結体が囲んでいて頭蓋骨に似ていることからこの名前がついた。

溶 液 法

水溶液や有機溶液から単結晶を育成する溶液法（solution method）は、海水から食塩をつくったり、砂糖黍の絞り汁から蔗糖の結晶を析出させるような作業である。

フラックス法

フラックス法（融液法、flux method）は、原料を高温の熔融塩に熔解してその中から単結晶を析出させる方法である。エメラルド（emerald）は緑柱石（beryl, $Be_3Al_2Si_6O_{18}$）の単結晶で、少量のクロムを固溶する濃緑色の宝石である。南米コロンビアが主な産地で、完全な結晶はほとんど産出しないからダイ

ヤモンド以上に高価である。米国のチャザムはフラックス法で屑石からエメラルドの合成に最初に成功した。現在ではこの方法でつくられた再結晶宝石が市販品の主流である。

化学輸送法

沃素(ようそ)やナフタレンのように蒸気圧が大きくて昇華する物質は、気体を冷却・再結晶させることで単結晶が得られる。

化学輸送法（chemical vapor transport method）は、温度勾配をつけた容器の高温部で原料を分解・気化させて低温部に輸送し、そこで元の化合物に再結合させて単結晶をつくる。

水 熱 法

水熱法（熱水法、hydrothermal method）は、溶解度が小さい物質について、高温・高圧の熱水中から単結晶を育成する。水晶振動子（293頁参照）をつくる単結晶は現在はすべてこの方法で量産している。

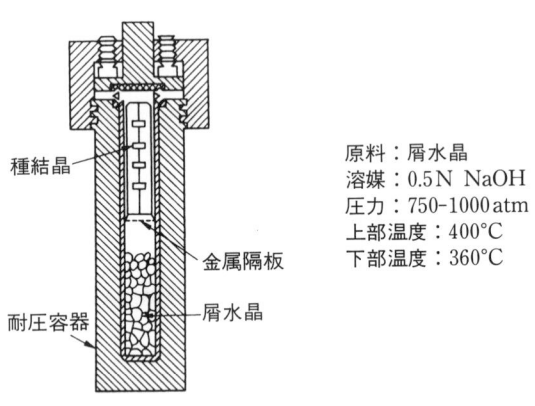

原料：屑水晶
溶媒：0.5N NaOH
圧力：750-1000 atm
上部温度：400°C
下部温度：360°C

種結晶
金属隔板
耐圧容器
屑水晶

図7.4.4 水熱法単結晶水晶育成装置の概念図

直径が2m、高さが8mもある高圧容器に屑石英(くず)と水酸化ナトリウム溶液を入れて多数の種結晶をセットする。温度勾配をつけた高温高圧容器の中で、数ヵ月をかけて小さな種結晶から長さが30cmもある単結晶を育成する。一回に

400 kg もの単結晶を育成できる。

　青色ダイオード（235頁参照）として期待されている窒化ガリウム（GaN）の基板をこの方法でつくる研究が進んでいる。白金で内張した高圧容器の下部にガリウムの原料粉末を入れ、上部に種結晶を置く。容器に液体アンモニアを満たして加熱する。下部の温度をさらに高めると、臨界状態となったアンモニアにガリウムが溶出して、やがて種結晶が成長する。

超高圧法

　単結晶ダイヤモンドは超高圧（ultrahigh pressure）装置で合成できる。GE社はダイヤモンドを最初に合成した（1955年）。金属ニッケルを触媒（正確には熔媒）として、黒鉛を加圧・加熱（5-9 GPa, 1300-1600°C）すると、ニッケルに熔けた黒鉛がダイヤモンドとして析出する。

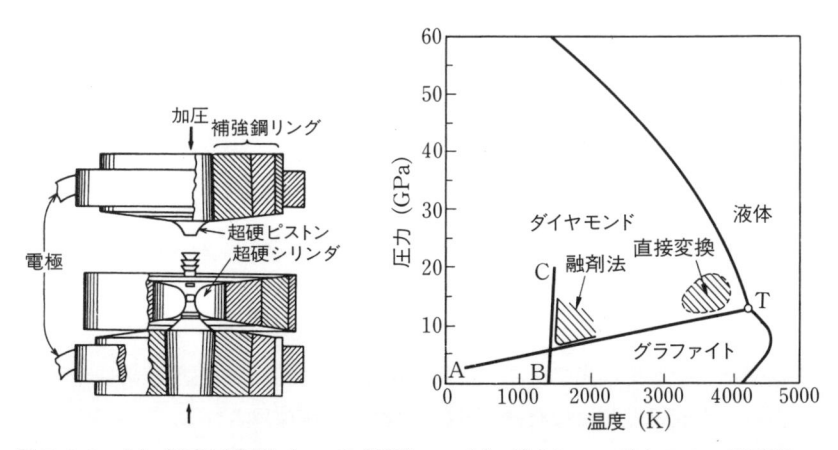

図7.4.5 左）超高圧装置（ベルト装置）　　右）ダイヤモンドとBNの相平衡

　現段階では宝石用のダイヤモンドを経済的に合成することはできないが、工業用ダイヤモンドの90％以上は合成品である（214頁参照）。

　衝撃波を使ってダイヤモンド微粉末を合成することも可能で、磁気ディスク・ドライブのヘッド部分の研磨などに用いるダイヤモンド砥粒がこの方法で製造されている。

7.5 薄　　膜

7.5.1 表面処理

　表面処理の目的は材料表面に関係がある何らかの性質を改善するためである。それらの性質には何の制約もない。具体的には、着色、美観付与、艶つやだし、装飾、反射率向上、梨地加工、マット加工、導電性付与、帯電防止、誘電性付与、磁性付与、表面強化、表面硬化、耐久性付与、耐熱性付与、耐候性付与、耐摩耗性付与、防錆(ぼうせい)、防腐(ぼうふ)、接着性向上、酸化防止、化学反応性向上、撥水(はっすい)性付与、親水性付与、親油性付与、潤滑(じゅんかつ)性付与、表面張力低下、光触媒性付与、焦げ付き防止など千差万別である。目的を達成するための手段が問われることも全くない。

　雑然とした表面改質の実例のいくつかを以下に列挙する。

表面保護膜

　微粉末にとって表面処理は欠くことができない作業である。たとえばアルミニウム粉末は自動車のメタリック調塗料などに混入されているが、市販されているアルミ粉末はワックスの薄膜でコーティングされている。溶剤で表面のワックスを除去すると粉末が活性化して僅かな刺激でも発火・燃焼する。

　各種繊維、たとえば光ファイバや炭素繊維にとって表面処理技術は非常に重要である。表面処理剤には有機-金属化合物などが採用される。

　傘や衣服に撥水性を付与するにはシリコーン（珪素樹脂、silicone）処理や弗素樹脂処理を行う。弗素樹脂加工はフライパンに焦げ付き防止機能を与える表面処理技術であるが、撥水性や潤滑性を付与する目的にも使われている。

　金属材料では腐食防止の技術が重要である。鉄鋼材料ではメッキや塗装が必要である。金属アルミニウムにはアルマイト処理が不可欠の技術である。

　金属の表面強化には、浸炭(しんたん)、窒化、高周波表面焼き入れ、硬質クロムメッキ、ダイヤモンド薄膜付与、金メッキ、TiNやTiCのコーティング、溶射などいろいろな手法がある。

光触媒

葉緑素による光合成は生命活動を維持している最も重要な光触媒反応である。波長が 380 nm 以下の紫外線によって酸化チタン（TiO_2）の表面が活性化して酸化還元作用を示す現象は、東京大学の藤嶋昭と本多健一が 1972 年に発見した。

太陽光中の紫外線は 3% 程度で、屋外でも $1\ mW/cm^2$ と弱いが光触媒には十分である。蛍光灯中の紫外線は $1\ \mu W/cm^2$ と微弱であるが、それでも工夫すれば光触媒に利用できる。

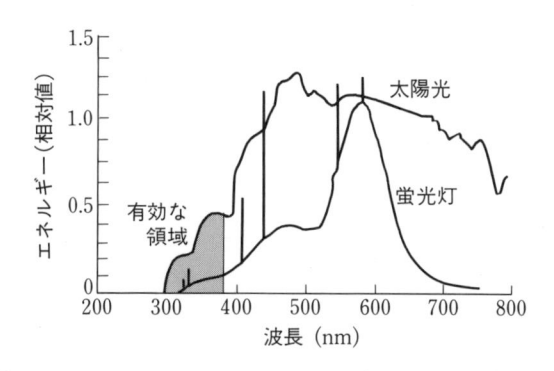

図 7.5.1 太陽光エネルギーと蛍光灯エネルギーの波長分布

光触媒の応用分野は光クリーン革命といえるほど広汎である。

酸化チタンには、ルチル型、アナターゼ型、ブルッカイト型と三つの多形が存在するが、光触媒としては触媒活性が高いアナターゼ型が適している。光触媒効果が逆に害になる塗料用の白色顔料としてはルチル型が適している。ブルッカイト型は量産できないから研究用に限られている。

酸化チタン以外の材料についても光触媒作用が研究されているが、酸化チタンに匹敵する物質は見つかっていない。

酸化チタンの光触媒効果は、セルフ・クリーニング効果、防汚効果、超親水性効果、防曇効果、脱臭・消臭効果、殺菌・抗菌効果、浄水効果など極めて広い。

光触媒作用の応用は、照明器具、建築材料、自動車、環境、健康、医療な

ど、広汎な分野について各種の実用化研究が進んでいる。

　酸化チタン原料は、微粉末、ゾル、前駆体（アルコキシドなど）など、いろいろな形状で供給されている。耐熱性がある器具であれば焼き付け処理でTiO_2の薄い皮膜を付ける。有機物など光触媒作用で被害を受けやすい材料は、表面処理加工したTiO_2粒子を混入したり、有機物と無機物が分子レベルで結合したハイブリッドポリマー層を介して触媒膜を付ける。

　水滴がつかない、曇らない、自動車用の超親水性サイドミラーが市販されている。TiO_2ゾルを直接ガラスにスプレーして焼成すると、ガラス中のナトリウムが拡散して光触媒作用がないチタン酸ナトリウムを生成する。そこでこのミラーをつくるには、ガラスの表面にSiO_2ゾルをスプレーしたのちTiO_2ゾルをスプレーして焼成する。これを600°Cに加熱・軟化させてミラー曲面を成形する。

　室内で使用する光触媒タイルは微弱な紫外線でも作用する必要がある。この場合には銅（Cu）や銀（Ag）と併用することで、それら金属が本来もっている抗菌性との相乗効果で目的を達成している。たとえば銅を含有するTiO_2ゾルをタイルにスプレーして焼き付け処理すると微弱な紫外線でも触媒作用を示すことが確認された。これによって、浴室、洗面所、台所、手洗い、病院の手術室などに用いる室内用タイルに適用して、殺菌、抗菌、防汚、脱臭、消臭などの目的を達成できる。この技術はドイツ最大のタイル会社・DSCB社にも製造設備を含めて技術移転された。

　光触媒について取りあえずの目標は国際標準の確立に貢献することである。

7.5.2　薄膜技術

　半導体をはじめとするIT産業は薄膜作成技術の上に成り立っているといっても過言でない。薄膜（thin film）の厚さは、1-2原子層から数十μmまでさまざまである。薄膜の材質も千差万別である。

　薄膜形成法の種類は、気相から析出させる方法、液相から析出させる方法、固相反応を利用する方法など非常に多いが、気相から析出させる方法がもっとも重要である。気相法は物理蒸着（PVD）法と化学蒸着（CVD）法などに大

別される。ここでは主な薄膜形成法を簡単に紹介するので、詳しくは専門書を参照されたい。

物理蒸着法

物理蒸着（PVD, Physical Vapor Deposition）法には、①真空蒸着法、②スパッタリング法、③イオンプレーティング法などがある。

①は真空中で金属を加熱蒸発させて基板に付着させる方法で、それを酸化や窒化させることも多い。②は 10^{-3}-10^{-2} Torr の不活性ガスプラズマをターゲットに当てて、飛び出してきた分子や原子を基板に付着させる。③はイオン化した雰囲気中で蒸着する方法で、①と②の特徴を兼ね備えている。

化学蒸着法

化学蒸着（CVD、Chemical Vapor Deposition）法には、①普通 CVD 法、②プラズマ CVD 法、③ MOCVD 法などがあって、それぞれの装置の構造は千差万別である。

①は、加熱した基板上で必要な化合物の薄膜を、ハロゲン化物や炭化水素から析出させる。たとえば燻瓦（くすべがわら）は焼成の末期に黒鉛薄膜を瓦の表面に析出させてつくる（14頁参照）。電子部品のカーボン固定抵抗は加熱した磁器基板に炭素薄膜を析出させてつくる（281頁参照）。

コーティング（被覆（ひふく）、coating）工具用の CVD 成膜装置の概念図を図 7.5.2

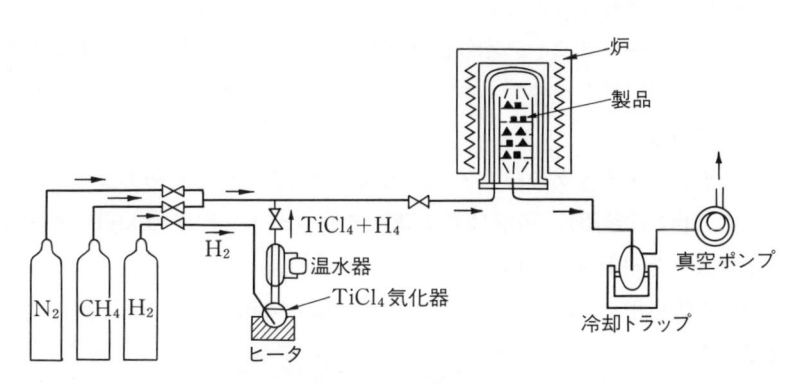

図 7.5.2 TiN-TiC 被膜化学蒸着装置

に示す。TiN と TiC は互いによく固溶する金色の化合物で、金色に輝く硬い工具の付加価値は大きい（215頁参照）。光ファイバの母材も CVD 法でつくる。

②はプラズマ状態を使って皮膜をつくる方法である。

③ MOCVD（metalorganic-CVD）法は有機金属化合物を原料とする CVD 法である。

半導体産業で使われる原料（シラン、ゲルマン、ジボラン、ホスフィンなど）は危険性が大きくて有害なガスが多い。

薄膜ダイヤモンド

ダイヤモンドはあらゆる物質の中で最も硬くて熱伝導度が最大である。

工具をはじめとする各種製品の表面に硬いダイヤモンド被膜を形成できれば、摩耗や腐食に対する抵抗を著しく増加することができる。

シリコン単結晶の上に均一なダイヤモンド単結晶膜を形成できれば、超 LSI などデバイスの発熱を容易に排出することができる。電子デバイスの究極の用途はダイヤモンド集積回路の実現である。現段階では、p 型ダイヤモンドをつくることはできるが、大きな原子をドープさせる n 型ダイヤモンドをつくることは難しい。

光反射膜

伝統的な鏡は葡萄糖などで硝酸銀を還元して銀膜をつくっていた。カメラ、反射望遠鏡、レーザミラー、赤外線加熱炉などの鏡や半透鏡には反射率が高くて寿命の長い反射膜が重要である。現在では真空蒸着法でアルミニウムや金をメッキしている。

ガラスやプラスチックのレンズには表面反射を防止するためのコーティングが必要で（142頁参照）、通常は真空蒸着で厚さが $1/\lambda$ 程度の MgF_2 多層膜を付けて透過率を向上させている。

手術灯や歯科用ランプには、可視光線を反射して熱線を透過する反射鏡が使われている。

ビルの窓ガラスや自動車の窓には、冷房負荷を少なくするための熱線反射処

光透過性導電膜

　液晶ディスプレー、プラズマディスプレー、タッチパネル、太陽電池、防滴ガラスなどが普及して、透明導電膜に対する需要が高まっている。

　透明導電膜材料としては酸化錫（SnO_2）と酸化インジウム（In_2O_3）系材料が主流である。中でもITO（In_2O_3-SnO_2）系薄膜が最も期待されている。ただしインジウムは原料が高価なことが難点である。

　電極形成法としては、化学的方法（CVD法、ゾルゲルコート法など）や物理的方法（真空蒸着法、スパッタリング法、イオンプレーティング法など）がいろいろ採用されている。液晶ディスプレーなど平面表示装置に使われている透明電極製造法の主流は直流スパッタリング法である。この場合スパッタリング・ターゲットの品質が薄膜の性質や生産性に大きく影響する。ITO膜の比抵抗は$2 \times 10^{-4} \Omega \cdot cm$以下であることが求められていて、本命となる技術の開発が期待されている。

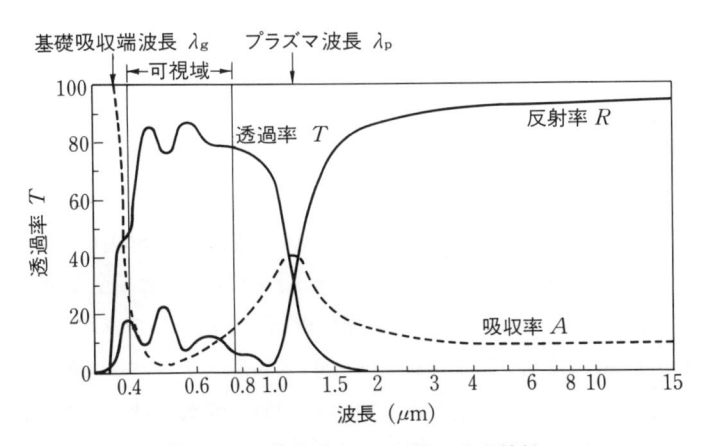

図 7.5.3 代表的なITO膜の分光特性

半導体製造工程

　半導体産業は薄膜産業であるということもできる。シリコン単結晶や化合物単結晶の薄片・ウエハー上に微細で複雑形状のパターンを形成して電子回路を

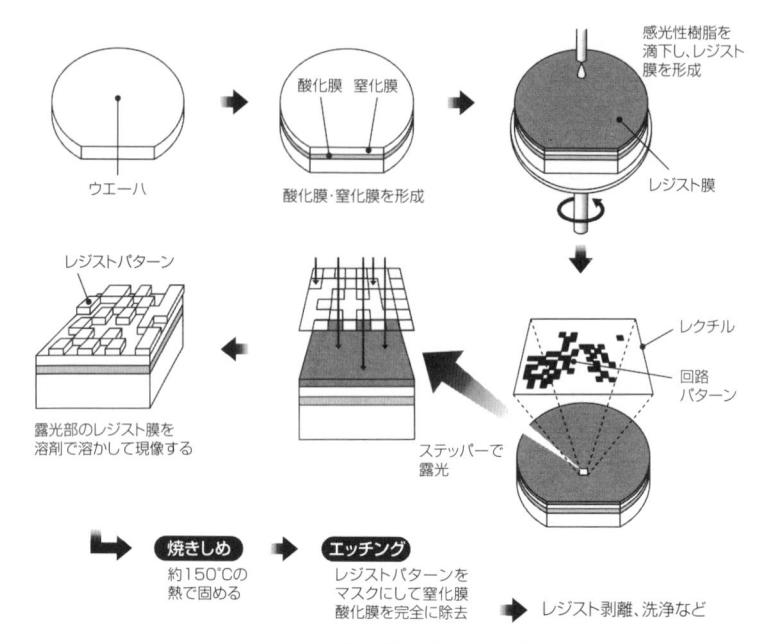

図7.5.4 半導体集積回路製造の前工程

つくるのである。シリコン集積回路製造の前工程の手順を図7.5.4について説明する。

①鏡面研磨したp型シリコンウエハー（直径200-300 mm、厚さ0.725 mm）を用意する。②900℃の水蒸気で処理して酸化膜（SiO_2）をつける。③高温下でシラン（SiH_4）とアンモニア（NH_3）を反応させて窒化膜（Si_3N_4）を成長させる。④フォトレジスト（感光性樹脂）を滴下してウエハーを高速回転して厚さ1μm程度のレジスト薄膜をつける。⑤ステッパーを使って紫外線で微細な回路パターンを露光する（227頁参照）。⑥露光部（未露光部）のフォトレジストを溶剤で溶かす。⑦150℃に熱処理してフォトレジスト膜を固める。⑧フォトレジストをマスクにして窒化膜と酸化膜を選択的に除去（蝕刻、腐食、etching）する。⑨残ったレジストを酸素プラズマで灰化（ashing）除去して、洗浄する。④-⑨の操作を写真蝕刻（photolithography）という。リソグラフィーは、石版印刷、平版印刷などと訳している。このようなフォト

リソグラフィー工程が何回も繰り返されて、一層また一層と半導体素子が形成される。

熱酸化法と不純物拡散法

熱酸化法はシリコンウエハーの上に強固な SiO_2 皮膜を形成するのに用いられている。シリカガラスの炉心管にシリコンウエハーを入れて種々のガスを導入して反応させる。酸化皮膜の厚さや強度はガスの種類と温度や処理時間で決まる。

シリコンウエハーの全面や特定領域に不純物を導入する作業を不純物拡散法と呼ぶ。これには熱拡散法とイオン注入法とがある。

熱拡散法では不純物ガスを流しながら加熱する。p型不純物としては、アンチモン化合物（Sb_2O_3）、砒素化合物（As_2O_3, As_2H_3）、燐化合物（$POCl_3$, PH_3）が使われている。n型不純物としては硼素化合物（BBr_3, B_2H_6, BCl_3, BN）が用いられる。

イオン注入法は高価なイオン注入機を使って、任意元素のイオンを任意の箇所に注入することができる。イオンの打ち込みによって結晶にダメージを与えるから、後で熱処理を行う必要がある。

半導体製造の後工程

集積回路製造の後工程は、ウエハー上の素子を検査し、一個一個に切り分け、リードフレーム（lead frame）にマウントし、素子とリードフレームの電極を細い金線で接続し、チップを樹脂で封入・保護し、品名などを捺印し、リードにメッキし、フレームから一個一個切り取ったリードをさまざまな形に成形する。

先進電子材料

8.1 電子材料の特徴
8.2 絶縁〜導電性セラミックス
8.3 誘電性セラミックス
8.4 磁性セラミックス
8.5 セ ン サ

8.1 電子材料の特徴

チップ・パーツ・デバイス・モジュール

　電子機器は多くの種類の半導体チップ（小片、chip）や部品（パーツ、parts）、そして素子（device, element, component）で構成されている。いくつもの素子や部品を複合した混成（ハイブリッド、hybrid）部品の種類も多い。一つのチップの中に多数の機能を複合化する技術（ceramic integration）の研究も進んでいる。

　モジュール（module）は高度に規格化された部品をいう。たとえば、パソコンは、表示装置、演算装置（CPU）、半導体メモリー、ハードディスクなどの部品を組み合わせてつくるが、それぞれのモジュールは高度に専門化された技術をもつ専業メーカーが量産している。携帯電話用のカメラモジュールは、レンズとCCD（電荷結合素子）センサとCMOS（相補性金属酸化膜半導体）とDSP（デジタル信号処理プロセッサ）で構成されている。このモジュールの2002年の市場規模は330億円で、2300万個が販売された。2003年の生産台数は4000万個を超えると予想されている。

　現在では、工場を持たないファブレス（fabless）企業、どこの企業の製品でもつくる受託生産工場、設計・試作だけを請け負う会社など、いろいろな生産業態が混在している。

ユビキタス社会の到来

　電子部品やコンピュータが小型化したことによって「いつでも、誰でも、何処でも、必要な情報を利用できる」時代が実現しつつある。ユビキタス社会とかユビキタスネットワーク時代が到来するのである。ユビキタス（ubiquitous）の語源はラテン語で、ubi は何処に？とか、何時？とかいう意味で、quiはどんなとか何かを意味している。

　東京大学の坂村健が1984年に提唱した「TRONプロジェクト」は、米国の圧力で一度は挫折したかに見えた。しかし現在では関係者の努力で携帯電話や

家電機器の大多数について基本ソフトとして採用されている。トロンはウィンドウズなど大きな万能型ソフトに比べてシンプルなソフトで超高速通信に適しているからである。

次世代バーコードといわれる IC チップはバーコードの何百倍もの情報を記録できる。日立が開発したタグ（荷札，tag）チップ・μチップは芥子粒よりも小さい（0.4 mm×0.4 mm）埃のような IC チップである。その中に 128 ビットの情報量を記録でき，アンテナも金メッキで構築されている。トロン・タグの統一規格も決まった。IC タグは，紙幣や証券などに漉き込んで偽造防止に活用したり，宝石や衣料にタグに埋め込んで製品を管理したり，図書館の本に貼り付けて情報を管理したり，ブランド肉など高級食材の品質や流通を管理することが検討されている。2004 年に発行される 1 万円札にはミューチップが搭載される予定である。極小カプセルに封入したタグやセンサを血管に注射して追跡することなども計画されている。量産によって μ チップの価格は 10 円/個程度に低下すると推定されている。2005 年度の売り上げは 150 億円以上，7 年後の売り上げは 30 兆円を超えると予想されている。

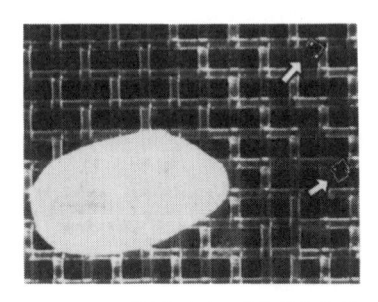

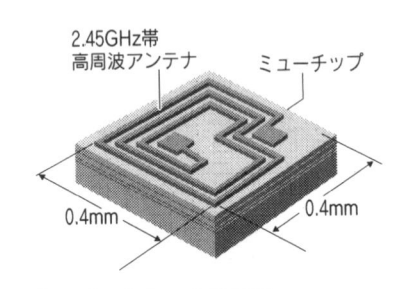

図 8.1.1 左）IC タグ・ミューチップ、大きいのは米粒
右）アンテナ内蔵型ミューチップの構造

デジタル家電の進歩

デジカメや 8 mm デジタルビデオの急速な進歩、地上デジタル放送開始などデジタルに関する話題が沸騰している。

デジカメはついにフィルムカメラを抜いて、2003 年には前年の 63 % 増、年

産 4000 万台を達成し、その 93％ を日本企業が製造した。2003 年に国内で生産された携帯電話は 4400 万台でその 90％ がカメラ付きであった。ゲーム機は 95％ 以上、**DVD** レコーダは 90％、プラズマテレビも 90％、カーナビは 75％ を日本企業が製造した。液晶モニター用のガラス板だけでも 0.7 mm×680 mm×880 mm 換算で、8000 万枚が生産され、そのほとんどが日本国内でつくられた。

　薄型の大口径デジタルテレビに必要な「伝送復調 LSI」や「高品位デコーダー LSI」を量産できる企業も、デジカメや携帯電話に搭載する非球面レンズや CCD 素子（電荷結合素子）量産できる企業も日本国内だけにある。

　デジタル信号はアナログ信号と違って圧縮・変換が容易であるから、同じ時間中に大量の情報を伝送できる。デジタル信号処理は ON か OFF の状態しかないから、アナログ信号処理に比べて外部の影響を受けにくい。またデータが破損しても修復が容易であるから、半永久的にデータを保管（archive）できるという特徴がある。集積回路の進歩によって高速信号処理が可能になってデジタル時代が到来した。

　デジタル機器は二進法で作動するが、コンピュータ処理情報の基本単位はビット（bit）とバイト（byte）である。ビットの語源は binary digit で、"0" と "1" の二つの状態を表す。8 ビットを一つにまとめた情報量を 1 バイトという。1 ビットは 2 通りの状態しか表せないのに対して、1 バイトは 256 通り（$2^8=256$）の状態を表現できる。

電子部品の特色

　携帯電話、ノート型パソコン、ビデオカメラなど、携帯用電子機器には小型化についての限りない要求が課せられている。この要求を満足させるのが超小型セラミック部品の進歩である。現在の電子機器にはマッチの頭よりもずっと小さいエレセラ部品が多数組み込まれている。

　エレセラは、電気絶縁性、導電性、誘電性、圧電性、焦電性、軟磁性、硬磁性、各種センサー特性など、電磁気に関連するいろいろな特性を利用している。それらを細かく分類すると無数といってもよいほど種類が多くなる。たとえば積層チップコンデンサーについていえば、電気容量値、耐電圧、温度特

性、使用可能な温度範囲、外形、寸法など、規格が異なる多種多様な製品を一式取り揃えなければ商売にならない。

エレセラ部品には電極が必要であるから、金属との複合 (metallizing) 技術が不可欠である。

エレセラ部品には非常に高い信頼性が要求される。ppm すなわち 100 万個に 1 個の不良品が許されないのは当然のことである。

エレセラ部品は焼成してつくるので、製品を調べても生素地の状態や製造条件を知ることができない。

エレセラの商品寿命は生鮮野菜と同じように極度に短い。見込みで大量につくりおきするのは危険である。需要にあわせた新製品をつぎつぎに開発して、生産を急速に立ち上げなければ業界に生き残ることができないという忙しい業種である。

電子部品の小型化

電子機器の小型化には五つの流れがある。その第一が部品の小型化である。第二が部品点数の削減、第三が集積度の向上、第四が複合化、第五が実装密度の向上である。

一昔前の抵抗やコンデンサにはリード線がついていて基板に半田付けしていたが、当節は規格化された直方体のチップ部品が多い。現在量産されている最小のセラミックチップ部品は 0603 型（0.6 mm×0.3 mm）で、芥子粒よりもずっと小さい。バケツ一杯に 1000 万個が入って価格がおよそ 1000 万円という製品である。この積層チップコンデンサは電気容量を大きくするため、セラミック誘電体と内部電極を数十ないし数百層重ねたものを焼成してつくる。

電子機器の小型化に小さい部品は必要不可欠である。チップ部品の外形寸法は、過去 20 年間に 3216 型から 2012 型、1608 型、1015 型を経て 0603 型へと小型化した。間もなく 0502 型を経て 0402 型へと移行する予定である。小さくてもすべてのチップの性能・規格は等しくなければならない。

エレセラには小型化についての限りない要求が課せられるが、部品が小さいほど機械的衝撃に強いという利点も大きい。

小型化の流れは留まるところを知らない。薄膜技術の進歩は機能性部品やデ

バイスの小型化と集積度の増加に拍車をかけている。ナノ技術の進歩や量子コンピュータの開発もそれに追い風を送っている。

電子メモリーや超 LSI の例にみるように、半導体電子部品の集積度は急速に増大している。セラミック電子部品についても、同じ機能や違う機能の部品を融合したハイブリッド部品の集積度の向上が研究されている。

セラミック部品と半導体部品の融合も研究が進んでいる。携帯電話の機能を一つのチップに収めたワンチップ携帯もいずれ実現する。

道具の小型化とすべてを小箱に収める凝縮の技はこの国の伝統で、形や大きさが違う多種類の部品を小さな空間に詰め込む実装技術は日本企業の得意技である。それができない「詰まらない」企業はこの社会では生きてはいられない。

電子部品の量産

エレセラ部品は膨大な数量を量産する必要がある。たとえば、積層チップコンデンサだけでも 1999 年には 300 億個/月も生産された。一日に 10 億個である。今年は生産量が 50 % 以上増加する。その大部分が日本企業の製品である。

多種多数生産で商品寿命が短いということはメーカーにとって大きな負担である。多数生産といっても、試作の一品料理からはじまって、百個、万個、百万個と順次生産量を増加させながら、特性や寿命を測定し、不良率の低下を実現しなければならない。トランジスタの発明にはノーベル賞学者が貢献したが、このような仕事は一人の天才技術者やノーベル賞学者がいればできるという仕事ではない。真面目で有能な多数の技術者、技能者、管理者など全員が協力しなければ実現できない日本人向きの仕事なのである。

芥子粒のように小さな製品を不良率ゼロで大量生産するにはベルトコンベアーに女工さんを並べてという生産方式では無理である。全自動式のロボット製造ラインと検査設備、そして完璧な品質管理システムを構築する必要がある。しかも一つの生産ラインで多種類の製品を混合生産することが競争力の向上につながる。絶対に壊れない機械は実現不可能であるから、まめに点検、修理、整備してラインを良好な状態に維持できないようではメーカーとしての資格はない。

8.2 絶縁〜導電性セラミックス

8.2.1 絶縁材料

セラミックパッケージ

　セラミックパッケージ（package）は最初に生産されたファインセラミック電子部品で、多数の端子をもつことが特徴である。セラミックパッケージはICやLSIなど半導体素子を収容する容器で、アルミナには放射性物質とアルカリの除去が要求される。しかし現在では特別の高級品以外は表面実装型のプラスチックパッケージに置き換えられている。

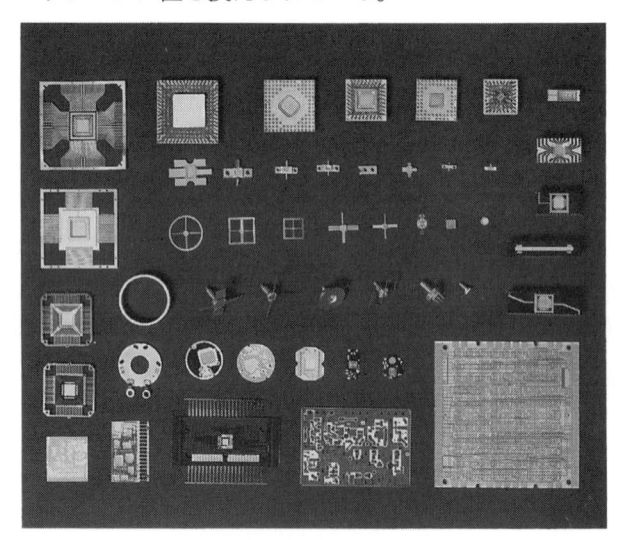

図8.2.1　セラミックパッケージ、リードフレーム、多層回路基板など

回路基板

　各種の電子部品を搭載するための回路基板（circuit substrate）は重要な電子部品である。ICやLSIが発達した現在でも将来も回路基板の重要性が失われることはない。

　回路基板は薄い絶縁体（プラスチックやセラミックス）の上に導体（銅、タ

8.2 絶縁〜導電性セラミックス

ングステン、銀、ニッケルなど）の回路を形成してある。回路基板には、機械的強度が大きくて、耐熱性があり、熱伝導率が大で、絶縁性に優れ、誘電率が小さいことなどが要求される。各種部品を回路に半田付けしやすいことも必須条件である。基板の大きさは1 cm角から数十cm角まで種々雑多である。単層基板の他、多層回路基板が製造されている。

　セラミック基板の電気的・熱的特性はプラスチック基板よりも優れている。単層基板としてはドクターブレード法でつくったグリーンシート（生シート、green sheet）を用いる（295頁参照）。基板上に導電回路や抵抗回路を形成するには、導電ペーストや抵抗ペーストをシルクスクリーン印刷やインクジェット印刷して焼成する。グリーンシートを重ねてつくるセラミック多層回路基板は複雑な回路を構成できる。外寸が1 cm×1 cmで数層程度の基板から、外寸が30 cm×30 cmで、30-100層もある大型コンピュータ用の多層回路基板まで、多種多様な回路基板が製作されている。

　銅の導電ペーストを用いる多層基板は800-900°Cで焼成するので、アルミナやムライトの粉末とガラスフリットを混合した低温焼結材料でグリーンシートをつくる。その上にシルクスクリーン法で導電回路を印刷し、必要な箇所は孔を貫通させる。それらのシートを数十枚重ねて圧着し、乾燥・焼成して製品ができる。貫通孔には銅粉を詰めるなど工夫して導電性を確保している。

　アルミナの多層回路基板は高温で焼成する必要があるので、導体に高融点のタングステンなどを使う必要がある。

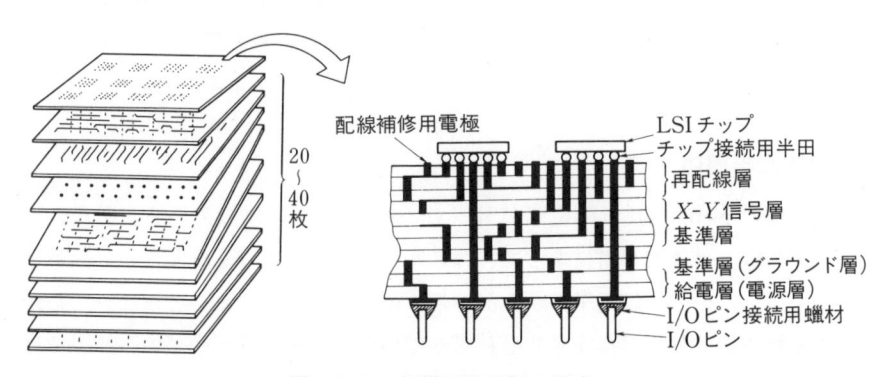

図8.2.2　多層回路基板の構成

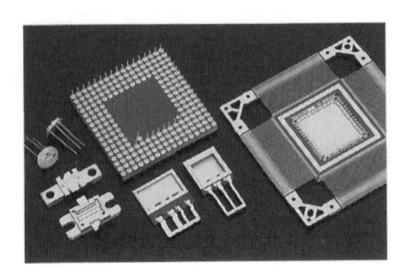

図8.2.3 小型のセラミック多層回路基板の例

8.2.2 半導性材料

エネルギー準位とバンド理論

　固体物質の電気伝導は電子の移動によって生じる。固体の導電率はエネルギー準位（energy level）図とバンド（帯、band）理論を用いると理解しやすい。
　バンド理論によれば、固体には三つのバンドが存在する。価電子帯（充満帯、valence band）は価電子で満たされていて電子は自由に動くことができない。禁制帯（禁止帯、forbidden band）には電子は存在できない。禁制帯の幅をエネルギーギャップ E_G とかバンドギャップという。伝導帯（conduction band）では、エネルギーギャップを超えて励起された電子が自由に動きまわることができる。それぞれの軌道を占める電子数はパウリの排他律によって制限されている。フェルミ準位（Fermi level）E_F は、実際に電子が存在する最高のエネルギーの軌道で、そこまで電子が詰まっていると考えてよい。E_V は価電子帯の上限のエネルギー、E_C は伝導帯の下限のエネルギーである。

絶縁体と半導体

　絶縁体（insulator）は導電率が 10^{-8} $\Omega^{-1} \cdot cm^{-1}$ 以下の物質である。絶縁体はすべての電子は価電子帯にあって、エネルギーギャップ E_G が大きい（数電子ボルト以上）ので、価電子帯から伝導帯に電子が励起されることはない。しかし不純物や格子欠陥が存在するとわずかではあるが伝導性が生じる。高温では絶縁体の多くがイオン導電性を示すことが分かっている。

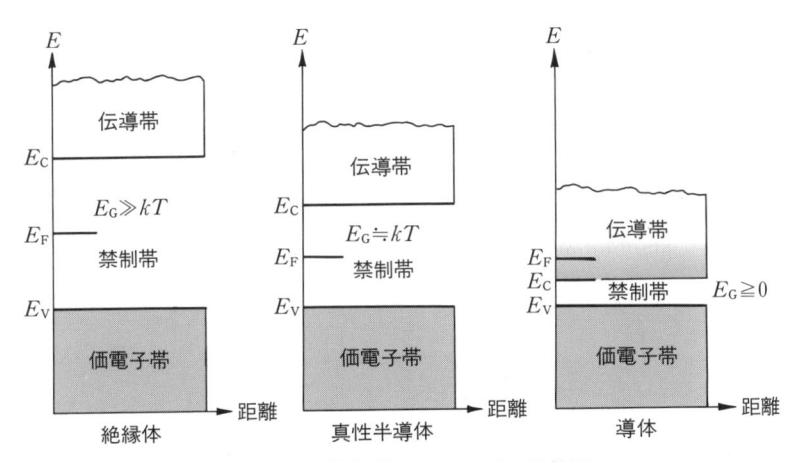

図8.2.4 固体物質のエネルギー準位図

半導体（semiconductor）と絶縁体との間に本質的な違いはないが、エネルギーギャップ E_G の値が kT 程度（1 eV 以下）と小さいのが異なる。半導体には真性半導体と不純物半導体とがある。

シリコンやゲルマニウムなどの真性半導体（intrinsic semiconductor）は、絶対零度ではすべての電子が価電子帯にあって絶縁体である。しかし、温度が上昇すると少数の電子が E_G を越えて伝導帯へ励起されて自由電子が生じる。残された正孔（ホール、hole）も荷電子帯の中でかなりの速度（自由電子の1/10-1/2程度）で動き回ることができる。真性半導体では電子の数と正孔の数は同じである。これによって導電性が生じる。

不純物半導体

不純物半導体（外因性半導体、exitrinsic semiconductor）では、不純物原子や他の欠陥（空孔や非化学量論性など）によって電流を運ぶ電子や正孔が生じる。電子が正孔よりも多い半導体を n 型（N 型）、正孔が電子よりも多い半導体を p 型（P 型）と呼ぶ。

不純物として微量の5価の原子（N, P, As, Sb, Bi など）を固溶したシリコンでは、エネルギーギャップ内の伝導帯の近くにドナー（提供者、donor）準位

E_D がある。そこの電子が伝導帯へ励起されて伝導に寄与するのが n 型（N 型）半導体である。

不純物として微量の 3 価の原子（B, Al, Ga, In など）を固溶したシリコンでは、エネルギーギャップ内の荷電子帯の近くにアクセプター（受容者、acceptor）準位 E_A がある。荷電子帯から励起された電子がこれを占有して、荷電子帯に残された正孔が電流を伝えるのが p 型（P 型）半導体である。

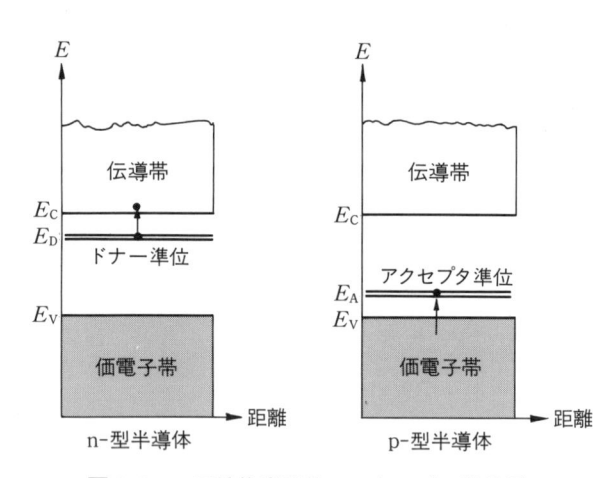

図 8.2.5　不純物半導体のエネルギー準位図

サーミスタ

非線形半導体抵抗材料にサーミスタとバリスタがある。

サーミスタ（thermistor, thermal resistor）は抵抗の温度係数が非常に大きい半導体材料である。NTC サーミスタと CTR サーミスタそして PTC サーミスタがある。それぞれの特性を図 8.2.6 に示す。

NTC サーミスタは負（negative）の温度特性をもつ抵抗素子で、温度センサとして、自動車、家電製品、自動制御などに利用されている。0°C から 1000°C の範囲で使う多種類の素子が規格化されている。家庭でも、電子体温計、風呂やエアコンの温度コントローラなど多数の NTC サーミスタが使われている。

8.2 絶縁〜導電性セラミックス

NTC サーミスタの多くは複酸化物の焼結体である。主伝導キャリヤーで分類すると、p 型半導体（NiO, Co_3O_4, Mn_3O_4, Cr_2O_3 など遷移金属酸化物の複合系、NiO-TiO_2 系、CoO-Al_2O_3 系スピネルなど）と、n 型半導体（SnO_2-TiO_2 系、TiO_2-Al_2O_3-Y_2O_3 系など）、そしてイオン導電体（ZrO_2-Y_2O_3 系、CeO_2-ZrO_2 系など）に分かれる。

急変サーミスタ（CTR, Critical Temperature Resistor）は、ある温度で抵抗値が急変するサーミスタで、温度警報装置や過熱保護装置などに使われている。CTR サーミスタはとして実用化されている材料は VO_2 系ガラスが多い。

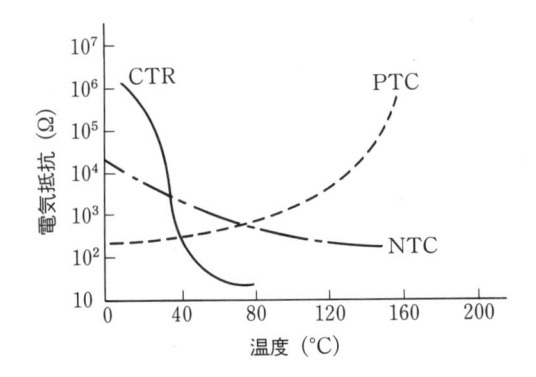

図 8.2.6 各種サーミスタの抵抗-温度特性

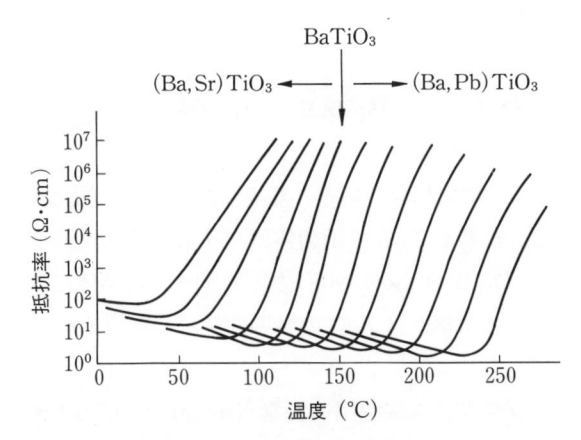

図 8.2.7 PTC サーミスタの抵抗率と組成と温度との関係

PTCサーミスタは正(positive)の温度特性をもつ感温抵抗素子である。チタン酸バリウム・$BaTiO_3$に微量の異種原子を添加して半導体化し、キュリー温度を変化させて相転移に伴う電気伝導度の大きな変化を利用する。

PTCサーミスタは安全な定温発熱セラミックスとしての用途が多い。たとえば布団乾燥機、温風暖房機、ヘアードライヤー、ホットプレート、電子蚊取器、VTRの結露防止用などに採用されている。

$BaTiO_3$のキュリー点は約120°Cであるが、Baの一部をSrで置換するとキュリー点が低下し、Pbで置換するとキュリー点は上昇するから、要求される設定温度に対応するPTCサーミスタをつくることができる（図8.2.7）。

バリスタ

バリスタ(varistor, variable resistor)は、ある一定電圧以下では非常に高抵抗であるが、臨界電圧以上では急激に抵抗値が下がって大電流を通す抵抗素子である。

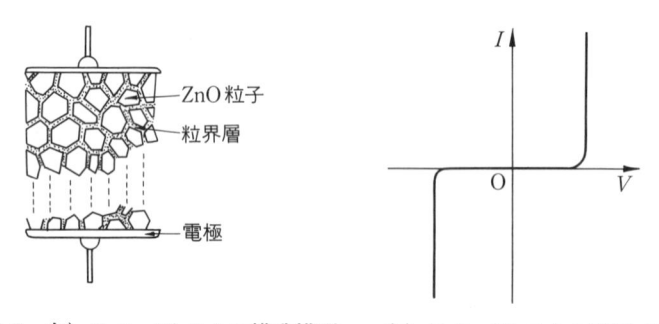

図8.2.8 左)ZnOバリスタの構造模型　　右)ZnOバリスタの電圧-電流特性

バリスタ特性を示す物質はいろいろと登場したが、代表的なバリスタは酸化亜鉛系材料である。純粋なZnOの焼結体はバリスタ特性を示さないが、少量のBi_2O_3, Sb_2O_3, Pr_2O_3, BaO, CoO, MnOなどを加えた焼結体にはバリスタ特性が現れる。この材料の微構造はZnOの半導性粒子と粒界絶縁層からできている。

バリスタは、トランジスタ保護用の異常(surge)電圧吸収素子や電圧安定化素子など小型の部品から、高圧送電用の避雷器など大型製品まで種類が多

い。ZnO系バリスタは松下電器株式会社の増山、松岡らが1968年に発明した。

pn接合

同種の半導体同士（pp, nn）を接合しても何の変化も起きないが、異種半導体を接合すると（図8.2.9左）、n型領域からp型領域へ少数の電子が移動し、逆にp型領域からn型領域へ少数の正孔が移動する。その結果、n型領域が正に、p型領域が負に帯電して、拡散電位V_Dが生じる。V_Dは接合する前のn型とp型のフェルミ準位（E_{Fp}とE_{Fn}）の差である。接合することによってE_{Fp}とE_{Fn}が等しくなって界面に電子も空孔もなくなる。

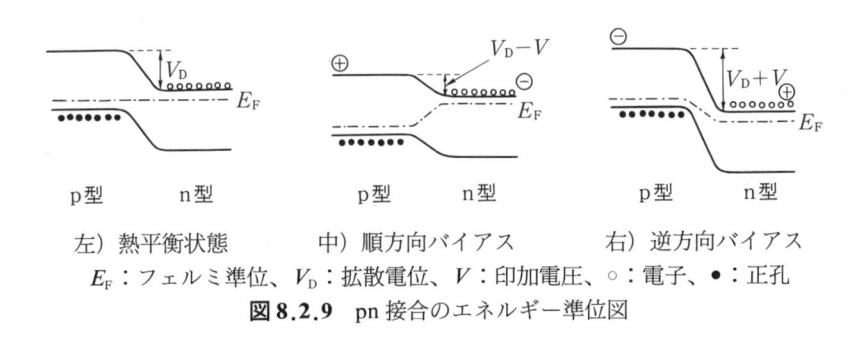

左）熱平衡状態　　中）順方向バイアス　　右）逆方向バイアス
E_F：フェルミ準位、V_D：拡散電位、V：印加電圧、○：電子、●：正孔

図8.2.9 pn接合のエネルギー準位図

pn接合で、p型領域に正の電場を、n型領域に負の電場を印加する（順方向バイアス）と（同図、中）、障壁の高さはV_D-Vと低くなる。そして、電子がn型領域からp型領域へと移動し、正孔がp型領域からn型領域へと移動するので、電流が流れやすくなる。

逆の方向に電場を印加する（逆方向バイアス）と（同図、右）、障壁の高さはV_D+Vと高くなって、電流がほとんど流れなくなる。

ダイオード

異種不純物半導体のpn接合（junction, bonding）はもっとも簡単な半導体素子で、二極真空管と同じように整流作用があるのでダイオード（diode）と呼ばれる。PN型（pn型）ダイオードの構造と、ダイオードの電圧-電流特性

を図 8.2.10 に示す。図で順方向に電圧をかけると電流がよく流れるが、逆方向に電圧をかけると電流はほとんで流れない。さらに逆バイアスを増加すると、ついには絶縁破壊（Zener 破壊）してしまう。

ダイオードはフィラメントが不要で、消費電力が少なくて長寿命である。鉱石検波器は最初のダイオードで、初期のラジオ受信機に使われた。

発光ダイオードについては 235 頁で説明した。

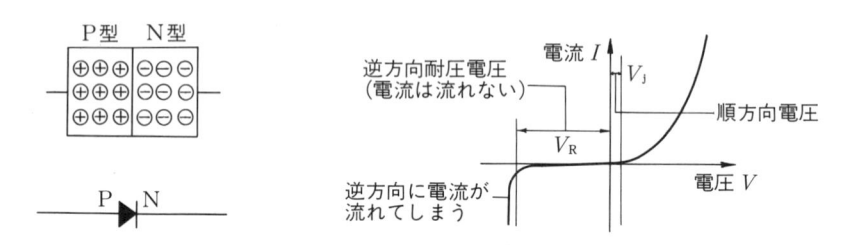

図 8.2.10 左）PN 型ダイオードの構成と記号　　右）ダイオードの電圧-電流特性

トランジスタ

トランジスタは三つの半導体を接合した素子である。NPN 型（npn 型）トランジスタと PNP 型（pnp 型）トランジスタとがある（図 8.2.11）。それぞれの端子を、エミッタ（emitter）、ベース（base）、コレクタ（collector）と呼ぶ。エッミタは注入する、コレクタはキャリヤを集めるという意味がある。

トランジスタ（transistor）は、信号を伝達する（transfer）抵抗（resistor）を意味している。1948 年にベル研究所のバーディーン（J. Bardeen）、ブラッテン（W. H. Brattain）、ショックレー（W. B. Shockley）らが発明した。

トランジスタは三極真空管と同じように、増幅機能をもった能動型素子であることに大きな特長がある。

電子デバイスの究極の目標はダイヤモンドトランジスタの実現である。現段階では、p 型ダイヤモンドをつくることはできるが、大きな原子をドープさせる n 型ダイヤモンドをつくるのはむつかしい。シリコンの上に均一なダイヤモンド単結晶膜を形成できれば超 LSI などデバイスの発熱を容易に排出でき

8.2 絶縁〜導電性セラミックス

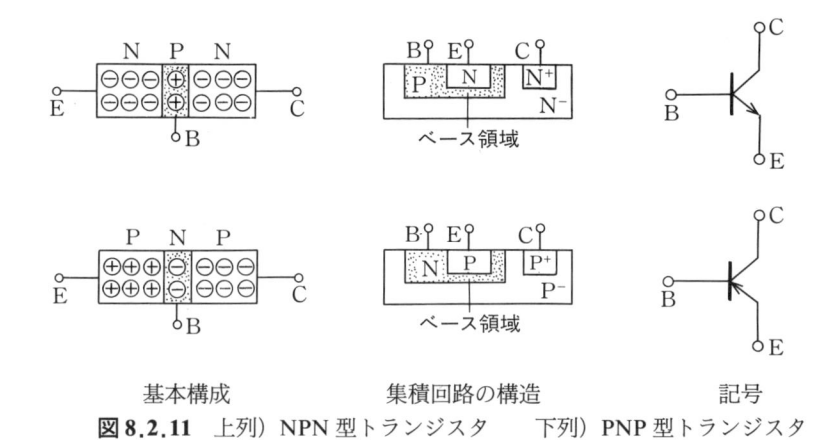

基本構成　　　　集積回路の構造　　　　　記号
図 8.2.11　上列）NPN 型トランジスタ　　下列）PNP 型トランジスタ

集積回路

　半導体集積回路（semiconductor integrated circuit）は一つのチップ（小片、chip）上に、多数のダイオード、トランジスタ、抵抗、コンデンサを組み付けた電子部品をいう。IC（Integrated Circuit）は 1000 個以下の素子を、LSI（大規模 IC, Lage Scale Integrated Circuit）は 1000-10 万個の素子を組み付けた部品である。VLSI（超 LSI, Very LSI）は 10 万-1000 万個の素子を、ULSI（超々 LSI, Ultra LSI）は 1000 万個以上の素子を組み付けた電子部品をいう。半導体回路の集積度は年々増大して、回路の線幅はますます狭くなっている。

　LSI を機能面から分類すると、メモリ、演算装置、ASIC、システム LSI などになる。メモリは情報を記憶する LSI で、電源を切ると情報が消える揮発性メモリ・RAM と、電源を切っても情報が消えない不揮発性メモリ・ROM とがある。コンピュータのメインメモリは RAM の一種である DRAM（Dynamic RAM）である。演算装置は CPU（中央演算処理装置、Central Processor Unit）、MPU（マイクロ演算装置、Micro Processor Unit）などの LSI である。ASIC（Application Specific IC）は特定用途向け LSI である。システム LSI は

システム全体を一つのチップにまとめた大規模 LSI である。

シリコン LSI のほかに化合物 LSI がある。その代表がガリウム砒素 (GaAs) LSI で、シリコンの数倍の高速演算が可能で、衛星放送、携帯通信、光通信などに欠かせない LSI である。

8.2.3 導電性材料

導　体

導体 (conductor) である金属の導電率は室温ではおよそ $10^0\ \Omega^{-1}\cdot cm^{-1}$ 以上である (21 頁参照)。金属では価電子帯と伝導帯がごく狭い禁制帯を隔てて存在している (273 頁参照)。金属の伝導帯には少数の電子が存在していて、それらが自由に動き回ることができるので導電性がある。導体は高温では熱振動が激しくなって電子の移動が妨げられるので導電率が減少する。

熱電効果

熱を電気エネルギーに変換するには、普通は火力発電所のように蒸気エネルギーに変えて発電機を回して電力に変換する。ターボジェットエンジンで発電機を回す方法もある。

同種の金属同士を接合しても面白い現象は起きないが、異種金属を接合すると起電力を生じる。異種金属線で閉回路をつくって、二つの接点の温度が異なると熱起電力が発生する。この現象を利用する製品が熱電対で、銅-コンスタンタン熱電対、アルメル-クロメル熱電対、白金-白金ロジウム熱電対などがある。熱電対を積み重ねたセンサが熱電堆である。

熱を直接電気エネルギーに変換するには熱電効果を利用する。熱電効果にはゼーベック効果とペルチェ効果がある。

ゼーベック効果 (Seebeck effect) は、二種類の異なる物質で熱電対を構成して、二つの接合部に温度差を与えると熱起電力が発生する現象である。つまり熱電発電ができる。熱電材料の効率 Z は次式で与えられる。ここで、α はゼーベック係数、ρ は抵抗率、κ は熱伝導率である。

8.2 絶縁～導電性セラミックス

$$Z=\frac{\alpha^2}{\rho x} \tag{8.2.1}$$

この式から熱電材料の効率は、ゼーベック係数が大きく、抵抗率が低くて、熱伝導率が小さい物質が望ましいことが分かる。熱電材料の応用には熱電対や輻射温度計などがある。

ペルチェ効果（Peltier effect）は、上記の熱電対に外部から強制的に直流電流を流すと、一方の接合部で熱の吸収が、他方の接合部で熱の放出が起きる現象である。これを利用してコンプレッサを使わない熱電冷却装置をつくることができる。

導線と貫通材料

多くの金属は導体であるが、銀、銅、金、アルミニウムなど面心立方構造をとる金属の多くは電気抵抗率が非常に小さい。導線にはこれらの金属が使われることが多い。合金の抵抗率は純金属に比べるとかなり大きい。

電球、蛍光灯、真空管、ブラウン管、X線管球、マグネトロン、電力用真空スイッチなどでは、ガラス壁を貫通する導線が必需品である。

鉄-ニッケル-コバルト系合金は熱膨張率が小さい。コバール（kovar, 57 Fe-29 Ni-18 Co 合金）は熱膨張率が（$5\times10^{-6}/°C$）とアルミナに近いので、真空アルミナ容器の貫通材料として適している。コバールは、超 LSI や IC パッケージのリードフレーム材料としても重要である。

電球の貫通材料として汎用されているデュメット線（Dumet wire）は、コバール線を銅で被覆した二重線である。

モリブデン線やタングステン線は耐熱性が優れているから、シリカガラスや硼珪酸ガラスの貫通材料として使われている。

抵抗材料

抵抗体の材質は、元素（炭素、レニウム、タングステン、モリブデン、ルテニウム、タンタル、白金、ニッケルなど）、合金（コバール、コンスタンタン、マンガニン、インバー、ニクロム、カンタル、パイロマックスなど）、化合物（ITO, SiC, $MoSi_2$, $LaCrO_3$, ZrO_2-Y_2O_3）などさまざまである。

抵抗体の形状は、線材（ニクロム線など）、焼結体（炭化珪素発熱体など）、薄膜（炭素皮膜抵抗など）といろいろである。電子回路では、抵抗ペースト（酸化ルテニウムなど）で印刷する場合が多い。

線形抵抗材料としては抵抗値が大きくて温度係数が小さいことが望ましい。銅-ニッケル系合金（コンスタンタン、マンガニン）は、抵抗の温度係数が小さく、銅に対する熱起電力が小さいので、標準抵抗材料として適している。

インバー（invar, 63.5Fe-36.5Co 合金）は熱膨張率が小さい（1.2×10^{-6}/°C）合金で、スーパーインバー（superinvar, 63.5Fe-32Ni-5Co 合金）は熱膨張率が（0.1×10^{-6}/°C）と非常に小さい合金である。これらはブラウン管のシャドウマスクや精密電子部品の素材として重要である。

電子部品の放熱

サイリスタなどの大電力回路素子や大規模集積回路では、発生する熱を外部に伝える高熱伝導性の絶縁材料が要求される。ダイヤモンドはこの目的に最適な材料であるが、現段階では窒化アルミニウム磁器が実用的な高熱伝導セラミック材料である。

電子部品の冷却には熱を吸収して放散するヒートシンク（heat sink）を用いることが多い。部品に取り付けたアルミニウム製のフィン（ひれ、fin）をファン（送風機、fan）で冷却する方法である。

もう一つの放熱法は放射を利用する方法である。黒い物体は白い物体に比べて熱をよく放射する。LSI や CPU などの発熱体に 100 μm 位の厚さに塗布して、遠赤外線の放射効率を 20 倍に向上させるセラミック塗料が市販されている。

超伝導体

超伝導体（超電導、superconductor）は臨界温度 T_c 以下で電気抵抗が消滅する物質で、その温度以下では電流が永久に流れ続ける。

オンネス（H. Kamerlingh Onnes, 1853-1926 年）は 4 K 以下の温度で水銀の電気抵抗が零になることを発見した。その後、金属や金属間化合物の超伝導体についての研究が進んで 1973 年には $T_c = 23.3$ K の Nb_3Ge が発見された。最

近では MgB_2 が超伝導体になることが報告された。

　超伝導体を外部磁場中に置いたときに、磁力線が外部に押し出される磁気遮断効果をマイスナー効果（Meissner effect）という。これによって「浮き磁石」の現象が観察される。超伝導体と認定するには、電気抵抗の消滅現象とともにマイスナー効果を確認する必要がある。

　T_c＜50 K 以下での超伝導現象は BCS（Bardeen-Cooper-Schrieffer）理論によって説明できる。この理論は超伝導は格子とのフォノン相互作用による二つの電子間の吸引的結合の結果生ずるという仮定に基礎を置いている。

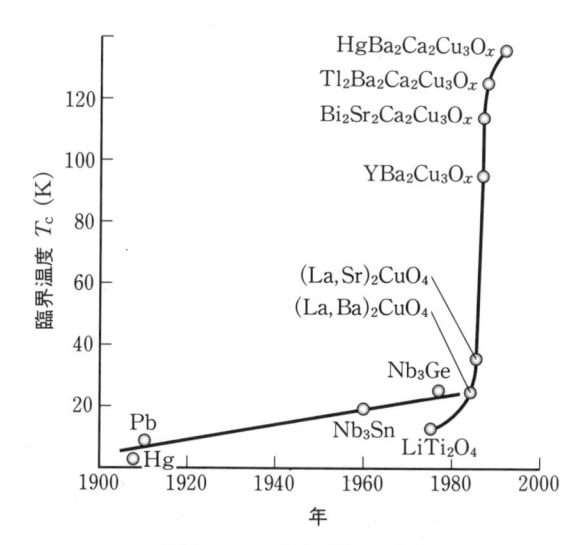

図 8.2.12　超伝導体の進歩

　現在実用化されている超伝導体は、液体ヘリウムで冷却する合金線材である。NbTi（T_c＝10 K）系の合金線材を使った超伝導電磁石が、核磁気共鳴（NMR）分析装置や核磁気共鳴（MRI）診断装置、磁気浮上列車などに採用されている。これらの超伝導電磁石では数万本の合金線からなる極細多芯線材が使われている。銅を被せた合金線を線引きして、それらを多数複合して多芯線に加工する。

　1987 年、IBM チューリッヒ研究所のベドノルツ（J. G. Bednorz, 1950- 年）

とミュラー（K. A. Müller, 1927- 年）によって酸化物系セラミックス（La-Ba-Cu-O 系）の超伝導性が発見されて、高温超伝導体の研究に火がついた。これまでに、Y 系、Bi 系、Tl 系などの高温超伝導体が発見され、T_c が 120 K 以上の材料が合成されている。

高温超伝導体が実用になれば、液体窒素（沸点：77 K）中での運転が可能となって、磁気浮上リニアモーターカー、MHD 発電、電磁推進船などが実現するので、産業界に与える波及効果は極めて大きい。

高温超伝導体は線材に加工するのが極めて難しいので、現段階では薄膜がジョセフソン素子に用いられる程度の応用に限られている。

高温超伝導現象を説明できる理論はまだ提出されていない。

電 解 質

電解質（electrolyte）は水溶液中では正負のイオンに解離している。2 枚の極板を電解質溶液に入れてそれを直流電源につなぐと、電流が流れて電気分解（electrolysis）が起こる。

ファラデー（M. Faraday, 1791-1867 年）は電気分解で極板に生成する物質量は通過した電気量 Q（C, coulomb）に比例することを発見した。1 モルのイオンを電気分解するのに要する電気量は $Q=|zF|$（C）である。ここで、F は電気化学等量、z はイオンの荷数である。

$$F=96485 \text{ C/mol} \qquad (8.2.2)$$

メッキ、電着、電解精錬などは、電解質水溶液中での電気化学反応を利用している。熔融塩の多くもイオン化しているから熔融塩電解ができる。

固体物質でも電解質の水溶液と同じようにイオンが存在する場合がある。それらを固体電解質と呼ぶ。セラミックスの多くは絶縁体であるが、高温でイオン導電性を示す物質がある。ジルコニアや β-アルミナでは、高温でイオン伝導と電子伝導が同時に起こる。このような物質は混合伝導体と呼ばれる。

8.3 誘電性セラミックス

8.3.1 誘電材料

コンデンサ

コンデンサ（蓄電器、condenser, capacitor）は抵抗やコイルと並んで重要な電気部品である。2枚の平行電極からなる電気容量 C のコンデンサに直流電圧 E (volt) を印加すると、瞬間的に電流が流れてコンデンサに電荷 Q (C, coulomb) が貯まる。電気容量の単位はファラデーにちなんだファラッド (F) やマイクロファラッド (μF) である。

$$Q = CE \tag{8.3.1}$$

誘電体を使ったコンデンサでは、極板の面積を S (m²)、極板間の距離を d (m)、比誘電率（relative dielectric constant）すなわち単位体積の誘電率を ε とすると、コンデンサの容量 C (F) は次式で与えられる。つまりコンデンサの容量 C は ε と S に比例し、d に反比例する。

$$C = \frac{\varepsilon S}{d} \tag{8.3.2}$$

ε の値は、真空は 1.0000、乾燥空気は 1.0005、パラフィンは 2.2、ガラスやアルミナなどの無機物は 3-10 程度である。酸化チタンは 50-80 程度である。これに対して強誘電体のチタン酸バリウムなどは ε の値が 1000-10000 と非常に大きい。強誘電材料を使うとコンデンサを超小型にすることができる。

直流電圧を印加すると瞬間的に電流が流れるが、コンデンサに電荷が溜るとそれ以後は電流が流れない。しかしコンデンサに交流電圧を印加すると充電と放電が繰り返されてコンデンサに電流が流れる。誘電体に交流電界 E を印加すると誘電体の中に分極を生じるが、分極するにはある程度の応答時間が必要である。絶縁体に交流電圧を印加したときの分極の遅れは、電界と分極の位相のずれ・誘電損角 δ で表される。tan δ（誘電正接、dielectric loss tangent）は交流1サイクル当たりのエネルギー損失を示す。それによって生じるエネルギーの損失・誘電損失は比誘電率 ε と tan δ の積で表される。一般に周波数が大

きいほど ε が減少して $\tan\delta$ が増加する。

常誘電体

常誘電体（paraelectric material）は比誘電率 ε の値が小さい物質で絶縁材料として使われる。高周波用絶縁物としては、抵抗率 ρ が大きく（導電率 σ が小さく）、ε と $\tan\delta$ の値が小さくて、耐熱性が優れている材料が要求される。この用途に使われるセラミック材料（アルミナ、ムライト、ステアタイト、ガラスなど）の ε の値は 2-10 程度、$\tan\delta$ の値は 10^{-3}-10^{-4} 程度である。

分　極

絶縁体に外部から直流電圧を印加しても電流は流れないが、微視的には電荷担体（電子、イオン、双極子など）がわずかに動いて電荷が蓄えられる。その結果生ずる正負電荷の重心のずれを分極（polarization）と呼ぶ。

そしてその材料が電荷を蓄える性質を誘電性（dielectric property）という。誘電性が小さい物質を常誘電体、大きい物質を強誘電体と呼ぶ。金属や半導体では電圧を印加すると電流が流れてしまうので誘電性は問題にならない。

誘電体は図 8.3.1 のように区分される。強誘電体は必ず焦電性と圧電性を示すが、圧電体や焦電体は強誘電性を示すとは限らない。

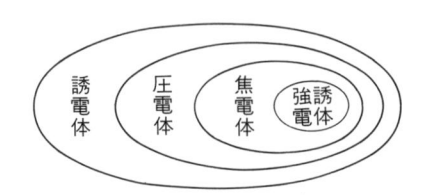

図 8.3.1　誘電体相互の関係

強誘電体

$BaTiO_3$ で代表される強誘電体（ferroelectric material）の ε は数千にも達する。結晶学的に強誘電体に要求される最少必要条件は対称心がないことである。全部で 32 ある晶族の中の 21 晶族がそれに該当する。

8.3 誘電性セラミックス

強誘電体に電界 E を印加すると、分極 P が生じてヒステリシス（履歴、hysterisis）現象が観察される。この履歴曲線は分域構造を考えることで説明ができる（図 8.3.2）。

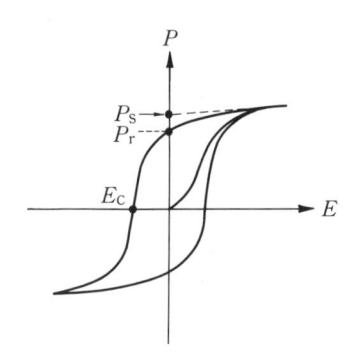

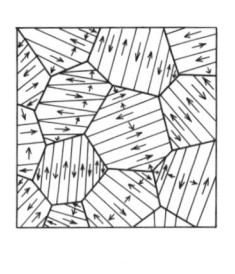

図 8.3.2 左）誘電体の分極と電界との関係　右）強誘電体の分域構造の模式図

電界を印加しない状態で、強誘電体中には無数の細かい自発分極すなわち分域（domain）が生じている。分域の中では双極子モーメントの向きが揃っているが、隣接する分域では方向は互いに 90°か 180°である。しかも結晶全体としては、分域の向きがでたらめで分極を打ち消し合っている。

電界を増加して、P_s で示される分極の飽和値（saturation polarization）では、すべての分域が同じ向きに配向している。電界を除くと材料は緩和して残留分極（remanent polarization）P_r へと減少する。印加電圧を逆向きにして分極 P をさらに減らして、分極が零になる電界強度 E_c を抗電界（coercive field）と呼ぶ。電界をさらに変化させると P-E 曲線はヒステリシス曲線を示す。

チタン酸バリウム・$BaTiO_3$ はペロブスカイト構造を基本構造としているが、図 8.3.3 に示すように温度が変わると相転移する。

$BaTiO_3$ は 120°C（393 K）以上の高温では自発分極が消滅して常誘電体になる。自発分極が消滅する温度を強誘電体のキュリー温度（Curie temperature）T_c と呼ぶ。

$$\text{菱面体} \longleftrightarrow \text{斜方晶} \longleftrightarrow \text{正方晶} \longleftrightarrow \text{立方相} \tag{8.3.3}$$

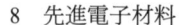

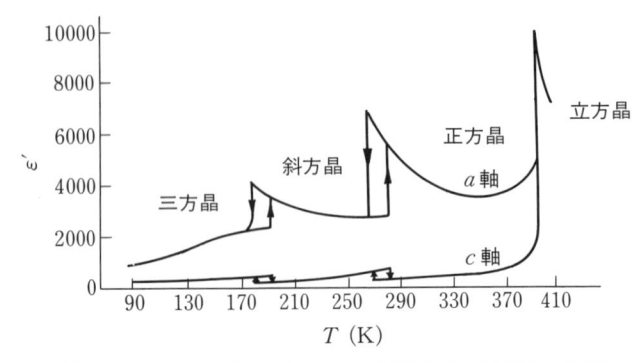

図 8.3.3 チタン酸バリウムの比誘電率と温度との関係

ペロブスカイト構造

$CaTiO_3$ はペロブスカイト (perovskite, 灰チタン石) として天然に産出する。$BaTiO_3$ など強誘電性を示す非常に多くの合成化合物がペロブスカイト構造をとる。またそれらの化合物は互いに固溶体をつくりやすい。

$BaTiO_3$ 構造は、単位格子の原点に Ba 原子が、単位格子の中心に Ti 原子が、面心に O 原子が存在する。この構造では、Ba 原子は 12 個の O 原子で囲まれており、Ti 原子は 6 個の O 原子で囲まれている。

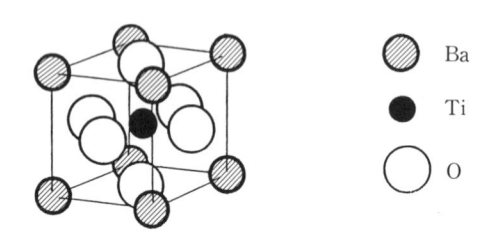

図 8.3.4 $BaTiO_3$ 構造の単位格子

セラミックコンデンサ

コンデンサは、容量、温度係数、耐圧、大きさなどが問題になる。

セラミックコンデンサを大別すると、大容量コンデンサと温度補償用コンデンサになる。大容量コンデンサは、$BaTiO_3$ を主体として、$SrTiO_3$、$BaSnO_3$、$BaZnO_3$ などを固溶させた材料を積層してつくる。温度補償用コンデンサは容

8.3 誘電性セラミックス

量の温度係数が小さい材料、$MgTiO_3$, $SrZrO_3$, TiO_2 などでつくる。単層セラミックコンデンサは比較的小容量で高電圧用のものが多い。

積層 (multilayer ceramic condenser) セラミックコンデンサは薄い誘電体層 (3-50 μm) と内部電極層 (1-5 μm) を数層ないし数百層交互に重ねた構造である。積層コンデンサは年々小型化と大容量化が要求されているので、誘電体層もどんどん薄くなって 1 μm 以下のコンデンサも製造されるようになった。現在量産している最小のチップコンデンサは 0603 型 (0.6 mm×0.3 mm) で、まもなく 032025 型 (0.32 mm×0.25 mm) 型の生産がはじまる。

$BaTiO_3$ や $SrTiO_3$ の焼結温度は 1300-1400°C であるから、積層コンデンサの内部電極に Pt や Pd を使う必要がある。そこで 900-1000°C で焼結する誘電材料 ($Pb(Mg_{1/3}Nb_{2/3})O_3 \cdot Pb(Ni_{1/3}Nb_{2/3})O_3 \cdot PbTiO_3$ など) が開発されて、ニッケル (Ni) を内部電極に使った安価な低温焼結コンデンサが市販されている。

積層セラミックコンデンサの需要は莫大である。1998 年には 3100 億個で 3300 億円、1999 年には 4000 億個以上が製造された。

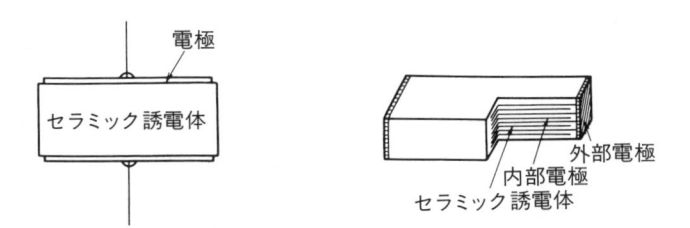

図 8.3.5 左) 単層型コンデンサ　右) 積層コンデンサの断面図

半導体セラミックコンデンサも使われている。$BaTiO_3$ や $SrTiO_3$ に微量の金属酸化物 (La_2O_3 など) を固溶させて半導体化 (n 型半導体) した材料でつくる。三つのタイプの半導体セラミックコンデンサがある。

障壁 (堰層、barrier) 容量型コンデンサは、半導体の両面に銀電極をつけて、整流性接触を形成させてその障壁容量を利用する。

表面酸化 (還元再酸化) 型コンデンサは、還元雰囲気で焼成した半導体を酸化雰囲気で短時間加熱して表面に薄い絶縁層を形成させ、これに電極をつけると絶縁層が高誘電層として機能する。

粒界層（粒界絶縁）型コンデンサは、半導体表面に金属酸化物（Bi_2O_3 や CuO など）を塗布して加熱処理すると、粒界に沿って金属酸化物が拡散して絶縁層となる。BL（Boundary Layer）型コンデンサともいう。

マイクロ波用誘電材料

移動体通信や衛星通信などマイクロ波領域（3-30 GHz）の通信技術の発達に伴って、比誘電率 ε が大きく、誘電損失 $\tan\delta$ が少なく、比誘電率の温度係数がゼロに近い誘電体材料の開発が進んでいる。誘電体の比誘電率は周波数が高くなると低下する（誘電分散）。誘電損失は、結晶構造、イオンの種類、格子欠陥などの微細組織に依存し、これを誘電異常と呼んでいる。

今までに研究された材料には、MgO-SiO_2 系、MgO-CaO-TiO_2 系、BaO-SiO_2 系、ZrO_2-SnO_2-TiO_2 系、BaO-PbO-Nd_2O_3-TiO_2 系、BaO-TiO_2-Sm_2O_3 系、BZNT（$Ba(Zn_{1/3}Ta_{2/3})O_3 \cdot Ba(Zn_{1/3}Nb_{2/3})O_3$）系などがある。

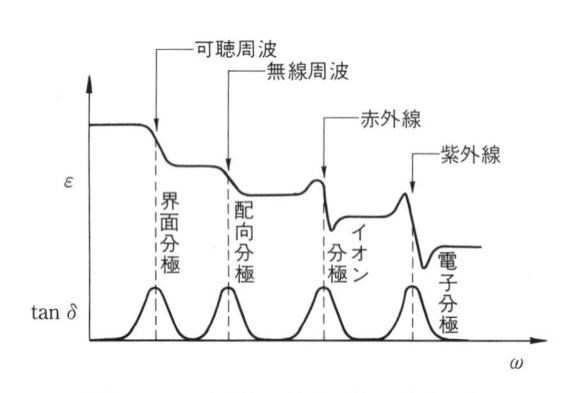

図 8.3.6　誘電体の誘電分散と誘電異常

8.3.2　圧電材料

圧電体

圧電体（piezoelectric material）は外力を加えるとそれに比例した電圧を発生し、逆に電場をかけるとそれに比例した歪を生じる。それらの結晶は外部か

ら電界を加えて分極させることができる。

昔から知られている誘電・圧電物質としては、ロッシェル塩、水晶、電気石などがある。ペロブスカイト構造の強誘電体であるチタン酸バリウム（BaTiO$_3$）が発見されたのは第二次大戦中のことである。優れた圧電材料であるチタン酸ジルコン酸鉛（PZT, PbTiO$_3$・PbZrO$_3$）の研究が始まったのは1950年以後である。

圧電的性質は結晶構造から予想できる。現在までに実用化された圧電材料の大部分はペロブスカイト関連構造である。PZT（Pb(Ti$_{1/2}$・Zr$_{1/2}$)O$_3$）系セラミックスはBaTiO$_3$系セラミックスに比べて圧電特性と温度安定性が優れている。それに加えて、キュリー温度が高いので使用温度範囲が広い。

結晶学的には、全部で32ある晶族中の対称心がない21晶族の中の20晶族が圧電性を示す。

圧電デバイス

圧電体を使う超音波発信器や超音波検出器は広い用途をもっている。水中音波探知機（ソナー、sonar）は艦船の種類から個々の艦船まで識別することができる。魚群探知器は漁船はもちろん素人用の釣り船にまで装備されている。超音波内臓診断装置は内蔵の検査や子宮内胎児の観察などに使われている。

強力に振動する超音波加工機が工場で活躍している。プラスチックフィルムの接合には超音波縫製機が必要である。

身近なものでは、自動販売機のスピーカーや圧電ブザーがある。インクジェットプリンタにも圧電素子が採用されている。超音波加湿器は冬の室内の乾燥を和らげる。超音波洗浄器は眼鏡屋の店頭に必ず装備されている。圧電素子は各種センサに採用されている。すなわち、圧力センサ、角速度センサ、超音波センサ、ノッキングセンサなどである。

電子ライターやガスコンロの点火素子は、**PZT**焼結体にバネを利用した衝撃力を与えて1万ボルト以上の高電圧を発生させ、火花放電によってガスに点火する。ぜひ一度電子ライターを分解して実物を観察されることをお奨めする（図3.8.7）。

表面弾性波（SAW, Surface Acoustic Waves）は材料の表面をさざ波のよう

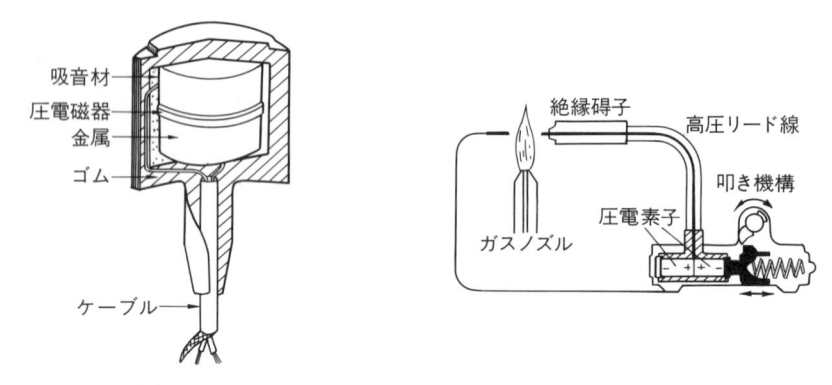

図 8.3.7 左）ランジュバン型水中超音波送受信器
右）圧電体を使ったガスの衝撃圧電点火機構

に伝わって行く振動である。SAW 型フィルタは圧電体の表面に櫛型の交差指電極を設けて共振回路を形成した特定周波数用のフィルタである。SAW の伝播速度は表面状態や温度に強く影響を受けるから、これを利用した温度センサもつくられている（図 8.3.8）。

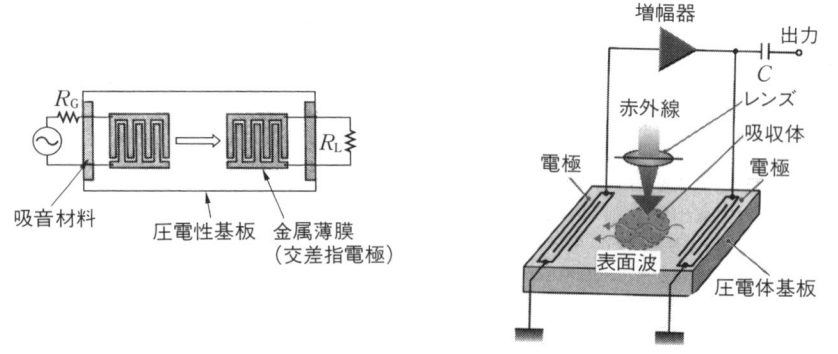

図 8.3.8 左）SAW 型フィルタの構成　右）SAW 型放射温度センサの構成

超音波アクチュエータ（変換器、actuator）は圧電体に電圧を加えて精密な位置制御を行うマニピュレータ（manipulator）である。半導体製造・検査用設備に用いる超精密位置決め装置 $XY\Theta$ ステージの構造を図 8.3.9 に示した。この装置は XY 移動範囲が 30 μm×30 μm、分解能が 0.01 μm で、Θ の移動範囲は 270 μrad、分解能は 0.9 μrad を実現している。

8.3 誘電性セラミックス　　293

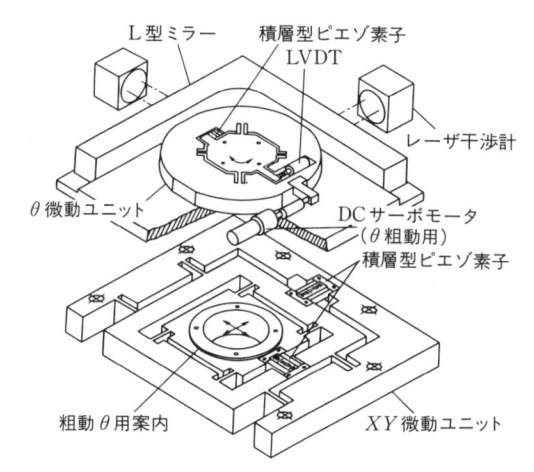

図8.3.9 超精密位置決め装置・$XY\Theta$ステージの構造

　進行波方式の超音波モータは町工場の経営者・指田年生が発明した（1975年）。金属リングの振動体の反対側にPZT圧電体を貼ってステータとする。PZTを交互に逆分極して、それらをA群とB群に分けて並列に接続する。これに同じ共振周波数の電圧を印加して90度の位相差をつくると、リングの屈曲振動が一方向に進行してロータが回転する。進行波方式の超音波モータはカメラのズームレンズの駆動などに採用されている。

水晶デバイス

　水晶は非常に安定な物質である。水晶の単結晶を薄く小さく研磨した材料の固有振動数は多結晶圧電材料に比べて桁違いに安定で温度安定性に優れている。水晶発振子（振動子、oscillator）は、腕時計、携帯電話、カーナビ、情報家電製品などに大量に使われている。表面波デバイスとしての用途も多い。2000年度には約51億個が生産された。

　2003年のデジカメの生産予定数量は4500万台で、それに用いるローパスフィルタの需要も大きい。ローパスフィルタはCCDセンサが取り込んだ画像を電気信号に置き換える際に、光の干渉でモアレ（縞模様、moiré）が発生するのを防ぐ小さな水晶部品である。

　水晶式腕時計（クォーツウォッチ、quartz watch）の構成を図8.3.10に示

す。クォーツウォッチは使用電力を節約するため連続回転はしない。図の端子1と端子2に、1秒ごとに交互にパルス信号を送って間歇駆動する。

水晶の素材は水熱合成装置で人工水晶である（252頁参照）。水晶発振子の振動モードはカットの方向と形状によって異なり、古賀逸作が発明したATカットが有名である。水晶発振子の振動数は薄くて小さいほど高い。現在では厚さ0.015 mmまで精密に研磨している。

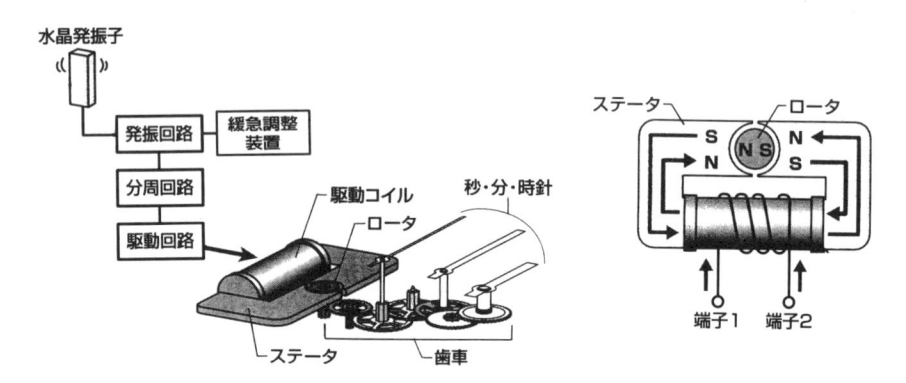

図8.3.10　左）水晶式腕時計の構成　　　右）駆動モータの構造

焦 電 体

自発分極をもつ結晶の一部を加熱すると、結晶の表面に電荷が現れる現象を焦電効果という。焦電材料（pyroelectric material）としては、$BaTiO_3$、$LiNbO_3$、$LiTaO_3$、$PbTiO_3$、$PbTaO_3$、$PbZrO_3$などの強誘電体が使われる。

焦電型赤外線センサ（図8.5.3）は入力エネルギーの変化を検出する微分型センサである。生体の移動を検出する侵入検出センサ、自動ドアセンサ、来客検知センサなどに大量の焦電デバイスが利用されている。

焦電型赤外線センサを使って赤外線のエネルギーを定量的に測定するには光チョッパーが必要である。

8.3.3　厚膜技術

ドクターブレード法

　先進セラミックス産業では厚膜技術が重要な役割を果している。厚膜の形成法には、カレンダー法、塗装法、印刷法などいろいろあるが、もっとも多く使われているのがドクターブレード法（doctor-blade method）である。

　積層コンデンサー、セラミック回路基板、セラミックパッケージなどは、チタバリやアルミナの薄くて（0.1-0.5 mm）丈夫なグリーンシート（生素地シート、green sheet）からつくられる。

　ドクターブレードは印刷用語で、グラビア印刷で版面から余分なインクを搔き落とす鋼鉄製の刃をいう。この方法では、セラミックスの粉末に有機バインダーなど数種類の添加物を加えた泥漿（slurry）を用意する。泥漿をポリエステルフィルムの移動キャリヤー上に流して、ブレードのエッジで一定の厚さに拡げる。これを乾燥してシート状の柔軟な成形体とする。

　多層回路基板をつくるには、成形したシートに必要な小さな多数の穴をあけて回路を導電ペーストで印刷したのち、数枚ないし数十枚を正確に重ねてプレスする（271頁参照）。それを一つ一つに切断したのち、ゆっくり加熱して有機物を除去する。それを高温に加熱して焼結させる。これに電極を焼き付け、塗装し、マークを印刷して部品ができる。

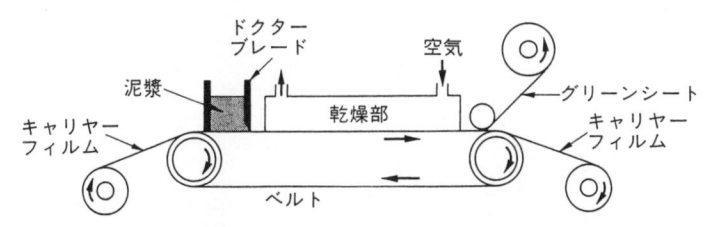

図 8.3.11　ドクターブレード法

　ドクターブレード法で、高い寸法精度と均一性を備えたセラミックシートをつくるには注意深い制御が必要である。

　泥漿の物理化学的性質を長期間一定に維持するのは楽な仕事ではない。泥漿

は水系と非水系とに分類される。成形したシートは、以後の工程で切屑がでるからリサイクルする必要がある。

水系の泥漿は乾燥した時にエマルジョンの一部が破壊して、リサイクルによって泥漿の特性が徐々に劣化するのが問題である。非水系の泥漿ではこの問題は生じない。有機溶媒としては沸点が違う2種類の溶媒を混合して使う。これは混合溶媒の沸点や蒸気圧が組成とともに連続的に変化するので、乾燥が徐々に均一に進むからである。有機溶媒の欠点は、爆発の危険性があること、溶媒の回収設備が高価なこと、人体に有害で法律で使用が規制されていることなどである。水系と非水系のいずれの泥漿も実用されている。

これだけの情報があっても、優れた特性のセラミックシートを製造するのは大仕事である。バインダーや可塑剤（かそざい）など最適の鼻薬を探索するだけでも大変な労力を必要とする。

このような複雑な問題を理論的に解明して最適化することはノーベル賞クラスの学者が取り組んでも絶望的で、21世紀になっても経験が支配しているに違いない分野である。日本企業の強みはここにある。泥臭い仕事は二流大学工学部の卒業生たちが協力して解決するのに適した問題である。欧米の企業には博士課程出身の優秀な科学技術者と肉体労働を担当するテクニシャンはいるが、泥臭い仕事を本当に解決できる中堅技術者の層が薄い。

8.4 磁性セラミックス

磁化率と透磁率

　磁界の強さ（magnetic field）H の中に置かれたすべての物質は、単位体積当たりの磁気モーメントすなわち磁化の強さ M を受ける。磁化が磁界の強さに比例する物質では、磁化率（magnetic susceptibility）χ は（8.4.1）式で与えられる。χ は温度 T に反比例する。C は比例定数である。

$$\chi = \frac{M}{H} = \frac{C}{T} \tag{8.4.1}$$

　外部から強さ H の磁界を材料に印加したとき、材料内の磁束密度が B であれば、B と H の比を透磁率（permeability）μ と呼ぶ。

$$\mu = \frac{B}{H} \tag{8.4.2}$$

　磁性材料（magnetic material）の性能は CGS 電磁単位で表すことが多い。H の SI 単位は（A/m）であるが、CGS 電磁単位はエルステッド（Oe）、M の CGS 電磁単位はガウス（G）である。磁束密度 B の単位は SI 単位ではテスラ（T, tesla）、CGS 電磁単位ではガウス（G, gauss）である。永久磁石の性能は最大エネルギー積 $(BH)_{max}$ で表すことが多い。$(BH)_{max}$ の単位はガウスエルステッド（GOe）またはメガガウスエルステッド（MGOe）である。

　なお、エルステッド（H. S. Oersted, 1776-1851 年）は、銅線を流れる電流を接断すると近くに置いた磁針が振れることを認めて、電流の磁気作用を発見した。ガウス（K. F. Gauss, 1777-1855 年）は 18-19 世紀を代表する偉大な数学者で天文学者であった。テスラ（N. Tesla, 1857-1943 年）は交流発電機やテスラコイルを発明した電気工学者である。

常磁性体と反強磁性体

　実用的に重要な磁性体は強磁性体であるが、それ以外にもいろいろな磁性材料がある。常磁性体（paramagnetic material）、反強磁性体（antiferromagnetic material)、反磁性体（diamagnetic material）などである。これら磁性体の磁化率 χ は 10^{-3} 以下と小さい。アルカリ金属やいくつかの遷移金属は常磁性体である。常磁性体は磁界の中では鉄と同じ方向にわずかに磁化するが、磁界を取り去ると磁化も零となる。

強磁性体

鉄は磁石に吸い付けられると磁化して、磁石を取り去っても磁石としての性質を失わない。このような材料を強磁性体（ferromagnetic material）という。強磁性体の磁化率 χ は 1-10^4 程度と大きく、多くの強磁性体が実用材料として重要である。

強磁性体では、外部から強さ H の磁界を印加したとき、磁束密度（flux density）B との間にヒステリシスループが現れる。この B-H 曲線は強誘電体の P-E 曲線とよく似ている。強誘電体では分域でこれを説明するが、強磁性体では磁区（magnetic domain）を考えて説明する（図 8.4.1）。

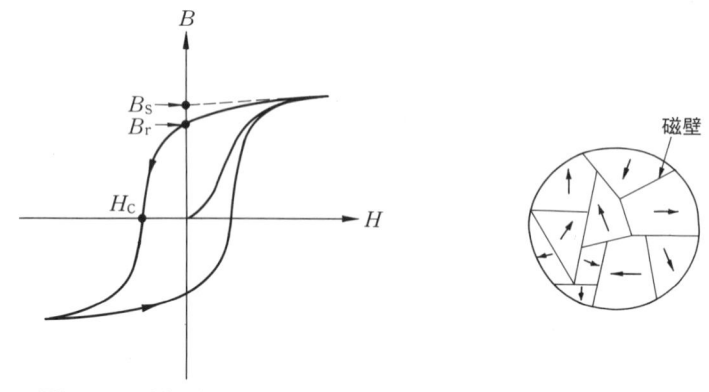

図 8.4.1　左）強磁性体の磁化曲線　　右）磁区のモデル構造

磁界を加えていない強磁性体は磁区の集合体で、磁区内では自発磁化をもった磁気モーメントが一方向を向いている。しかし無数にある磁区の磁化の方向はバラバラで全体としての磁化は零である。

そこに磁界 H を加えると、磁界に近い方向に向いている磁区が成長して、他の方向を向いている磁区が小さくなる。磁界の強さを増加すると磁壁が移動

して、ついには磁界の方向に向きがそろった単磁区を形成して飽和磁束密度 (saturation magnetization) B_s に達する。

この状態から磁界を小さくすると磁化が減少するが、H が零になっても磁化は残る。これが残留磁束密度 (residual magnetization) B_r である。さらに逆向きの磁場を加えると保磁力 (coercive force) H_c で B 値は零になる。

強磁性体を加熱すると、臨界温度以上で常磁性体になる。その温度は強磁性キュリー温度 (Curie temperature) T_C と呼ばれる。反強磁性材料でも類似の現象が観測され、ネール温度 (Néel temperature) T_N と呼ばれる。

フェロ磁性体とフェリ磁性体

強磁性体はフェロ磁性体とフェリ磁性体とに分けられる。

フェロ磁性体 (ferromagnetic material) では、スピンが平行に並んでいる。鉄、コバルト、ニッケルなどの金属はフェロ磁性体である。

フェリ磁性体 (ferrimagnetic material) では、隣接した A, B 両格子点のスピンが反平行に並んでいて、かつその大きさが違っている。フェリ磁性体では非磁性のイオンが媒介して隣接している二つの磁性イオンのスピンを配向させている。これを超交換 (super exchange) 作用と呼んでいる。スピネル型フェライトやバリウムフェライトはフェリ磁性体である。

常磁性体では、熱振動のためスピンの向きが無秩序である。

反強磁性体では、フェリ磁性で A, B 両格子点のスピンの大きさが等しいので磁化の強さ M はゼロになる。

硬磁性材料と軟磁性材料

強磁性材料は硬磁性材料 (hard magnetic material) と軟磁性材料 (soft magnetic material) とに区分される。

硬磁性材料 (高保磁力磁性材料) は残留磁束密度 B_r と保磁力 H_c の両方が大きい材料で、永久磁石に適している。MK 鋼、希土類磁石、バリウムフェライトなどがこれに属する。

軟磁性材料 (高透磁性磁性材料) は残留磁束密度 B_r が非常に大きくて、保磁力 H_c とヒステリシス曲線の面積が極めて小さい材料である。このような材

料には、珪素鋼板、パーマロイ、Mn-Zn フェライトなどがあって、変圧器やモータの磁芯などに用いられている。

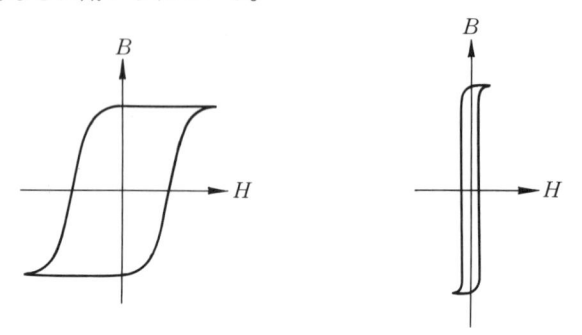

図 8.4.2 左）硬磁性材料の磁化曲線　　右）軟磁性材料の磁化曲線

永久磁石の種類

高保磁力磁性材料は永久磁石用材料で、残留磁束密度 B_r と保磁力 H_c の両方が大きくて、H_c は 1 kA/m 以上ある。永久磁石の性能は $(BH)_{max}$ で表す。単位は（GOe）または（MGOe）である。

永久磁石は、磁針、文具のマグネットピン、冷蔵庫のドア、各種モータ、磁気共鳴装置、磁気冷凍装置、超伝導電磁石などに広く利用されている。

硬磁性（永久磁石）材料は、合金磁石、希土類磁石、フェライト磁石、ボンド磁石に分類される。

合金磁石には、KS 鋼磁石、MK 鋼磁石、アルニコ系磁石などがあって、鋳造できることが特徴である。

希土類磁石にはサマリウム-コバルト（Sm-Co）系磁石やネオジム-鉄-硼素（Nd-Fe-B）系磁石などがある。希土類磁石は非常に強力な磁石材料であるが、資源が限られているので高価である。

フェライト磁石にはバリウムフェライトやストロンチウムフェライトなどがある。極めて安価で広く利用されている。

ボンド磁石はフェライト磁石の粉末や希土類磁石の粉末をプラスチックやゴムに練り込んだ磁石である。ボンド磁石は成形時や成形後に磁化することが可能で、多極着磁した磁石がステッピングモータなどに採用されている。

8.4 磁性セラミックス

永久磁石の進歩

昔の永久磁石は天然に産出する磁鉄鉱だけであったが，18世紀になってはじめて鉄鋼製の人工磁石が登場し，19世紀末までにはタングステン鋼やクロム鋼も使われるようになった。

1917年には東北大学の本多光太郎がKS鋼（Fe-Co-W-Cr-C合金）を，1931年には東北大学の三島徳七がMK鋼（Fe-Ni-Al合金）を，その翌年にはNMK鋼（Fe-Co-Ni-Ti合金）を発明して，当時としては画期的な強力磁石が実現した。GE社はこれを発展させてアルニコ系磁石（Fe-Al-Ni-Co-Cu合金）を開発した。

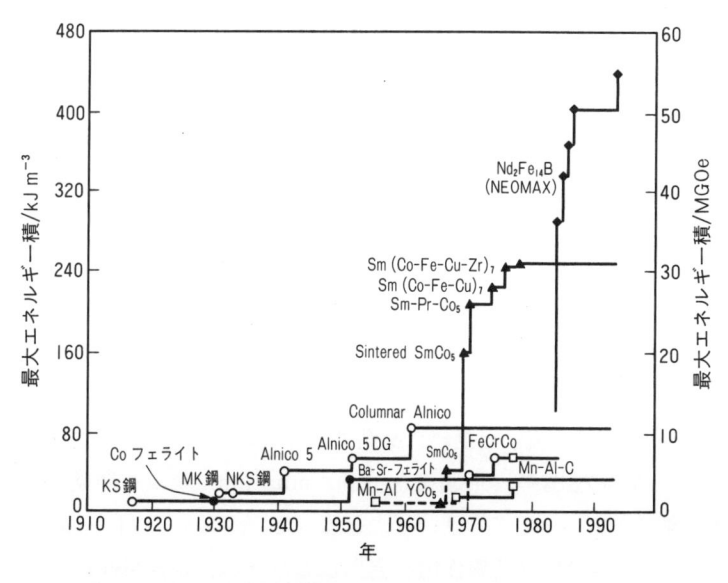

図8.4.3 永久磁石の最大エネルギー積 $(BH)_{max}$ の発達
（住友特殊金属株式会社資料）

一方，東京工業大学の武井武と加藤与五郎は，フェリ磁性を利用する酸化物系のOP磁石を研究して，1933年にスピネル型フェライト磁石を発明した。その後フィリップス社はマグネトプランバイト構造のバリウムフェライト磁石を1951年に発明した。現在はバリウムフェライト磁石が安価な永久磁石とし

て広く使われている。なお、酸化物磁性体のフェライトと金属鉄のフェライトを混同してはいけない。

1960年代の後半になると、第三の永久磁石材料として希土類磁石が登場した。サマリウム-コバルト系磁石の$SmCo_5$、Sm_2Co_{17}、ネオジム-鉄-硼素系磁石の$Nd_2Fe_{14}B$などの超強力磁石である。

コイル

コイルは抵抗やコンデンサと並んで重要な電気部品である。回路の電流変化に対する電磁誘導によって生じる起電力の比を表す定数をインダクタンス（誘導係数、inductance）という。電流が毎秒1(A)の割合で変化するときの誘導起電力が1(V)であるコイルの自己インダクタンスが1ヘンリー(H)である。

断面積が$S(m^2)$、長さが$l(m)$、透磁率がμである磁芯に巻いたソレノイド（長い円筒状のコイルを意味している）の巻き数を1m当たりn回とすると、ソレノイド（solenoid）の自己インダクタンス・L(H)は次式で与えられる。

$$L = \mu n/S \tag{8.4.3}$$

電磁誘導

エルステッド（H. C. Oersted, 1771-1851年）は、電流が流れている導線に磁針を近づけると磁針が振れることを発見した。アンペール（A. M. Ampere, 1775-1836年）は、平行に並べた銅線に同じ方向の電流を流すと互いに引き合い、反対方向の電流を流すと互いに反発する現象を発見した。

ファラデーは電磁誘導（electromagnetic induction）現象を発見して（1831年）、電磁気学の広い分野で学問の基礎を築いた。ヘンリー（J. Henry, 1797-1878年）はコイルの相互誘導作用を発見していたが、発表が遅れてファラデーに先を越されてしまった。

磁芯材料

高透磁性磁性材料（軟磁性材料）は透磁率μの値が大きい（数十ないし数十万）材料である。残留磁束密度B_rが非常に大きくて、保磁力H_cとヒステリシス曲線の面積が極めて小さいから、弱い磁場を加えても強く磁化される材料

である。軟磁性材料は電磁石や変圧器の磁芯に使われている。

　軟磁性材料は金属材料と酸化物材料とに分類される。金属軟磁性材料は電気抵抗が小さいので低周波数帯域で使われる。軟鉄、珪素鋼板、ニッケル-鉄合金、アモルファス合金などがある。酸化物軟磁性材料は電気抵抗が大きくて高周波損失が少ないので、高周波帯域で使われる。スピネル構造のMn-Znフェライトなどがある。

軟磁性金属材料

　鉄芯にコイルを巻くと電磁石ができることから分かるように、軟鉄はもっとも安価な軟磁性金属材料である。0.5-5％のシリコンを鉄に添加して圧延した珪素鋼板は軟鉄に比べてずっと優れた軟磁性（$\mu=1000$, $H_c=0.5$ Oe）を備えている。珪素鋼板は商用周波数帯域用の各種変圧器、電磁石、インダクタ、モータなどの磁芯材料として広い用途をもっている。

　ニッケル-鉄合金（Ni：78％, Fe：21％）であるパーマロイはさらに優れた軟磁性（$\mu=30{,}000$, $H_c=0.01$ Oe）を備えているので、高級な電子機器、ビデオ磁気ヘッド、超伝導磁石などに使われている。

　超急冷法でつくられるアモルファス金属の薄板や、パーマロイの蒸着薄膜は、高周波帯域でも優れた軟磁性（$\mu=100{,}000$, $H_c=0.004$ Oe）を備えているので、最新のデバイスに採用されている。

軟磁性フェライト材料

　酸化鉄を主成分とする軟磁性酸化物磁性材料をソフトフェライトと呼ぶ。フェライトは金属に比べて電気抵抗値が高いので、高周波領域での磁芯材料として優れている。ソフトフェライトの大部分はスピネル型フェライトである。磁芯材料としてのフェライトの用途を図8.4.4に示す。

　フェリ磁性をもつ主なスピネル型フェライトの磁気特性を表8.4.1に示す。スピネル型フェライトは、ブラウン管の偏向ヨーク、テレビのフライバックトランス、高周波トランス、中間周波トランス、アンテナ、スイッチング電源、スピーカ、ノイズフィルタ、磁気シールド、可変コイルなど多種多様な部品に採用されている。

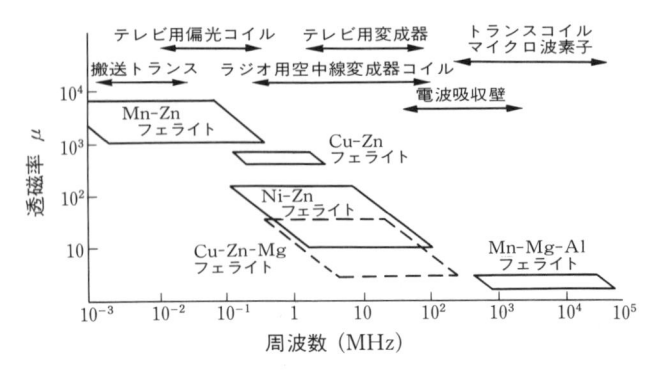

図 8.4.4 磁芯材料としてのフェライトの用途

六方晶系フェロクスプレーナ（軟磁性材料）型フェライトは、自然共鳴による μ の分散周波数がスピネル型フェライトの 10 倍もあるので、UHF 帯などマイクロ波用の磁芯材料として注目されている。

表 8.4.1 主なスピネル型フェライトの磁気特性

材料	初透磁率 μ_i	磁束密度 (測定磁界 15 Oe) B_m [G]	保磁力 H_c [Oe]	損失 (測定周波数) $(\tan\delta/\mu)\times 10^6$	T_c [°C]	ρ [Ω·cm]
Mn-Zn フェライト	5000 2000 1000	4200 3500 3500	0.1 0.20 0.45	6.5 (10 kHz) 7 (100 kHz) 30 (100 kHz)	130 150 200	20 200 1000
Cu-Zn フェライト	500 100	2000 3000	0.5 3.0	100 (500 kHz) 100 (2 MHz)	90 350	10^6 10^5
Ni-Zn フェライト	70 15	2700 2000	3.0 7.0	90 (10 MHz) 50 (20 MHz)	350 450	5×10^4 5×10^4
Cu-Zn-Mg フェライト	10	1400	15	300 (20 MHz)	500	5×10^4

磁気記録材料

粉末磁性体は、交通切符、キャッシュカード、コンピュータのハードディスク、フロッピーディスク、ビデオテープなどに広く採用されている。

硬磁性材料と軟磁性材料の中間の性質をもつ半磁性フェライトは磁気記録材

料として重要である。磁気記録媒体としては、比較的容易に磁化してそれを確実に保持でき、必要に応じて記録が再生できることが要求される。

磁性粉体には赤褐色の $\gamma\text{-}Fe_2O_3$ と黒色の Fe_3O_4 があるが、$\gamma\text{-}Fe_2O_3$ の方が多く使われている。粉末はベース材料の表面に塗布して使うので、針状で配向しやすい微粉末が要求される。

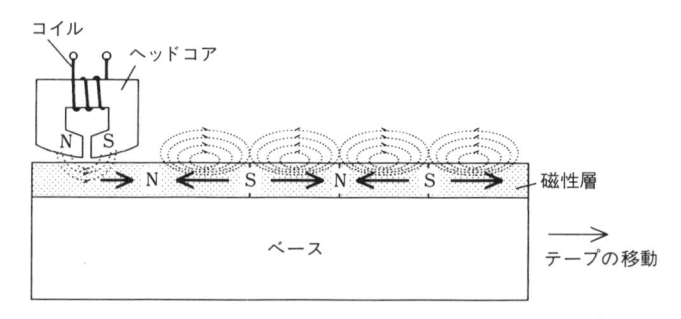

図 8.4.5 磁気テープの記録

$\gamma\text{-}Fe_2O_3$ の製造工程を図 8.4.6 に示す。まず硫酸第一鉄溶液（鋼の酸洗廃液）に空気を吹き込んで湿式反応で $\alpha\text{-}FeOOH$ をつくる。このとき細かい種結晶を用いて要求される形状で大きさの針状 $\alpha\text{-}FeOOH$ 結晶を育成するのが生産工場のノウハウである。濾過した粉末を針状を崩すことなく逆スピネル構造の Fe_3O_4 まで還元したのち、もう一度低温域で酸化して $\gamma\text{-}Fe_2O_3$ を製造する。粒子の長軸は μm 以下で、長軸と短軸の比（アスペクト比）が、1：6-1：

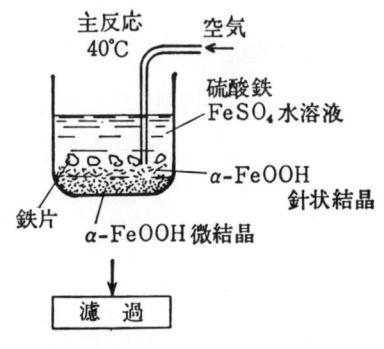

図 8.4.6 左）針状 $\gamma\text{-}Fe_2O_3$ 微粉末の製造工程　　右）$\gamma\text{-}Fe_2O_3$ 微粉末の熱処理工程

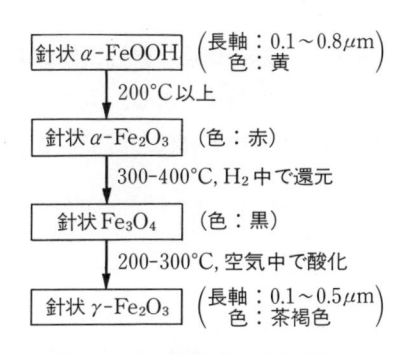

10と大きい微粉末が望まれる。$\gamma\text{-}Fe_2O_3$粒子の表面にCo^{2+}イオンをごく薄く（10Å以下）ドープして、300-400°Cに加熱すると磁性粉の電気特性が著しく向上する。

メタル微粉末テープ、蒸着薄膜テープ、垂直磁化テープなども研究されているが、価格と性能の両面で問題があってなかなか実用されない。

電磁波遮蔽材料

現代社会は無数の電波が飛び交っていて、電波の混信や医療機器への障害など負の影響が避けられない。電磁波のシールド（遮蔽、shield）には、電界による遮蔽と磁界による遮蔽とがあって、電磁波を反射させるか吸収させるかして減衰させる。

電界による遮蔽材料には導電性がよい金属が用いられる。銅箔、鉄板、金属粉末、導電性被膜、黒鉛粉末、導電性複合材料などが使われている。磁界による遮蔽材料には金属磁性体（珪素鋼板、パーマロイなど）やフェライトやボンド磁石が採用される。

外部電波を完全に遮断する必要がある電波暗室は銅板で囲われている。高層ビルの表面には電波を吸収するフェライトタイルを貼ってある。隠密行動が必要なステルス機（stealth aircraft）にはレーダー電波を吸収するフェライト塗料を塗布してある。

磁性流体

磁石の特殊な用途に磁性流体がある。磁性流体は液状シリコン樹脂に粉末磁石を混入した液体である。気密を保つ必要がある真空回転用軸シールや、宇宙服の可動部分などに使われている。

8.5 センサ

センサ (sensor) は、検知器、検知素子、探知器、感知器などと訳される。
センサは「千差万別」といわれるくらい種類が多く、センサ開発についての理論的な指針は何も存在しない。高感度、小型、安価、確実で、耐久性に優れていて、重要な情報が得られる素子であれば何でもよいのである。

8.5.1 千差万別なセンサ

自然界のセンサ

自然界にはセンサの見本が無数に存在する。
植物センサの例としては、向日葵をはじめとする花の向日性や食虫植物の動物察知能力などがある。
昆虫センサの例としては、蜜蜂の帰巣能力、蚊の炭酸ガス検知能力、蟻の相互情報伝達能力、蛍の光探知能力、昆虫類のフェロモン検知能力などがある。アメリカには渡りをする蝶もいる。これらセンサの性能はすばらしい。
爬虫類センサの例としては、ハブやガラガラ蛇の熱源探知能力などがある。カメレオンは目にも止まらぬ早業で昆虫を捕食する。
鳥センサの例としては、伝書鳩の帰巣能力、鶴や燕をはじめとする多くの渡り鳥の方向探知能力などがある。鷲や鷹は何百mもの上空から獲物を認識して急降下する。
海の生物センサの例としては、鮭鱒類の回帰能力、鮪、鰤、秋刀魚、烏賊など回遊魚の回遊能力、魚類側線の水流感知能力、珊瑚の一斉産卵現象、鯨や海豚の超音波交信能力などがある。
哺乳動物センサの例としては、警察犬の麻薬探知能力、豚のトリフ探知能力、蝙蝠の超音波発信・受信能力などがある。
人間は、視覚センサ、嗅覚センサ、味覚センサ、聴覚センサ、触覚センサ、それに加えて五感や六感というセンサをもっている。骨相や人相の鑑定もそれ

なりの信頼性がある。中には未知の超能力をもつ人もいるらしい。

センサの用途

　自然界のセンサには及ばないが、多くの人々の努力によって多種多様なセンサが開発されてさまざまな分野で利用されている。現在のわれわれの日常生活は無数のセンサに囲まれていて、センサなしの生活など考えることもできない。

　それらのセンサは受動センサと能動センサとに分類できる。受動センサは、温度センサ、圧力センサ、雨量センサ、検潮計、水位計、ラジオゾンデ、地震センサなど受信専門のセンサである。能動センサは、レーダ、魚群探知機、超音波診断機、CT走査装置、MR診断装置のように、信号を発信して結果を受信するセンサである。

　たとえば交通分野では、自動車、新幹線、航空機などの、自動安全運転システム、自動管制システム、切符予約・販売システム、自動券売機、自動検札機などがある。

　工場では、コンピュータ設計システム、自動製造システム、各種産業ロボットなどが働いている。商店では、バーコード読み取り・集計・発注システム、防犯システム、自動販売機などが活躍している。家庭では、家電機器、音響・映像・IT機器、携帯電話、防犯機器などが威張っている。

　軍隊や警察では、交通管制システム、航空管制システム、イージス艦、各種レーダ、各種音響探知システム、地上監視衛星など無数の秘密衛星、巡航ミサイルなど各種ミサイル制御システムなどが空や地上を睨んでいる。

　ロボットの進歩も大変なもので、二足歩行ロボット、救助ロボット、癒しロボットなど、今世紀中には「鉄腕アトム」の夢を実現できそうな勢いである。これには無数の高性能センサが活躍することは間違いない。

　代表的なセンサを以下に列挙するので、詳しくは専門書を参照されたい。

8.5.2 物理量センサ

力学量センサ

　力学量センサには、天秤、重力センサ、重量センサ、圧力センサ、圧力分布センサ、歪みゲージ、速度センサ、風速計、流速計、真空計、高度計、気圧計、速度センサ、加速度センサ、破壊強度計、AEセンサ、ノッキングセンサ、衝撃センサ、衝突バッグ用衝撃探知センサ、各種地震計などがある。

　振動を利用するセンサには、振動センサ、超音波センサ、魚群探知機、潜水艦探知機、超音波診断機などがある。音響センサには、マイクロホン、ピックアップ、音声センサ、音声認識センサ、盗聴器、補聴器、打音検査機、音波解析装置などがある。接触探知器としては、タッチセンサ、導電センサ、触覚センサ、無接触磁気センサ、防犯用万引き防止機器などがある。

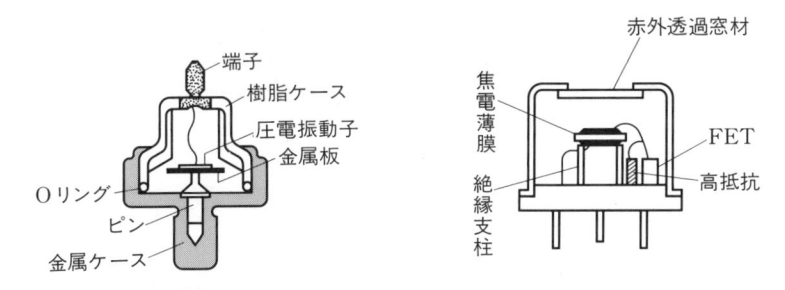

図 8.5.1　左）自動車用ノッキングセンサの構造　　右）焦電型赤外線センサの構造

　時間の測定には、機械式時計、砂時計、水晶振動子時計、メーザー発振子時計、原子壊変利用時計、放射性炭素年代測定などがある。

　長さなどの計測には、各種尺度計、測量器械、升（ます）、水位計、潮位計、雨量計、風量計、流量計などがある。

　方位を知るには昔から磁針と天体観測が使われていきたが、回転独楽（こま）方式やレーザジャイロ方式のジャイロコンパス（jairocompass）が発達して航空機やミサイルの自動操縦が可能となった。また人工衛星の電波を利用して位置を知るGPS装置が実用化してカーナビ装置が普及した。さらに圧電体を利用する

超小型で安価な振動ジャイロが発達してカメラの手ぶれ防止装置にまで利用されるようになった。

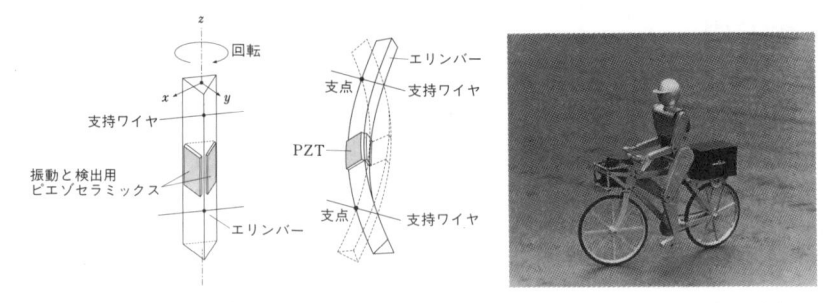

図8.5.2 左）三角棒振動ジャイロ　　右）それを使った模型の無人自転車

温度センサ

各種温度計たとえば、熱電対、放射温度計、抵抗温度計、サーミスタ、バリスタ、熱線探知機、焦電型温度センサ、表面弾性波（SAW）型放射温度計、光ファイバ温度センサ、熱膨張計、ゼーゲル錐などはすべて温度センサである。

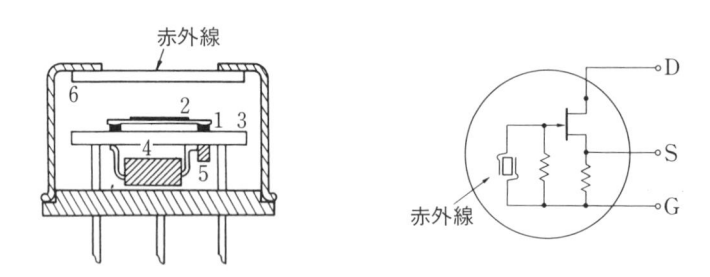

1：焦電体　2：受光電極　3：支持基板　4：FET
5：ゲート抵抗　6：赤外線フィルタ

図8.5.3 左）焦電型赤外線センサの構造　　右）焦電型赤外線センサの基本的な回路

光関連センサ

　光を使うセンサには、赤外線センサ、テレビのリモコン、エスカレータ自動運転用センサ、自動点灯装置、防犯用センサ、暗視装置、犯人探知センサ、レーザ測量機器、衝突防止センサなどがある。

　光を用いる自動認識センサの重要性が増加している。バーコード認識センサ、指紋センサ、眼底認識センサ、顔認識センサ、図形認識センサ、立体形状認識センサ、花粉センサ、埃センサなどなどである。

8.5.3　化学量センサ

ガスセンサ

　われわれの周囲では各種ガス（二酸化炭素、一酸化炭素、二酸化硫黄、水素、炭化水素、水蒸気など）を検知する多種類のセンサが活躍している。センサの測定原理や構造はさまざまであるが、電気信号として出力される必要がある。

　プロパンなど可燃性炭化水素などの漏洩を検出するガス漏れセンサ、空気中の湿気を測定する湿度センサなどである。ガス中に含まれている臭成分を検出する臭いセンサもつくられている。

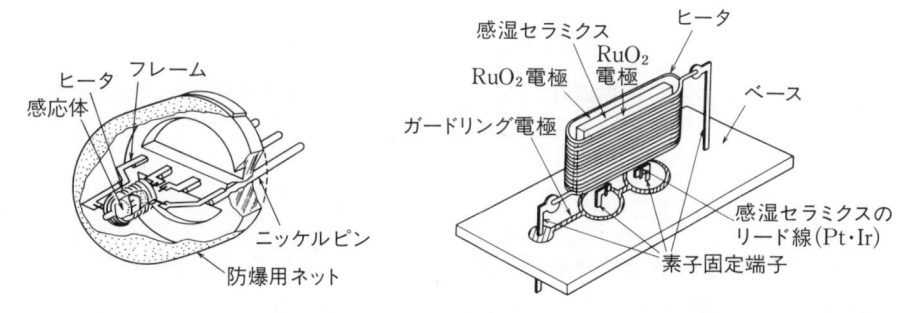

図 8.5.4　左）Fe_2O_3 焼結体ガスセンサの構造　　右）セラミック湿度センサの構造

　自動車排気ガスによる公害が非難されて久しい。内燃機関には燃料を燃焼させるのに最適な酸素濃度が存在する。そのため、400-800°C の排気ガス中に挿

入して酸素分圧を時々刻々測定する酸素ガス分圧測定センサが活躍している。高温固体電解質の安定化ジルコニアセンサがそれで、測定値に基づいて最適量の空気をエンジンに供給する。この方式の自動車用酸素ガス分圧センサは年間6000万個も製造されていて、日本製が50％以上のシェアを占めている。

ジルコニア酸素センサは熔鋼中の酸素濃度の測定にも使われている。

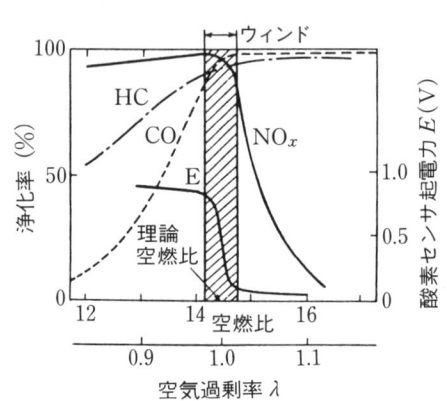

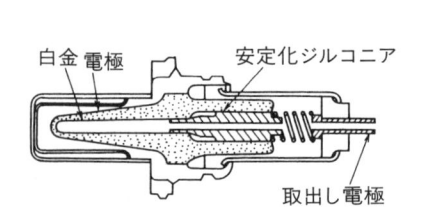

図8.5.5 左）自動車用ジルコニア酸素ガスセンサの構造　　右）ジルコニア酸素ガスセンサの特性

液体センサ

各種イオンセンサ、たとえば、pHセンサ、Naイオンセンサ、Kイオンセンサ、Cuイオンセンサ、水質硬度計などがある。

味覚センサとしては、糖度計、苦みチェッカー、米味チェッカー、ビールチェッカー、醸造モニタ、アルコールセンサなどがある。

バイオセンサ

バイオ技術を利用するセンサの発達は目を見張るものがある。各種の生化学的計測センサ、DNAセンサなど今後ますます発展することは間違いない。

索引

あ

アーズンウエア ……………………6
青石………………………………63
青色発光ダイオード ……………236
赤絵………………………………36
赤煉瓦……………………………15
アクセプター …………………274
足利義政…………………………33
アジテーター車…………………90
アセチレンブラック ……………184
アセチレンランプ ………………131
アチソン法………………………250
圧縮強度…………………………89
圧電体……………………………290
アッベ数…………………………127
後絵………………………………39
アモルファス ……………………101
アラゴナイト ……………………48
アラバスタ………………………59
霰石(あられいし)………………48
アランダム ………………………215
アルカラザ………………………169
アルカリ骨材反応………………96
アルカリ石灰ガラス ……………108
アルニコ系磁石 …………………301
アルマイト ………………………254
アルミナ…………………………200
アルミナセメント ………………86
アルミナファイバ ………………167
アルミネート ……………………82
淡路瓦(あわじ)…………………15
安山岩……………………………60
安全ガラス ………………………114

安定化ジルコニア ………………206

い

家元………………………………36
石焼………………………………5
石綿………………………………164
板ガラス …………………………111
板状表示装置 ……………………241
一眼レフカメラ …………………143
一重項励起状態 …………………135
井戸茶碗…………………………33
稲盛和夫…………………………191
燻瓦(いぶし)……………………15
鋳物………………………………152
甍(いらか)………………………15
色絵(いろえ)……………………36
殷(いん)…………………………148
インクライン工法………………91
隠元………………………………37
インダクタンス …………………302

う

ヴァリニヤーノ …………………40
ウィスカー ………………………209
宇田川榕庵(ようあん)…………71
上絵(うわえ)……………………36

え

永久磁石…………………………300
栄西(えいさい、ようさい)……32
衛生陶器…………………………20

永仁の壺……………………39
エーライト…………………82
液晶ディスプレー…………241
エトリンガイト……………84
エネルギー準位……………127, 272
エミッタ……………………278
エメラルド…………………67, 251
エルー炉……………………251
エルステッド………………297, 302
エレセラ……………………191
塩基性耐火物………………157
遠心工法……………………92
延性材料(えいせい)………196
エンセラ……………………191
円板状板ガラス製造法……111
鉛筆…………………………182

お

黄土…………………………148
大倉和親(かずちか)………11
大倉孫兵衛…………………11
大友宗麟……………………40
大谷石(おおや)……………61
オールド・ノリタケ………29
尾形乾山(けんざん)………36
押出し成形…………………19, 162
織田信長……………………34
鬼瓦公園……………………16
オニックス…………………58
鬼瓦(おにがわら)…………15
御室焼………………………36
織部焼………………………36

か

カーボネード………………214
カーボランダム……………215

カーボンナノチューブ……175
カーボンブラック…………183
碍管(がいかん)……………22
碍子(がいし)………………22
外装タイル…………………18
外壁材………………………19
懐炉(かいろ)………………179
回路基板……………………270
蛙目粘土(がいろめ)………52
ガウス………………………297
火炎熔融法…………………248
カオリナイト………………52
カオリン……………………52
化学蒸着法…………………257
化学発光……………………134
化学輸送法…………………252
花崗岩(かこうがん)………53
火山岩………………………49
ガスセンサ…………………311
ガス灯………………………129
ガスマントル………………129
火成岩………………………49
可塑性(かそせい)…………7, 71
活性炭………………………179
活性白土……………………66
カットグラス………………118
価電子帯……………………272
窯道具………………………160
カメラ………………………143
硝子…………………………101
ガラス状態…………………103
ガラス短繊維………………165
ガラス長繊維………………164
ガラス転移点………………103
カラット……………………67
唐物(からもの)……………32
カリウム長石………………54
ガリウム砒素(ひそ)………280

索引

カリ石灰ガラス……110	凝固……83
顆粒……172	強磁性体……298
カルサイト……48	強度……196
枯山水……64	強誘電体……286
カレット……104	玉髄……52
瓦……14	魚群探知器……291
かわら館……16	切子ガラス……118
かわら美術館……16	亀裂……197
かわらミュージアム……16	禁制帯……272
感光性ガラス……239	金属精錬……147
贋作……39	
乾式静電複写機……225	
含水鉱物……52	く
岩石……46	燻瓦……15
貫通材料……281	屈折……126
岩綿……165	屈折率……127
橄欖岩……48	グリーンシート……295
橄欖石……48	グリーンタフ……61
	クリスタルガラス……110
	クリストバライト……9
き	クリンカー……81
気孔……168	黒雲母……48
気孔率……168	
素地……7	け
貴石……67	蛍光……134
輝線スペクトル……129	蛍光灯……136
北大路魯山人……38	珪砂……49
喫茶……32	珪酸塩……4
基底準位……237	珪酸塩ガラス……108
希土類磁石……300	珪酸塩工業……4
機能性セラミックス……190	珪酸塩セラミックス……4
木節粘土……52	珪酸カルシウム系材料……170
キャスタブル……160	芸術……12
ぎやまん……101	珪石……49
急変サーミスタ……275	珪藻土……171
キュリー温度……287	珪素鋼板……303
凝灰岩……61	軽量コンクリート……93
強化ガラス……114	

軽量耐火物 …………………160
結晶質 ………………………47
欠陥コンクリート ……………96
結晶 …………………………47
結晶化ガラス ………………121
研削 …………………………217
懸垂碍子 ……………………23
顕微鏡 ………………………140
玄武岩(げんぶがん) …………………………59
研磨 …………………………217
建窯 …………………………32

こ

コアー・グラス ……………115
コイル ………………………302
高圧水銀灯 …………………130
高圧ナトリウムランプ ………130
高温超伝導体 ………………282
硬化 …………………………83
光学ガラス …………………138
光学用単結晶 ………………238
合金磁石 ……………………300
抗菌性 ………………………256
硬磁性材料 …………………299
硬質ガラス …………………109
荒神谷遺跡(こうじんだに) …………………148
構造用セラミックス …………190
抗電界 ………………………287
光電子増倍管 ………………232
硬度(こうど) …………………………213
鉱物 …………………………47
高麗青磁 ……………………27
高炉 …………………………152
高炉セメント ………………85
コークス ……………………178
コーディエライト ……………161
コーティング工具 ……………216

コールドジョイント …………98
故宮博物院 …………………26
黒鉛 …………………………173
黒色火薬 ……………………185
黒炭(こくようせき) …………………………176
黒曜石 ………………………110
固体電解質 …………………284
固体レーザ …………………237
骨材(こひき) …………………………89,96
粉引 …………………………33
コバール ……………………281
コピー機 ……………………225
コランダム …………………215
コレクタ ……………………278
コロイダルシリカ ……………77
コンクリート ………………78
混合セメント ………………85
コンデンサ …………………285
混和剤 ………………………90

さ

サーミスタ …………………274
サーメット …………………216
サイアロン …………………205
細孔径分布 …………………168
砕石 …………………………65,93
サイディング ………………19
砂岩 …………………………63
サスペンションプレヒータ ……80
薩摩切り子 …………………118
佐野乾山 ……………………39
寂(さび) ……………………………31
匣鉢(さや) ……………………………161
桟瓦(さんがわら) …………………………15
三極真空管 …………………278
珊瑚(さんご) …………………………73
三州瓦(さんしゅうがわら) ……………………………15

索引

三重項励起状態 ……………135
酸性耐火物 ………………157
酸性白土………………………66
酸素分圧センサ ……………312
サンドブラスト ……………219
残留磁束密度 ………………299
残留分極 ……………………287

し

磁化率 ………………………297
瓷器………………………………26
磁器………………………………27
磁気記録 ……………………304
敷煉瓦…………………………16
磁区 …………………………298
磁石 …………………………300
システム LSI ………………280
磁性粉体 ……………………305
磁性流体 ……………………306
自然放射 ……………………128
磁束密度 ……………………297
漆喰……………………………74
漆喰造形………………………75
失透 …………………………105
七宝 …………………………119
実用琺瑯 ……………………121
自動製瓶機 …………………116
志野……………………………36
鴟尾 ……………………………15
鯱 瓦 …………………………15
シャモット …………………154
蛇紋岩 …………………………62
砂利……………………………65
収差 …………………………141
集積回路 ……………………279
集電材料 ……………………222
摺動部品 ……………………221

重量セメント …………………85
純鉄 …………………………150
松　煙墨 ……………………184
常磁性体 ……………………297
焼成煉瓦………………………16
消　石灰 ………………………73
焦電材料 ……………………294
常誘電体 ……………………286
ジョージアカオリン…………52
徐冷 …………………………104
白壁 ……………………………75
シリカ ……………………52, 106
シリカガラス ………107, 124
シリカガラスファイバ……167
シリカセメント ………………86
ジルコニア …………………205
ジルコニアセンサ …………312
シルト…………………………65
人工石材 ………………………21
人工大理石 …………………123
真珠 ……………………………68
真性半導体 …………………273
新生瓦…………………………16
シンチレーション計数管 …229
振動ジャイロ ………………310

す

水晶時計 ……………………293
水晶発振子 …………………293
水熱法 ………………………252
スカルメルト法 ……………251
スキャナー …………………226
鋤………………………………74
ステッパー …………………227
ストロボ ……………………132
砂………………………………65
すばる望遠鏡 ………………231

スピネル構造 ……………………303
スペースシャトル ………………210
墨 ……………………………………184
スラグウール ……………………166
スラブ軌道 …………………………93
スレート ……………………………62

せ

製鋼 …………………………………152
正孔 …………………………………277
青磁 …………………………………27
脆性材料 ……………………………196
生石灰 ………………………………73
清澄剤 ………………………………104
製鉄 …………………………………152
青銅 …………………………………148
青銅器 ………………………………148
整流器 ………………………………277
ゼーベック効果 …………………280
舎密開宗 ……………………………71
ゼオライト …………………………66
世界タイル博物館 ………………19
赤外線透過ガラス ………………239
石州瓦 ………………………………15
石像 …………………………………58
積層コンデンサ …………………289
石炭 …………………………………178
石綿 …………………………………164
絶縁体 ………………………………272
石灰 …………………………………73
石灰岩 ………………………………73
石灰スラリー ……………………73
石灰石 ………………………………72
石灰乳 ………………………………73
炻器 …………………………………6
接合 …………………………………71
石膏 ……………………………76, 82

石膏ボード …………………………19
セッター ……………………………161
接着 …………………………………71
セメント ……………………………78
セメントペースト ………………88
施釉 …………………………………5
セラミック基板 …………………270
セラミック教育 …………………13
セラミックコンデンサ …………288
セラミックパッケージ …………270
セラミックファイバ ……………166
セラミックフィルタ ……………169
ゼログラフィー …………………225
磚 ……………………………………16
遷移 …………………………………128
繊維強化金属 ……………………210
繊維強化コンクリート …………93
センサ ………………………………307
煎茶 …………………………………37
銑鉄 …………………………………149
千利休 ………………………………35
全反射 ………………………………127

そ

造岩鉱物 ……………………………48
ソーダ石灰ガラス ………………108
素子 …………………………………265
ゾノトライト ……………………170
ソフトフェライト ………………303
ゾル・ゲル法 ……………………125
ソレノイド …………………………302

た

タージ・マハル …………………57
帯域熔融法 ………………………250
ダイオード ………………………277

索　引

耐火物	147
堆積	50
堆積岩(たいせき)	50
ダイヤモンド	67, 214, 253
ダイヤモンド被膜	258
太陽電池	233
大理石	51, 56
タイル	17
打音検査	98
タグチップ	266
多形(たけい)	48, 106
多型(たけい)	202
武井武	301
多結晶	9
武野 紹鷗(じょうおう)	33
多孔体	168
多層回路基板	271
たたき	72
たたら	151
ダム	91
炭化珪素	201, 250
炭化タングステン	215
炭化物	215
単結晶	248
単結晶育成	248
炭酸カルシウム	72
弾性率	196
炭素鋼	150
炭素繊維	207
断熱ガラス	115
断熱材料	164

ち

地殻	44
チタバリ	287
チタン酸カリウム	167
チタン酸バリウム	287

窒化珪素	203
窒化チタン	215
窒化物	215
チップ部品	265
茶道	33, 36
茶道具	33
茶の湯	33
中性耐火物	157
鋳鉄	152
超音波	291
超音波アクチュエータ	292
超音波発信器	291
超音波モータ	293
超高圧装置	253
調光ガラス	239
超硬合金	215
超親水性サイドミラー	256
長石	48, 54
超速硬セメント	85
超伝導セラミックス	190
超伝導体	282
チョクラルスキー法	249

つ

土壁(つちかべ)	72

て

定形耐火物	158
抵抗体	281
泥漿(でいしょう)	71
泥漿鋳込成形(いこみ)	20, 76
泥水掘削工法	66
テクニカルセラミックス	190
デジタルカメラ（デジカメ）	143
テスラ	297
鉄筋コンクリート	90

鉄釉 ……………………………36
デバイス ……………………265
手吹き円筒法 ………………112
手吹きガラス ………………115
デュメット線 ………………281
テラゾー ………………………21
電解研磨 ……………………219
電解質 ………………………284
電界発光 ……………………135
点火栓 …………………………23
電気容量 ……………………285
電子セラミックス …………190
電子体温計 …………………274
轉鋳（てんしゅう）……………16
電磁誘導 ……………………302
電子ライター ………………291
電鋳煉瓦（でんちゅう）……158
伝統工芸………………………37
伝統セラミックス ……………4
伝導帯 ………………………272
天然石材 ………………………53
電波遮蔽 ……………………305
天目茶碗 ………………………32
転炉 …………………………155

と

砥石 …………………………218
透光性多結晶アルミナ ……133
透過率可変ガラス …………239
陶器 ……………………………5
陶芸 ……………………………39
陶磁 ……………………………5
陶磁器 …………………………5
透磁率 ………………………297
導線 …………………………281
導体 …………………………280
陶壁 ……………………………19

等方性高純度黒鉛材料 ……180
透明導電膜 …………………259
土管 ……………………………19
土器 ……………………………6
特殊セメント …………………85
ドクターブレード …………295
常滑窯（とこなめ）……………19
土佐漆喰 ………………………74
トナー ………………………226
ドナー ………………………273
土鍋 …………………………163
トバモライト ………………170
トライボロジー ……………221
トランジスタ ………………278
ドロマイト ……………………73
トロン ………………………265
トンネル窯 ……………………20

な

内装タイル ……………………18
ナノコンポジット・セラミックス…211
鉛ガラス ……………………110
軟磁性材料 …………………299
軟鉄 …………………………149

に

二水石膏 …………………59, 76
偽物（にせもの）………………39
ニューセラミックス ………190
ニュートリノ観測施設 ……232
庭石 ……………………………63
仁清（にんせい）………………36

ね

ネオパリエ® …………………123

ネオンサイン	131
猫砂	66
熱酸化法	261
熱線反射ガラス	258
熱電効果	280
熱電対	281
熱発光（ねつつち）	134
練土	71
粘土	52, 66, 71
粘土質物	7
粘板岩	62

の

軒瓦（にんせい）	14
野々村仁清	36
登窯（のぼりがま）	15

は

パーツ	265
パート・ド・ベール	118
ハープ管	229
パーマロイ	303
パーライト	149
バイコール® ガラス	124
ハイテクセラミックス	190
バイト	267
ハイブリッド	269
バイヤー法	200
パイレックス®	110
パイロセラム®	121
破壊靱性（じんせい）	197
鋼（はがね）	149, 152
白亜（はくあ）	73
白磁	27
白色セメント	85
白炭	176

白熱電灯	132
薄膜技術	256
8 mm カメラ	143
発光ダイオード	235
バッチ	104
埴（はに）	52
ハニカムセラミックス	161
埴輪	52
バフ研磨	219
玻璃（はり）	101
バリスタ	276
バレル加工	219
ハロゲンランプ	133
反強磁性体（はん）	297
汎元素材料（ばんこ）	195
万古窯	163
反磁性体	298
反射鏡	258
反射炉	153
版築	72
半導体	256, 272
半導体コンデンサ	289
半導体レーザ	240
バンド理論	272
反応焼結	203
万里長城	72

ひ

ヒートシンク	282
ビードロ	101
ビーライト	82
ビール瓶	117
燧石（ひうちいし）	51
光関連技術	247
光コネクター	247
光触媒	255
光透過性導電膜	259

光ファイバ ……………………244
光ルミネッセンス ………………134
引上げ法 ………………………249
非球面レンズ …………………142
非晶質固体 ……………………101
非晶体 …………………………101
ヒステリシス …………………286
ビット …………………………267
ビトリアス ……………………101
ビトリファイド砥石 …………218
日干し煉瓦(れんが) ……………………16
比誘電率 ………………………285
表面処理 ………………………254
表面弾性波 ……………………291
ピラミッド ……………………76
備長炭(びんちょうたん) ……………………177

ふ

ファインセラミックス ………190
ファラデー ……………………302
フィラメント …………………132
フィルタ ………………………169
封止用ガラス …………………137
フェライト ………………82, 303
フェライト磁石 ………………304
フェリ磁性体 …………………299
フェロ磁性体 …………………299
フェロセメント ………………95
フォトマスク …………………228
吹きガラス ……………………115
不純物拡散法 …………………261
不純物半導体 …………………273
不斉(ふせい)の美 ……………………32
不足の美 ………………………31
弗素樹脂処理 …………………254
不定形耐火物 …………………160
部品 ……………………………265

部分安定化ジルコニア ………206
富本銭 …………………………149
フラーレン ……………………174
フライアッシュ ………………178
フライアッシュセメント ……86
ブラウン管 ……………………137
プラスタ ………………………76
プラスチックレンズ …………142
プラズマディスプレー ………242
フラックス …………………7, 251
フラッシュランプ ……………131
プリカーサ ………………167, 208
プリズム ………………………141
ブリッジマン法 ………………250
フリット ………………………138
プリントゴッコ® ……………132
古田織部 ………………………35
プレートテクトニクス ………46
プレキャスト工法 ……………92
プレス成形 ……………………117
プレストレスト・コンクリート …92
フロイス ………………………40
フロート式板ガラス …………113
分域 ……………………………287
分極 ……………………………286
分散 ……………………………127
分子篩(ふるい) ……………………66, 124
噴射加工 ………………………219
粉青沙器 ………………………33
分相 ……………………………124
粉体 ……………………………171
粉末 ……………………………171
粉末磁性体 ……………………300

へ

平面表示装置 …………………241
平炉 ……………………………155

索　引

ベース ……………………………278
壁画……………………………………75
ペルチェ効果 ……………………281
ベルヌイ法 ………………………248
ペロブスカイト …………………288
ペロブスカイト構造 ……………288
変形加工法 ………………………220
変成岩 ………………………………51
ベントナイト ………………………66
ヘンリー …………………………302

ほ

望遠鏡 ……………………………140
方解石………………………………73
硼珪酸ガラス ……………………110
宝飾品 ………………………………67
倣製…………………………………39
宝石 …………………………………67
放熱 ………………………………282
防犯ガラス ………………………114
琺瑯鉄器 …………………………121
飽和磁束密度 ……………………299
ボーキサイト ……………………200
ポースレン …………………………5
保温材料 …………………………164
保磁力 ……………………………299
ポゾラン……………………………86
ポッタリー …………………………5
ボトルキルン ………………………79
ポルトランドセメント……………78
ホログラフィー …………………241
ホログラム ………………………240
本阿弥光悦…………………………36
本多光太郎 ………………………301
ボンド磁石 ………………………300

ま

マイカレックス …………………122
マイクロ波 ………………………290
マイスナー効果 …………………283
マグネトプランバイト構造 ……301
マグマ ………………………………44
マコール® …………………………122
摩擦材料 …………………………222
マシナブルセラミックス ………122
マニピュレータ …………………292
魔法瓶 ……………………………117
マントル ……………………………44

み

御影石 ………………………………55
ミキサー車 …………………………90
三島茶碗 ……………………………33
三島手………………………………33
三島徳七 …………………………301
水ガラス ……………………………77
ミロのヴィーナス …………………58
民芸 …………………………………38
民芸運動 ……………………………38

む

無定形 ……………………………101
無定形炭素 ………………………174
ムライト …………………………201
村田珠光 ……………………………33

め

メカノケミカル研磨 ……………219
メタルボンド砥石 ………218, 265
瑪瑙…………………………………52

メモリ……………………279

も

モース……………………39
木炭………………………176
モジュール………………265
モノサルフェート水和物……85
森村市左衛門………………11
モルタル……………………88

や

焼締陶(やきしめとう)…………5
柳 宗悦(やなぎむねよし)………38
ヤング率……………………196

ゆ

釉(ゆう)……………………5
誘電材料……………………285
誘電損角……………………285
釉薬瓦………………………15
遊離砥粒加工………………219
油煙墨(ゆえんぼく)…………184
ユビキタス…………………265

よ

熔化(ようか)………………101
窯業(ようぎょう)……………4
熔鉱炉………………………152
洋食器………………………28
窯変(ようへん)………………30
曜変天目(ようへん)…………32
熔融…………………………104

ら

楽焼…………………………35

り

李朝白磁……………………27
立方晶窒化硼素……………215
粒子…………………………171
臨界角………………………127
燐光(りんこう)………………134

る

ルカロックス®………………134
呂宋壺(るそん)………………33
ルミネッセンス……………134

れ

励起準位……………………237
レーザ………………………236
レーザプリンタ……………226
レーザ用ガラス……………238
レーザ用単結晶……………238
礫(れき)……………………65
レジノイド砥石……………218
煉瓦…………………………16
レンズ………………………141
連続スペクトル……………128

ろ

ローソーダアルミナ………201
ロータリーキルン…………80
ローラーハースキルン……19
ロール圧延式板ガラス……112
ロゼッタ石…………………59

ロックウール……………165

わ

ワグネル…………………10

和食器……………………38
和陶………………………35
侘茶(わび)………………31

欧字索引

A

ASIC ………………………279
AE 剤 ……………………… 90
ALC ……………………… 92
AS 系材料 ………………162
AT 系材料 ………………162

B

BCS 理論 …………………283
BL 型コンデンサ ………290

C

CA モルタル ……………… 94
c-BN ………………………215
CCD 撮像素子 ……………228
C/C コンポジット ………209
CFRC ……………………… 93
CIP …………………………200
CPU ………………………279
CRT ………………………137
CVD 法 ……………… 117, 257
C/W 比 …………………… 89
CZ 法 ………………………249

D

DRAM ……………………279
DVD ………………………267

E

EL ディスプレー …………243

F

FRC ………………………… 93
FPD ………………………241
FRP ………………………164
FSZ ………………………206

I

ITO 膜 ……………………259
IC …………………………279

H

HIP ………………………200

K

KS 鋼磁石 …………………301

L

LAS 系材料 ………………162
LCD ………………………241
LED チップ ………………236
LD 転炉 …………………156
LSI ………………… 279, 280

M

MK 鋼磁石 ……………………301
MOCVD 法 …………………258
MAS 系材料 …………………161
MPU …………………………279

N

n 型半導体 …………………273
NTC サーミスタ ……………274

P

p 型シリコン ………………273
p 型半導体 …………………273
PAN …………………………207
PC 工法 ………………………92
PCa 工法 ……………………92
PDP …………………………242
pn 接合 ……………………277
PSZ …………………………206
PTC サーミスタ ……………276
PZT …………………………291

R

RAM …………………………279
RC ……………………………90
RCD 工法 ……………………91
ROM …………………………279

S

SAW …………………………292

T

TDM …………………………247
TFT 液晶ディスプレー ……242

U

ULSI …………………………279

V

VAD 法 ………………………246
VLSI …………………………279

W

WDM …………………………247

X

X 線回折(かいせつ) …………47

Y

YAG …………………………238

著者紹介
加藤　誠軌（かとう　まさのり）　　　1928年生まれ
1949年　熊本工業専門学校工業化学科卒業
1952年　東京工業大学工業物理化学コース卒業
1957年　東京工業大学研究科特別研究生修了
1958年　東京工業大学工学部助手（共通施設X線分析室）
1967年　東京工業大学工学部助教授（無機材料工学科窯業学第一講座）
1974年　東京工業大学教授（工学部無機材料工学科無機合成材料講座）
1989年　定年退官
　　　　東京工業大学名誉教授
　　　　元 岡山理科大学教授
　　　　工学博士

著　書
「X線回折分析」
「X線で何がわかるか」
「X線分光分析」
「研究室のDo It Yourself」
「ハイテク・セラミックス工学」
「やきものから先進セラミックスへ」
「やきものの美と用」

2004年3月31日　第1版発行

著者の了解により検印を省略いたします

セラミックス基礎講座 11
標準教科 セラミックス

著　者　加　藤　誠　軌
発行者　内　田　　　悟
印刷者　山　岡　景　仁

発行所　株式会社　内田老鶴圃　〒112-0012 東京都文京区大塚3丁目34番3号
電話（03）3945-6781(代)・FAX（03）3945-6782
印刷・製本／三美印刷K.K.

Published by UCHIDA ROKAKUHO PUBLISHING CO., LTD.
3-34-3 Otsuka, Bunkyo-ku, Tokyo, Japan

U. R. No. 530-1

ISBN 4-7536-5316-1 C3050

セラミックス基礎講座　　　　　　　　　　　　　（各A5判）

⑩ やきものから先進セラミックスへ
　　　　　　　　　　　　　加藤誠軌著　324p・3990円

セラミックス材料についての基礎知識／無機物質についての基礎知識／地球と岩石についての基礎知識／「やきもの」についての基礎知識　ほか

① セラミックス実験	東工大無機材料工学科著	310p・3150円
② 材料科学実験	東工大材料系三学科著	226p・3150円
③ X線回折分析	加藤誠軌著	356p・3150円
④ はじめてガラスを作る人のために	山根正之著	210p・2415円
⑤ セラミックス原料鉱物	岡田　清著	166p・2100円
⑥ 結晶と電子	河村　力著	280p・3360円
⑦ セラミックコーティング	祖川　理著	216p・3990円
⑧ 微粒子からつくる光ファイバ用ガラス	柴田修一著	152p・3150円
⑨ セラミックスの破壊学	岡田　明著	176p・3360円

やきものの美と用
　　　　　　　　　　　　　　　　　　　　　加藤誠軌　著
A5判・260頁・定価3780円（本体3600円＋税5％）
洋の東西を問わず，また縄文，弥生，古代ローマ，古代ギリシアから中世，近代を経て現代の最先端に到るまで，「やきもの」の世界を幅広く概観する．200点近くのカラー写真を採用し，「やきもの」の今と昔を綴る．

研究室のDo it Yourself
　　　　　　　　　　　　　　　　　　　　　加藤誠軌　著
A5判・336頁・定価2940円（本体2800円＋税5％）
全く新しい発想や革新的なアイデアを生み出し，創造的研究を行うためにはどうすればよいか．本書は著者が実践してきた「ものづくり」に役立つ知恵を満載したユニークな書．

X線分光分析
　　　　　　　　　　　　　　　　　　　　　加藤誠軌　編著
A5判・368頁・定価3990円（本体3800円＋税5％）
本書はX線と分光法に関する知識を，具体例を挙げながら，数式をほとんど使わずに解説する．非常に広い波長領域の分光法を詳述した貴重な成書．

X線で何がわかるか
　　　　　　　　　　　　　　　　　　　　　加藤誠軌　著
A5判・160頁・定価1890円（本体1800円＋税5％）
我々の生活に密接に関係するX線とはどういったものなのか．文系，理系を問わずわかりやすく書かれた入門書．　1 X線入門　2 X線透過法　3 X線分光法　4 X線回折法　5 X線天文学

　　　　　　　　　　価格は税込み（本体価格＋税5％）です．